“十四五”职业教育国家规划教材

全国高等职业院校食品类专业第二轮规划教材

（供食品检验检测技术、食品质量与安全、食品营养与[illegible]业用）

食品生物化学

第2版

主　编　刘春娟　于海英

副主编　孙艳艳　孙吉凤　范　颖

编　者　（以姓氏笔画为序）

于海英（广东江门中医药职业学院）

王建刚（山东药品食品职业学院）

刘春娟（吉林省经济管理干部学院）

刘笑笑（吉林省农业科学院）

孙吉凤（长春医学高等专科学校）

孙艳艳（吉林省经济管理干部学院）

李　丰（广州汇标检测技术中心）

李志平（福建生物工程职业技术学院）

杨　雷（沈阳桃李面包股份有限公司）

余　姣（湖南食品药品职业学院）

陈梅斯（广东省江门市食品检验所）

范　颖（辽宁医药职业学院）

周凤霞（吉林省安信食品技术服务有限责任公司）

梁洪涛（吉林省通化葡萄酒股份有限公司）

解增友（国家饮用水产品质量监督检验中心）

中国健康传媒集团
中国医药科技出版社·北京

内 容 提 要

本教材先后入选“十三五”“十四五”职业教育国家规划教材，系根据本套教材的编写指导思想和原则要求，结合专业培养目标和本课程的教学目标、内容与任务要求编写而成。本教材坚持落实立德树人根本任务，具有专业针对性强、紧密结合新时代行业要求和社会用人需求、与职业技能鉴定相对接等特点。本教材内容主要包括糖类、脂类、蛋白质、核酸、水和矿物质、维生素、酶的结构、性质与生物功能及在食品加工过程中的物理化学变化；糖类、脂类、蛋白质的分解代谢及动植物食品原料的组织代谢特点；食品中与色、香、味有关的化学成分及在加工、贮藏过程中的生物化学变化等内容。同时每个项目后编写了技能实训部分，将理论知识融合到技能实训中，实现理实一体化教材体系。本教材“知识链接”模块，实现知识点与思政点的有机融合。本教材为书网融合教材即纸质教材有机融合电子教材、教学配套资源（PPT、微课、视频、图片等）、题库系统、数字化教学服务（在线教学、在线作业、在线考试）。

本教材主要供高职高专院校食品检验检测技术、食品质量与安全，食品营养与健康等专业的教学使用，也可供相关专业的师生、食品行业人员和食品知识爱好者阅读和参考。

图书在版编目（CIP）数据

食品生物化学/刘春娟，于海英主编．—2版．—北京：中国医药科技出版社，2023.12（2025.8重印）.

全国高等职业院校食品类专业第二轮规划教材

ISBN 978－7－5214－4302－8

Ⅰ.①食…　Ⅱ.①刘…　②于…　Ⅲ.①食品化学－生物化学－高等职业教育－教材　Ⅳ.①TS201.2

中国国家版本馆CIP数据核字（2023）第236035号

美术编辑　陈君杞

版式设计　友全图文

出版　**中国健康传媒集团**｜中国医药科技出版社

地址　北京市海淀区文慧园北路甲22号

邮编　100082

电话　发行：010－62227427　邮购：010－62236938

网址　www.cmstp.com

规格　889mm×1194mm $^{1}/_{16}$

印张　11 $^{1}/_{2}$

字数　324千字

初版　2019年1月第1版

版次　2024年1月第2版

印次　2025年8月第3次印刷

印刷　天津市银博印刷集团有限公司

经销　全国各地新华书店

书号　ISBN 978－7－5214－4302－8

定价　39.00元

出版说明

为了贯彻党的二十大精神，落实《国家职业教育改革实施方案》《关于推动现代职业教育高质量发展的意见》等文件精神，对标国家健康战略、服务健康产业转型升级，服务职业教育教学改革，对接职业岗位需求，强化职业能力培养，中国健康传媒集团中国医药科技出版社在教育部、国家药品监督管理局的领导下，通过走访主要院校，对2019年出版的“全国高职高专院校食品类专业‘十三五’规划教材”进行广泛征求意见，有针对性地制定了第二轮规划教材的修订出版方案，并组织相关院校和企业专家修订编写“全国高等职业院校食品类专业第二轮规划教材”。本轮教材吸取了行业发展最新成果，体现了食品类专业的新进展、新方法、新标准，旨在赋予教材以下特点。

1. 强化课程思政，体现立德树人

坚决把立德树人贯穿、落实到教材建设全过程的各方面、各环节。教材编写将价值塑造、知识传授和能力培养三者融为一体。深度挖掘提炼专业知识体系中所蕴含的思想价值和精神内涵，科学合理拓展课程的广度、深度和温度，多角度增加课程的知识性、人文性，提升引领性、时代性和开放性。深化职业理想和职业道德教育，教育引导学生深刻理解并自觉实践行业的职业精神和职业规范，增强职业责任感。深挖食品类专业中的思政元素，引导学生树立坚持食品安全信仰与准则，严格执行食品卫生与安全规范，始终坚守食品安全防线的职业操守。

2. 体现职教精神，突出必需够用

教材编写坚持“以就业为导向、以全面素质为基础、以能力为本位”的现代职业教育教学改革方向，根据《高等职业学校专业教学标准》《职业教育专业目录(2021)》要求，进一步优化精简内容，落实必需够用原则，以培养满足岗位需求、教学需求和社会需求的高素质技能型人才，体现高职教育特点。同时做到有序衔接中职、高职、高职本科，对接产业体系，服务产业基础高级化、产业链现代化。

3. 坚持工学结合，注重德技并修

教材融入行业人员参与编写，强化以岗位需求为导向的理实教学，注重理论知识与岗位需求 相结合，对接职业标准和岗位要求。在不影响教材主体内容的基础上保留第一版教材中的“学习目标”“知识链接”“练习题”模块，去掉“知识拓展”模块。进一步优化各模块内容，培养学生理论联系实践的综合分析能力；增强教材的可读性和实用性，培养学生学习的自觉性和主动性。在教材正文适当位置插入“情境导入”，起到边读边想、边读边悟、边读边练的作用，做到理论与相关岗位相结合，强化培养学生创新思维能力和操作能力。

4. 建设立体教材，丰富教学资源

提倡校企“双元”合作开发教材，引入岗位微课或视频，实现岗位情景再现，激发学生学习兴趣。依托“医药大学堂”在线学习平台搭建与教材配套的数字化资源(数字教材、教学课件、图片、视频、动画及练习题等),丰富多样化、立体化教学资源，并提升教学手段，促进师生互动，满足教学管理需要，为提高教育教学水平和质量提供支撑。

本套教材的修订出版得到了全国知名专家的精心指导和各有关院校领导与编者的大力支持，在此一并表示衷心感谢。希望广大师生在教学中积极使用本套教材并提出宝贵意见，以便修订完善，共同打造精品教材。

数字化教材编委会

主　编　刘春娟　于海英

副主编　孙艳艳　孙吉凤　范　颖

编　者　（以姓氏笔画为序）

于海英（广东江门中医药职业学院）

王建刚（山东药品食品职业学院）

刘春娟（吉林省经济管理干部学院 ）

刘笑笑（吉林省农业科学院）

孙吉凤（长春医学高等专科学校）

孙艳艳（吉林省经济管理干部学院）

李　丰（广州汇标检测技术中心）

李志平（福建生物工程职业技术学院）

杨　雷（沈阳桃李面包股份有限公司）

余　姣（湖南食品药品职业学院）

陈梅斯（广东省江门市食品检验所）

范　颖（辽宁医药职业学院）

周凤霞（吉林省安信食品技术服务有限责任公司）

梁洪涛（吉林省通化葡萄酒股份有限公司）

解增友（国家饮用水产品质量监督检验中心）

前言

《食品生物化学》教材自2019年出版以来，在全国高职高专院校食品类专业的使用过程中，得到了广大师生的普遍认可，先后入选“十三五”“十四五”职业教育国家规划教材。本次教材修订本着遵循职业教育教学规律和技术技能人才成长规律，依据职业教育国家教学标准体系，对接职业标准和岗位（群）能力要求，将食品企业需求、岗位能力要求等内容有机融入教材，紧跟食品产业发展趋势，贴近企业生产的实际，体现产业发展的新技术、新工艺、新规范、新标准，组建多元化教材编写团队，以真实生产项目、典型工作任务、案例等为载体，合理嵌入课程思政元素内容，将价值塑造、知识传授和能力培养三者有机结合，强化学生职业素养养成和专业技术积累。

本次的教材修订重点突出以下特色。

1. 突出职业教育特色，提升学生综合素养

依据职业教育国家教学标准体系，对接职业标准和岗位（群）能力要求，以职业能力的培养为根本，坚持德技并修。本次修订全面落实课程思政要求，细化了“学习目标”，增加了“知识链接”模块，实现知识点与思政点的有机融合。运用典型人物、英雄事迹、鲜活案例、科技成果、发展成就等载体，将讲道理与讲故事相结合，抽象概念与生动案例相结合，显性表述与隐性渗透相结合，指导学生将思想认识转化为实际行动，实现从学理认知到信念生成的转化，增强使命担当，提升学生的职业适应能力和可持续发展能力。

2. 注重教材科学架构，理论实践融会贯通

食品生物化学是一门基础应用科学，从化学角度和分子水平上研究食品的化学组成、结构、理化性质、食品加工和贮藏过程中的变化及在人体内的代谢，是食品科学中的一个重要分支。本教材修订中突出系统性和实用性，优化知识内容体系，科学设计教学内容，编入企业工作实例，融入新技术、新工艺、新规范、新标准。采用“项目引领、任务驱动”教学法，每个任务开始设计了“情境导入”模块，激发学生的学习兴趣和启发学生的思维；采用层次编写格式，加入了“知识链接”“知识拓展”“练习题”等内容，提高了教材的可读性和知识的延展性；每个项目后编写了技能实训部分，将理论知识融合到技能实训中，达到学中做、做中学，实现理实一体化教材体系。

3. 组建多元化教材编写团队，打造专业精品教材

本次教材修订组建了一支理论水平高、实践能力强、写作经验丰富的多元化教材编写团队。由食品专业一线教师和行业企业及科研机构的专家、高级工程师（技师）组成，共15名编者。其中来自于全国各高职院校的一线教师8名，有国家课程思政教学名师、具有高级职称的专业带头人和“双师型”教师等，他们主要负责教材总体框架设计、理论内容的编写及教学模块的设计等，保证教材的教学适用性；来自于行业企业及科研机构的专家、技师7名，他们具有丰富的科研或企业生产实践经验，既熟悉行业在国内外的现状和发展趋势，又熟知行业中的新技术、新标准、新规范等，保证教材内容的实践性、科学性和先进性。

4. 书网融合增值服务，资源共享便教易学

本教材为书网融合教材，即纸质教材与数字教材、配套教学资源、题库系统、数字化教学服务有机融合。本次修订增加了“导引视频、知识点视频、本章小结、同步练习、目标检测参考答案”等数字化配套教学资源，读者可通过电脑或手机阅读数字教材和配套课程资源（PPT、微课、视频、图片等），也可以直接扫描书中二维码，阅读与教材内容关联的课程资源，提升学习效果，使教与学更轻松。

本教材由刘春娟、于海英主编。教材修订具体分工为：绪论和项目九由刘春娟编写，项目一由孙艳艳编写，项目二由余姣编写，项目三由于海英编写，项目四和项目五由孙吉凤编写，项目六由王建刚编写，项目七由李志平编写，项目八由范颖编写。配套的视频由刘春娟、孙艳艳设计制作完成。企业技师陈梅斯、杨雷、梁洪涛、周凤霞负责指导全书中的理论部分与食品生产实践的有机融合，把生产流程、操作技能、典型案例等内容引入教材，实现产、学的无缝对接。企业专家陈梅斯、李丰、解增友为本次教材的修订在细化学习目标、设计实训项目、融入新技术、新工艺、新规范、新标准等诸多方面提供了专业的指导，根据实际工作经验提出了建设性意见，并与主编共同对全书进行了总撰。

本教材主要供高职高专食品营养与检测、食品质量与安全、保健品开发与管理等专业的教学使用，也可供相关专业的师生、食品行业人员和食品知识爱好者阅读和参考。

受编者学识水平和编写时间所限，难免有疏漏与不足之处，敬请同行、专家及广大读者提出宝贵意见，以便今后修订完善。

编　者

2023 年 10 月

目录

项目5　水和矿物质　73

项目6　维生素　88

绪　论

PPT

学习目标

知识目标

1. **掌握**　食品的概念。
2. **熟悉**　食品生物化学的研究内容。
3. **了解**　食品生物化学在食品科学中的重要地位和作用。

能力目标

1. 能用食品生物化学知识和实验，解决生活及食品加工中的问题。
2. 能通过网络、视频、教材等自主学习食品生物化学课程。

素质目标

通过本项目的学习，激发学生对专业的兴趣和热爱，培养学生对专业的认同感和精益求精、勇于创新的职业精神。

情境导入

情境　俗话说：民以食为天，食以安为先。人们每日食用的米饭馒头、鱼肉蛋奶、水果蔬菜等食品，能给人们提供人体所需营养物质。

思考　1. 食品能给人们提供哪些营养物质？

2. 食品为什么会腐败变质，如何保存食品既营养又安全？

一、食品的概念

人类为了维持正常的生命活动并保持健康的身体，每天必须从外界摄取食物，以获得各种营养成分和能量。因此，食物就是被人体摄取的含有供给人体营养成分和能量的物料。人类最初生食各种自然食物，随着社会的进步和文明程度的提高，由生食自然食物逐步进化为进食经过加工的熟食。通常把这些经过加工后的食物称为食品。例如，生鸡蛋是食物，蒸鸡蛋是食品；苹果是食物，苹果酱是食品；小麦粉是食物，面包是食品等。但有时也泛指一切食物为食品。2009 年 6 月 1 日起施行、2015 年又修订的《中华人民共和国食品安全法》规定，食品指各种供人食用或者饮用的成品和原料以及按照传统既是食品又是中药材的物品，但是不包括以治疗为目的的物品。

二、食品的化学组成

食品是维持人类生存和健康的物质基础。食品化学成分很复杂，有些成分是动植物体内原有的，如禽蛋富含蛋白质，动物肉富含脂肪，谷物富含碳水化合物，果蔬富含维生素等；有些是在加工过程、贮藏期间新产生的，如粮食发酵生成醋酸，蔬菜腌制产生亚硝酸盐，油脂储存中产生具有哈喇味的小分子物质等；有些是人为添加的，如色素、甜味剂等食品添加剂；还有些是包装材料带入的，这些成分在不同程度上也会参与或干扰人体的代谢和生理功能活动。食品的化学组成是指食品中含有的能用化学方法进行分析的元素或物质。食品中的各种化学成分可根据来源，将其分为天然成分和非天然成分两大类，其中天然成分包括无机成分如水、矿物质，有机成分如蛋白质、糖类、脂类、维生素等；非天然成分包括食品添加剂和污染物质。

- 食品的化学组成
  - 天然成分
    - 无机成分
      - 水
      - 矿物质
    - 有机成分
      - 蛋白质
      - 糖类
      - 脂类
      - 维生素
      - 激素
      - 色素、芳香成分等
      - 其他成分（如有毒物质等）
  - 非天然成分
    - 食品添加剂
    - 污染物质
      - 加工中不可避免的污染
      - 环境污染

（水、矿物质、蛋白质、糖类、脂类、维生素：基本营养成分）

三、食品生物化学的研究内容

生物化学是应用化学的理论和方法研究生物体的化学组成、化学变化以及化学变化与生理功能之间关系的一门科学。生物化学包括微生物化学、动物生物化学、植物生物化学、医学生物化学等，而食品生物化学可以说是生物化学的一个分支。随着生产的发展和人类生活水平的提高，我们对食物的需要已有了本质的变化，不仅要求吃饱，还要求吃好，这个好字就是对食物的营养质量提出了更高的要求，而这些要求大部分必须从生物化学中求得解决。例如，动物屠宰后体内的生物化学变化与食用质量的关系；果蔬在采摘后其营养成分的变化及其对食用质量的影响；食物在加工、烹调、贮藏等过程中的理化变化等。食品生物化学研究的对象与范围就是人及其食物体系的化学组成及化学变化过程。

食品生物化学不仅研究食物中天然存在的营养物质，而且研究食物中的营养物质在食品加工过程中的变化，从而最大限度地满足人体营养需要和适应人的生理特点，这就是食品生物化学不同于普通生物化学的特点。

食品生物化学研究的主要内容如下。

1. 食品的化学组成、主要结构、性质及生理功能 食品的化学组成主要包括食品的基本营养成分，如水、矿物质、蛋白质、糖类、脂类、维生素等，此外还有呈味呈色物质、食品添加剂及污染物质等。

2. 食品在加工、贮藏过程中的变化及其对食品质量的影响 食品从原料运输贮藏、生产加工到产品销售，每个过程都涉及一系列化学变化。例如水果、蔬菜采摘后和动物屠宰之后的生理变化，食品中各种物质成分的稳定性随环境条件的变化，食品加工过程中食品营养成分的变化、风味化合物的产生及有害化合物的产生等。这些变化有的是有利的，也有不利的，有时甚至不可避免地会引入一些污染，如何加强有利的变化，减少不利反应和防止污染已成为食品贮藏加工中人们共同关心的问题。研究食品成分之间的化学反应及其对食品营养价值、感官质量和卫生安全性的影响，研究食品贮藏加工新技术、开发新产品和新食品资源等，构成了食品生物化学的重要研究内容。

3. 以代谢途径为中心的动态生物化学 生物体系中的动态生物化学过程，研究物质在生物体内的分解、合成、相互转化又相互制约，以及物质转化过程中的能量转换问题。学习物质的代谢过程，可了解食物在人体内代谢过程的变化、新鲜食物组织中物质代谢活动特点、发酵食品的发酵原理等，这对正确指导食物的贮运、加工和保藏都是必备的知识。

四、食品生物化学在食品科学中的地位和作用

食品科学是一门综合性学科，主要以微生物学、生物学、化学和工程学为基础。为了最大限度地满足人体的营养需要和适应人体的生理特点，食品资源的开发、加工手段与方案的研究等都必须建立在对人及其食品的化学组成、性质和生物体在内、外各种条件下的化学变化规律了解的基础上。食品生物化学是食品科学体系中很重要的一门基础学科，它是从化学的角度和分子水平上研究食品成分的结构、营养作用、理化结构、安全性等，认识食品原料、食品加工与贮藏、各类食品加工技术应用的本质；促使食品工作者不断更新加工工艺与开发食品新资源，以生产出更加安全、卫生且营养价值更高的食品，并为提高食品原料加工和综合利用水平奠定理论基础的科学。食品生物化学的理论和方法，有利于解决食品科学实验和生产实践中所遇到的许多问题。随着现代化建设的发展和人民群众生活水平的不断提高，人民的购买力也不断增长，不但要求有足够数量的食品，而且需要有更多、更好的营养食品和保健食品；并且，随着生活节奏的加快和休闲时间的减少，人们也希望食品工厂能生产更多、更好的方便食品和快餐食品。这些都需要我们以食品生物化学为理论基础，进行更广泛、更深入的研究。

综上所述，食品生物化学在食品科学中占有举足轻重的地位。随着食品生物化学理论的发展，我们还可以创造出更新、更优的食品贮藏方法。我们可以充分相信，食品生物化学一定会为食品工业的不断发展做出更大的贡献。本课程为本专业学生将来从事食品工业生产、开发新产品及新食品资源，从事发酵工程及食品检测工作，奠定了理论基础并提供了基本方法。

知识链接

生物化学的起源

生物化学起源于18世纪中晚期，发展于19世纪，是在近代化学和生理学的基础上逐渐发展起来的。“生物化学”（biochemistry）这一名词在1882年就已经有人使用；但直到1903年，当德国化学家卡尔·纽伯格（Carl Neuberg）使用后，“生物化学”这一词汇才被广泛接受。生物化学在20世纪初期才成为一门独立学科，并由此而得以迅猛、蓬勃发展。生物化学研究起始于1883年，安塞姆·佩恩（Anselme Payen）发现了第一个酶——淀粉酶。1896年，爱德华·毕希纳阐释了一个复杂的生物化学进程——酵母细胞提取液中的乙醇发酵过程。其实我国劳动人民早在距今至少4000多年前的夏禹时期就会用“曲”酿酒，这个“曲”实际上就是现在说的“酵母”，起作用的是其中的酶，我国是世界上最早用曲酿酒的国家，古老酿酒文化中蕴含着现代生物化学知识和机制。酒曲的利用是酿酒历史上一项具有划时代意义的科学发现。

书网融合……

本章小结

项目 1

糖 类

PPT　　导引视频

学习目标

知识目标

1. 掌握　糖类的理化性质及其在食品加工中的应用；淀粉的糊化和老化机制及其在食品加工中的应用。

2. 熟悉　糖类的概念、分类及结构。

能力目标

1. 具有正确辨别食品中糖类成分的能力。

2. 能运用所学糖类的知识解决或改进相关问题。

素质目标

通过本项目的学习，培养学生对微观探析的兴趣和科学探究精神，具备学以致用，理论联系实际的能力。

任务 1.1　糖类的概述

情境导入

情境　小明发现很多水果是甜味的，糖果是甜味的，蜂蜜也是甜味的。

思考　1. 这些食物中产生甜味的物质是相同的吗？

2. 自然界中这类物质还有哪些呢？

一、糖类的概念

糖类，又称为碳水化合物，是多羟基醛或多羟基酮及其缩聚物、衍生物的总称。糖类一般由碳、氢、氧三种元素构成。因为早期研究发现，糖分子中氢与氧的比例是2∶1，恰好与水分子的比例相同，故糖类又有“碳水化合物”之称。随着研究的深入和人们知识领域的扩展，发现将糖类化合物称为碳水化合物并不恰当，因为一些不属于多羟基醛或多羟基酮的分子也有同样的元素组成比例，如甲醛（CH_2O）、乙酸（$C_2H_4O_2$），同时也发现一些碳水化合物并不符合这一比例，如鼠李糖（$C_5H_{12}O_5$）、脱氧核糖（$C_5H_{10}O_4$），因此碳水化合物这一名词是不确切的，只是历史沿用已久，所以现在仍常常这样称呼。

糖类是生物界最重要的有机化合物之一，也是与发酵工业关系最为密切的一类化合物，它广泛分布于所有动物、植物、微生物中。糖类含量在植物体中最为丰富，一般占植物体干重的80%左右；在微生物体中，占菌体干重的10%～30%；在人和动物体中含量较少，占人和动物体干重的2%以下，但也有个别组织含糖丰富，例如，肝脏贮存的糖原占到组织湿重的5%，人乳中乳糖浓度达5%～7%。核糖和脱氧核糖则存在于一切生物的活细胞中。

二、糖类的分类

糖类是食品的重要组成成分，不仅含量高，而且种类也很多。依据化学结构可将糖类分为三类，即单糖、低聚糖和多糖。

1. 单糖　单糖是糖类中最简单的、不能再被水解为更小单位的糖类。从分子结构看，单糖是含有一个自由醛基或酮基的羟基醛类或羟基酮类化合物。食品中常见的单糖有葡萄糖、果糖、半乳糖、核糖、阿拉伯糖、木糖等。

2. 低聚糖　低聚糖也称寡糖，指能水解生成少数（2～10个）单糖分子的糖类。根据水解后生成单糖分子的数目，低聚糖又可分为二糖、三糖、四糖等，其中以二糖（也称双糖）最为重要，主要有蔗糖、麦芽糖、乳糖。

3. 多糖　多糖也称多聚糖，指由10个以上甚至几千个单糖分子脱水缩合而成的化合物。重要的多糖有淀粉、糖原、纤维素和果胶。

根据组成不同，多糖可分为同多糖和杂多糖。由一种单糖缩合而成的多糖称为同多糖或均一多糖，如淀粉、纤维素和糖原等；由不同类型的单糖或衍生物结合而成的多糖称为杂多糖或不均一多糖，如甘露糖胶、果胶等。根据来源不同，多糖可分为植物多糖、动物多糖和细菌多糖；根据所含非糖基团的不同，多糖可分为纯多糖和复合多糖，主要有糖蛋白、脂多糖、氨基糖等。

三、糖类的生物学意义

糖类是三大产能营养素之一，在生物体中能够提供许多能量，如动物的糖原和植物的淀粉都是能量的储存形式；糖类是细胞和生物体的结构物质，戊糖是核苷酸的重要组成成分，结构多糖如纤维素、半纤维素是植物的细胞间质、茎秆支撑组织所必需的物质，肽聚糖构成细菌细胞壁的成分，体内的糖与细胞结构中的有些蛋白质、脂类等结合而成的复合性糖，如黏多糖、透明质酸等；糖类还具有许多生物活性与功能，如1,6-二磷酸果糖可治疗急性心肌缺血性休克；香菇多糖、胎盘脂多糖、右旋糖酐等都已用于免疫系统、消化、血液系统和肿瘤等疾病的预防、治疗。

知识链接

糖与肥胖

糖类不仅是人体进行生命活动的重要能量物质，也是构成机体组织的重要物质，所有神经组织、细胞和体液中都含有糖类。糖类还和肝的解毒作用有关，当摄入足量的糖类时，肝糖原储存充足，有利于肝素的合成，从而增强了肝功能及合成肝素的能力。我国居民膳食中总热量的60%～70%都是由糖类供给的。许多人把变胖简单归罪于糖，这是非常不合理的，因为过多摄入脂肪、蛋白质也可以转化为脂肪储存，让你变胖。实际上变胖的直接原因是长期的热量摄入大于热量消耗，过多热量不能及时消耗，必然转化为脂肪而储存起来。所以，糖只能说是肥胖的元凶之一，而非全部和直接的原因。由此可见，我们一定要用辩证思维去看待事物的两面性，合理认知事物本身兼具的利弊，更好的认识糖，食用糖，利用糖，以保持身体健康。

任务 1.2　单糖、低聚糖的结构及与食品加工有关的理化性质

情境导入

情境　小明最近看到一则关于“不法商贩使用白糖水加工业盐酸生产假蜂蜜”的新闻。

思考　1. 为什么白糖水加工业盐酸能生产出类似蜂蜜的物质呢?

2. 蜂蜜很甜，主要含有哪些糖呢?

一、单糖、低聚糖的结构

(一) 单糖

单糖是组成糖类物质的基本结构单位。根据单糖分子中碳原子数目，可分为丙糖（三碳糖）、丁糖（四碳糖）、戊糖（五碳糖）、己糖（六碳糖）等，食品中单糖多为戊糖（阿拉伯糖、核糖、木糖）和己糖（葡萄糖、半乳糖、果糖、甘露糖），具体结构如图 1－1 所示；根据其分子中所含羰基的特点，单糖又可分为醛糖和酮糖，葡萄糖是醛糖，果糖是酮糖。

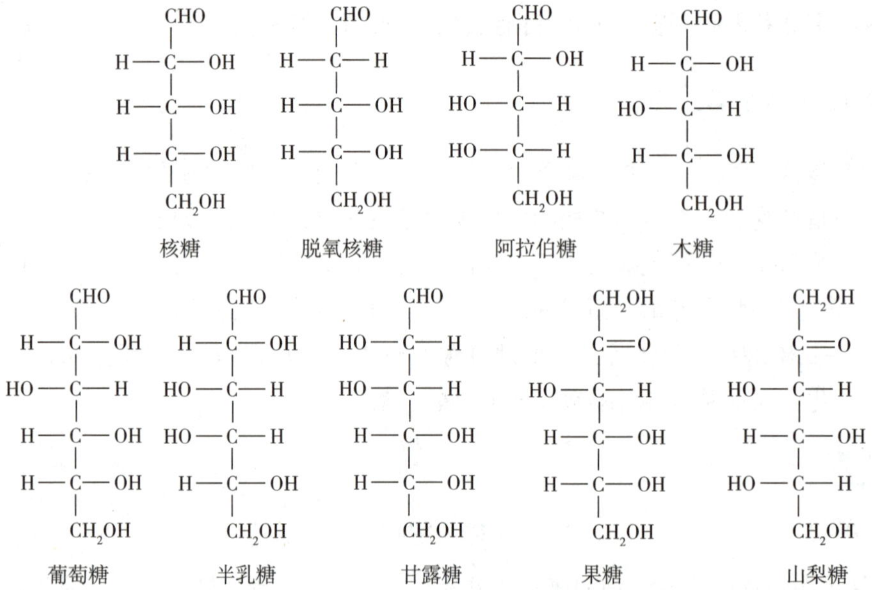

图 1－1　常见单糖的链状结构式

自然界最简单的单糖是丙醛糖（甘油醛）和丙酮糖，最重要、最常见的单糖则是葡萄糖和果糖，其中又以葡萄糖更为重要。葡萄糖可以游离的形式存在于水果、谷类、蔬菜和血液中，也可以结合形式存在于麦芽糖、蔗糖、淀粉、纤维素、糖原及其他葡萄糖衍生物中。

1. 单糖的链状结构　链状的单糖分子是不对称化合物，具有旋光性，且具有不同的构型。在结构上，可以从存在的不对称碳原子来判断分子的构型，含一个不对称碳原子只可能有两种不同的空间构型，即 D 型和 L 型两个旋光异构体。为了方便研究，人为规定选择甘油醛作为标准，甘油醛是一个三碳糖，只含有一个不对称碳原子，因而具有两种构型。在甘油醛分子式中，羟基（—OH）写在不对称碳原子右边的叫作 D 型，写在左边的叫作 L 型。其他单糖分子的 D 型、L 型是由离羰基最远的不对称碳原

子上的羟基（—OH）在空间的排列与甘油醛的构型比较而确定的。如羟基与D-甘油醛同侧为D型，如与L-甘油醛同侧为L型（图1-2）。自然界常见单糖的链状结构大多数是D型，只有少数是L型，如天然存在的L-阿拉伯糖、L-半乳糖。

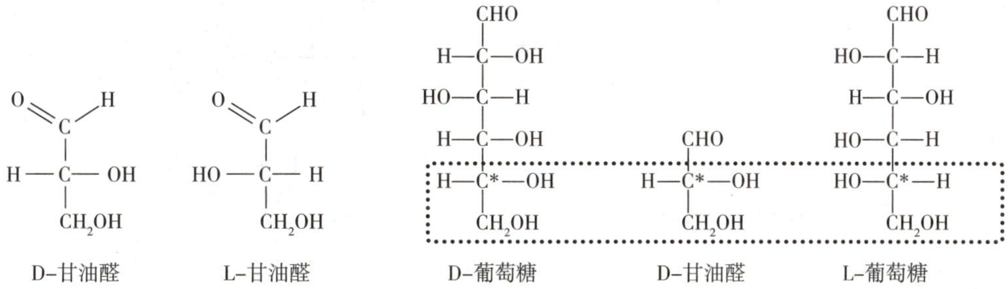

图1-2　单糖D型和L型链状结构

为了书写方便，糖的构型可以写成简写式，在构型式中可将碳原子全部或部分省掉。其常见的几种表示方法如图1-3所示。

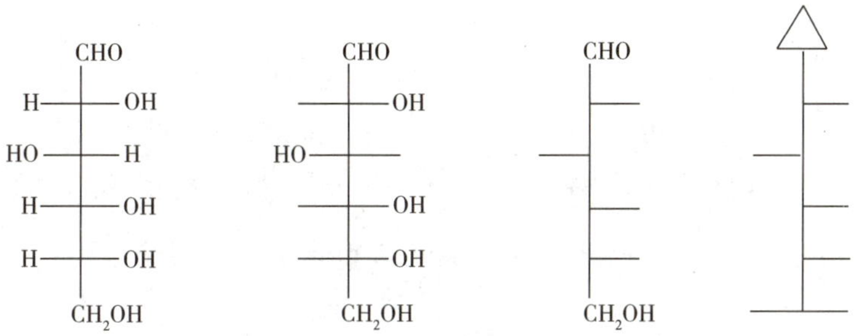

图1-3　糖构型的几种简写式

2. 单糖的环状结构　单糖的链状结构不稳定，在结晶状态和生物体内主要以环状结构—半缩醛式的构型存在，并形成半缩醛羟基。单糖的环状结构可分为平面环结构和透视环结构。

在平面环结构中，半缩醛羟基在右边为α型，在左边为β型（图1-4）。

在透视环结构中，糖分子的羰基可以与糖分子本身的一个羟基发生反应，构成分子内的半缩醛或半缩酮，形成含氧的五元呋喃糖环或更稳定的六元吡喃糖环（图1-5）。半缩醛羟基（C_1-OH）若与其定位碳原子（C_5-CH_2OH）上的羟基处于异侧为α型，处于同侧为β型。

单糖环状结构的书写以哈沃斯（Haworth）透视式为最常见、最直观的表示方法，以下是哈沃斯透视式表示的单糖透视环结构（图1-6）。

3. 单糖的衍生物

（1）糖醇　单糖还原后生成糖醇，山梨醇、甘露醇是广泛分布于植物界的糖醇，是在食品工业上重要的甜味剂和湿润剂。山梨醇存在于蔷薇科植物的果实（苹果、桃子、杏）中。甘露醇分布比较广泛，如以海带为原料进行提取得到。肌醇，即环己六醇，是一种特殊形式的糖醇，在植物体中常与磷酸结合形成六磷酸酯即植酸，而植酸能与钙、铁、锌结合成不溶性化合物，干扰人体对这些元素的吸收。

（2）糖酸　又称酸性糖。醛糖被氧化后生成糖酸，其中较常见的有葡萄糖醛酸、半乳糖醛酸、抗坏血酸等。糖酸中，葡萄糖酸能与钙、铁等形成可溶性盐类，易被吸收，还可用于制豆腐。

（3）糖苷　单糖的半缩醛上羟基与非糖物质（醇、酚等）上的羟基失水而形成的缩醛结构称为糖苷，所形成的化学键称为糖苷键。糖苷在自然界分布很广，主要存在于植物的种子、叶片及皮内。许多植物色素、生物碱的有效成分都是糖苷。大多数天然糖苷有毒，但微量可作药，如有强心剂作用的洋地黄毒苷。

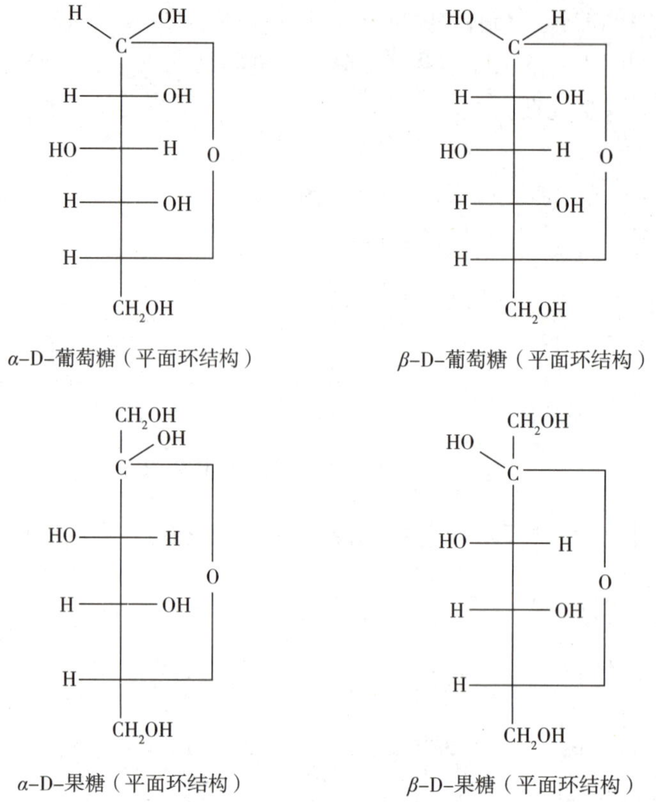

图 1-4 单糖的平面环结构

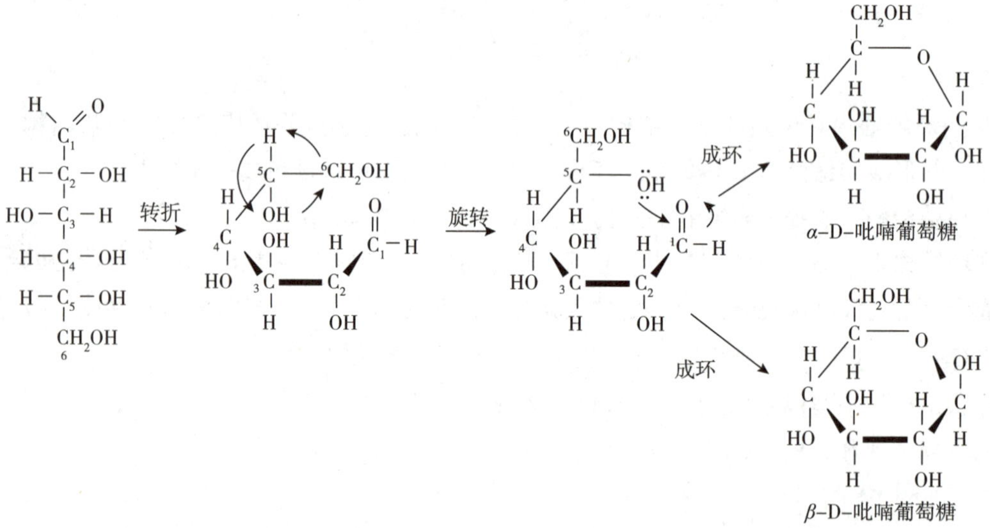

图 1-5 葡萄糖链状结构转变环状结构

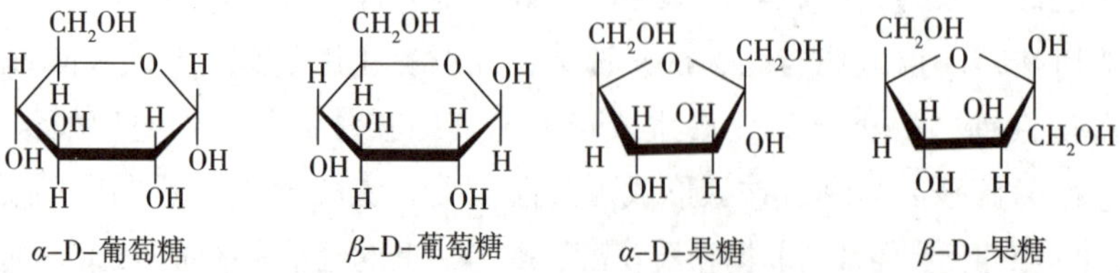

图 1-6 单糖的透视环结构

（4）氨基糖　单糖中一个或多个羟基被氨基取代而生成的化合物称为氨基糖。常见的有D-氨基葡萄糖（葡糖胺）、D-氨基半乳糖（半乳糖胺），这两种氨基糖都存在于软骨、甲壳质、黏多糖中。

（二）低聚糖

低聚糖的种类很多，存在于多种天然食物中，尤以植物性食物为多，如谷物、果蔬、豆科类等。低聚糖中存在较为广泛的是二糖和三糖，如蔗糖、麦芽糖、乳糖。

1. 双糖　双糖是低聚糖中最重要的一类，是由两分子单糖失水形成的化合物，能被水解成两分子单糖，也称为二糖。它们均溶于水，有甜味，有旋光性，可结晶。根据还原性，双糖可分为还原性双糖和非还原性双糖，还原性双糖是由一分子糖的半缩醛羟基与另一分子糖的醇羟基缩合而成的，分子中有一个游离半缩醛羟基，具有还原性，非还原性双糖是由两分子糖的半缩醛羟基脱水而成的，分子中没有游离半缩醛羟基，不具有还原性。

（1）蔗糖　蔗糖在植物界分布广泛，植物的根、茎、叶、果实都存在游离蔗糖，尤其以甘蔗、甜菜中含量最多。蔗糖具有较强的甜味，是人类需求量最大，也是食品工业中最重要的含能量甜味剂。日常食用的白糖、白砂糖、绵白糖、冰糖的主要成分是蔗糖。蔗糖可以被酵母菌发酵，所以，做面包时加入蔗糖有利于发酵，而且在烘烤中，蔗糖可发生焦糖化反应和美拉德反应增进面包颜色。

蔗糖是由一分子α-D-葡萄糖和一分子β-D-果糖通过α,β-1,2-糖苷键连接形成的双糖（图1-7）。由于蔗糖分子中不存在半缩醛羟基，因此，蔗糖是非还原性糖。纯净蔗糖为无色透明的单斜晶体结晶，易溶于水，难溶于乙醇和乙醚。在稀酸或转化酶存在时，蔗糖水解称为葡萄糖和果糖，混合物称为转化糖，在相同浓度下其甜度大于蔗糖。

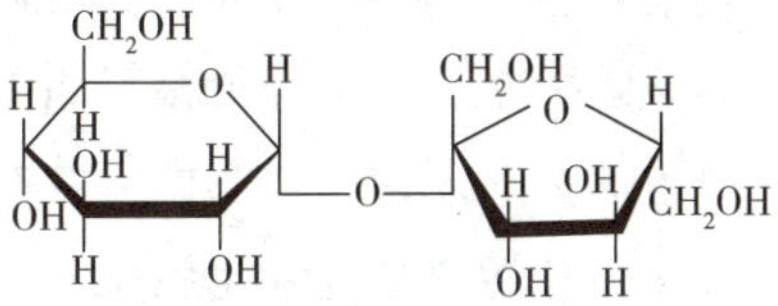

图1-7　蔗糖结构

（2）麦芽糖　麦芽糖广泛分布在植物的叶及发芽的种子里，尤其是麦芽中含量最多，所以被称为麦芽糖。麦芽糖甜度仅次于蔗糖，是食品中的重要甜味原料。麦芽糖与糊精的混合物称为饴糖，其中麦芽糖约占1/3，可由淀粉酸化或酶法制得。

麦芽糖由两分子α-D-葡萄糖通过α-1,4-糖苷键结合而成（图1-8）。麦芽糖因分子中有游离半缩醛羟基存在，故属还原性双糖。麦芽糖为透明针状晶体，易溶于水，微溶于乙醇。味爽，口感柔和，在麦芽糖酶或稀酸的作用下，淀粉水解可得到麦芽糖，面团发酵和甘薯蒸烤时也有麦芽糖生成，啤酒生产时所用的麦芽汁中所含糖的主要成分就是麦芽糖。

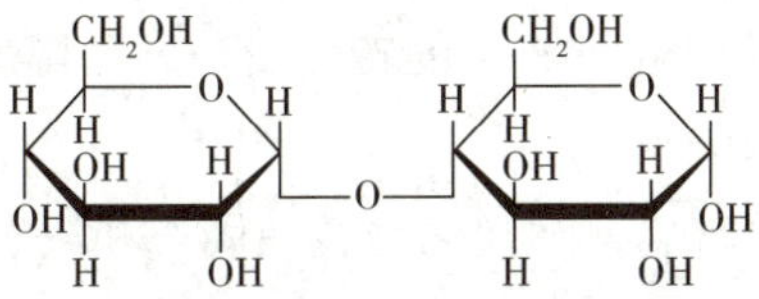

图1-8　麦芽糖结构

（3）乳糖　乳糖是哺乳动物乳汁中主要的糖分，牛乳中含乳糖4.6%～5.0%，人乳中含乳糖5%～7%。它是由一个β-D-半乳糖分子中的半缩醛羟基与一个α-D-葡萄糖分子通过β,α-1,4-糖苷键连接而成（图1-9）。乳糖因分子中有游离半缩醛羟基存在，故具有还原性。常温下为白色固体，溶解度小。酵母不能发酵乳糖。乳糖能够促进肠道中有益菌的生长，调节胃肠道菌群，还有助于机体内钙的代谢和吸收，但对体内缺少乳糖酶的人群，它可导致乳糖过敏症。

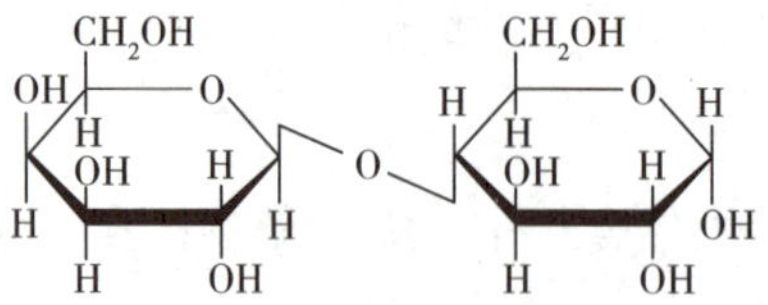

图1－9 乳糖结构

2. 其他低聚糖 除了双糖外，自然界中常见的低聚糖多具有生理活性，同时作为一类低热值的功能甜味剂在世界各地被广泛应用。这些具有特殊生理功能或特殊用途的低聚糖称为功能性低聚糖，现包括棉籽糖、水苏糖、异麦芽酮糖、低聚木糖、低聚果糖、低聚半乳糖、低聚异麦芽糖、低聚壳聚糖等。在人体肠道内，没有水解这些低聚糖（除异麦芽酮糖之外）的酶系统，因此它们不被消化吸收而直接进入人体肠道内优先为有益细菌双歧杆菌所利用，是双歧杆菌的增殖因子，从而抑制肠道内腐败菌的生长，减少有毒发酵产物的形成，具有调节菌群结构，防止便秘，降脂、抗氧化、提高免疫力等作用。

二、单糖、低聚糖与食品加工有关的理化性质

（一）物理性质

1. 甜度 糖甜味的高低称为糖的甜度，它是糖的重要物理性质。甜味是由物质的分子构成决定的，单糖和双糖都有甜味，多糖则没有甜味。目前，甜度并没有合适的物理或化学方法加以准确测定，而是通过人的味觉来判断。甜度没有绝对值，一般以蔗糖的甜度为标准，规定以5%或10%的蔗糖溶液在20℃时的甜度为1.0，在相同条件下，其他糖与其比较得到相对甜度。常见糖类的相对甜度见表1－1，甜度顺序为：果糖＞转化糖＞蔗糖＞葡萄糖＞麦芽糖＞半乳糖＞乳糖，最甜的糖是果糖。

表1－1 常见糖类的相对甜度

糖类名称	相对甜度	糖类名称	相对甜度
蔗糖	1.0	木糖醇	1.0
果糖	1.7	麦芽糖醇	0.75
葡萄糖	0.7	山梨糖醇	0.5
麦芽糖	0.46	果葡糖浆（转化率42%）	1.0
半乳糖	0.32	淀粉糖浆（转化率42%）	0.5
乳糖	0.3	转化糖	1.3

糖的构型不同甜味也不同，如葡萄糖的α型比β型甜度高1.5倍。葡萄糖溶解后时间越长，甜度就越低，因为α型向β型转变。这种转变受温度影响小，因此温度对葡萄糖的甜味几乎没有影响；对于果糖，β型的甜度是α型的3倍，果糖α型和β型的转变受浓度和温度的影响，在低温下，浓果糖液中β型是α型的两倍多，故此时甜度较高。

糖的甜味受糖类物质物理形态的影响，不同的糖类在固态和液态时的甜度也不相同，如在溶液中果糖比蔗糖甜，但添加到某些食品中如饼干等焙烤食品中，二者却表现出相似的甜度。

2. 溶解度 各种单糖和低聚糖都能溶于水，其溶解度与糖的种类及温度等外界因素有关。在相同温度下，果糖的溶解度最高，其次是蔗糖、葡萄糖、乳糖等。它们的溶解度随温度升高而增大，因此，生产中我们常使用温水或沸水去溶解糖，并过滤杂质。糖的溶解度可指导我们选择食品加工的温度及不同种类糖的加入比例。

3. 结晶性 不同种类的糖结晶性不同。蔗糖极易结晶，且晶体很大；葡萄糖也易结晶，但晶体细

小；转化糖、果糖较难结晶。在糖果制造加工时，要注意应用糖结晶性的差别。比如在硬糖果的生产中不能单独使用蔗糖，否则当熬煮到水分在3%以下经冷却后，蔗糖就会结晶、碎裂，得不到坚韧、透明的产品。

目前制造硬糖果的方法是添加适量的淀粉糖浆，它是葡萄糖、低聚糖和糊精的混合物，不结晶，并可防止蔗糖结晶，一般用量为30%～40%。淀粉糖浆不含果糖，吸湿性较转化糖低，糖果保存性较好；又因含有糊精，能增加糖果的韧性、强度和黏性，使糖果不易碎裂；另外，淀粉糖浆的甜度较低，能冲淡蔗糖的甜度，使产品甜味温和、可口。因此，淀粉糖浆是糖果工业不可缺少的重要原料。

4. 吸湿性和保湿性　吸湿性是指糖在空气湿度较高的情况下吸收水分的性质。保湿性是指糖在空气湿度较低时保持水分的性质。凡是能溶于水的糖都具有吸湿性，如单糖中的果糖和二糖中的蔗糖；水溶性很小甚至不溶于水的糖有些也有吸湿性，如多糖中的淀粉。不同种类的糖吸湿性不同。果糖、转化糖吸湿性最强；葡萄糖、麦芽糖次之；蔗糖吸湿性最小。糖的这种性质对于保持食品的柔软性和贮存、加工都有重要意义，如硬质糖果要求吸湿性低，以避免因吸湿性而溶化，故宜选用蔗糖为原料；软质糖果需要保持一定的水分，避免干缩，故选用转化糖和果葡糖浆为宜。

5. 渗透压　任何溶液都有渗透压，不同浓度的糖溶液有不同的渗透压，其渗透压随浓度增高而增大。在相同浓度下，溶质的相对分子质量愈小，分子数目愈多，渗透压力愈大。

在食品保藏中，常利用渗透压高的糖液来抑制微生物的生长，且渗透压越高，食品保存效果越好。所以，糖藏是一种重要的保存食品方法。不同微生物需要不同渗透压的抑制，50%蔗糖能抑制一般酵母菌的生长，浓度为65%和80%的蔗糖可抑制细菌和霉菌的生长。

6. 黏度　糖类组成不同，黏度不同。一般来讲，黏度与分子体积成正比，如葡萄糖、果糖、糖醇类的黏度较低，淀粉糖浆的黏度较高。葡萄糖的黏度随温度升高而增大，蔗糖的黏度则随着温度的升高而减小。在食品生产（如水果罐头、饮料等）中，利用调节糖的黏度来提高食品的稠度和可口性。

7. 冰点降低　糖溶液冰点降低的程度取决于其浓度和糖的相对分子质量大小。溶液浓度越高，糖的相对分子质量越小，冰点降低越多。葡萄糖冰点降低的程度高于蔗糖，淀粉糖浆冰点降低的程度因转化程度而不同，转化程度越高，冰点降低越多。

在雪糕类冰冻食品的生产中，为降低冰点，常混合使用淀粉糖浆和蔗糖。使用低转化度的淀粉糖浆效果更好，因其冰点降低少，能节约电能，同时还有促进冰晶颗粒细腻、提高黏稠度、使甜味温和等效果。

8. 抗氧化性　糖溶液具有一定的抗氧化性，主要是因为氧气在糖溶液中溶解量比在水溶液中低得多，因此，葡萄糖、果糖、淀粉糖浆都具有抗氧化性。如在20℃时，60%的蔗糖溶液中溶解氧的量仅为水中的1/6左右，所以有利于保持鲜果的风味和颜色，降低维生素C的氧化反应，有利于延缓饼干、各种糕点的油脂氧化酸败。

（二）化学性质 微课1

1. 氧化作用　单糖与部分低聚糖分子中含有醛基、酮基和羟基。在不同氧化条件下，糖中的醛基、酮基和羟基被氧化，会生成不同的产物。醛糖较酮糖易被氧化。

在弱氧化剂（如碱性溴水）作用下，醛糖中的醛基被氧化成羧基，醛糖形成糖酸。

在强氧化剂（如稀硝酸）作用下，醛基和伯醇基都被氧化生成糖二酸，醛糖形成了具有相同碳数的二元酸。如在浓硝酸加热的条件下，葡萄糖可被氧化为葡萄糖二酸。

在生物体内，在专一性酶的作用下，伯醇基被氧化，生成糖醛酸。

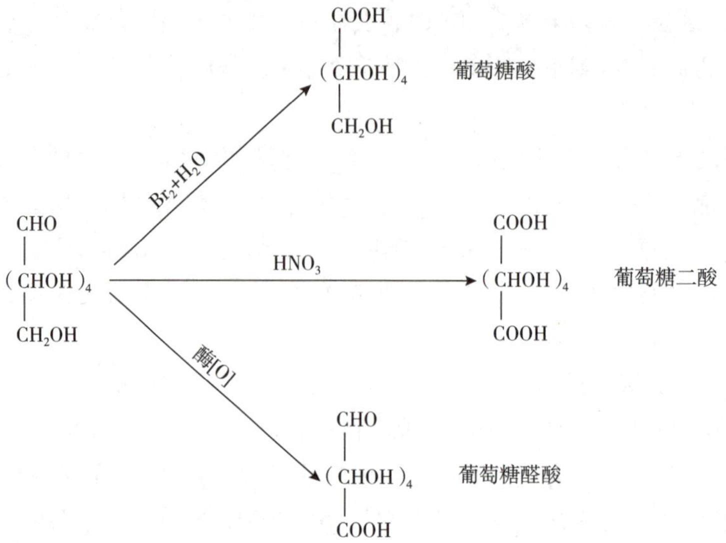

如葡萄糖在碱性加热的条件下，易被弱氧化剂（如斐林试剂、班氏试剂）氧化，醛基被氧化成羧基，葡萄糖转化成葡萄糖酸，并产生砖红色的氧化亚铜沉淀。该反应广泛用于糖的定性、定量测定中。

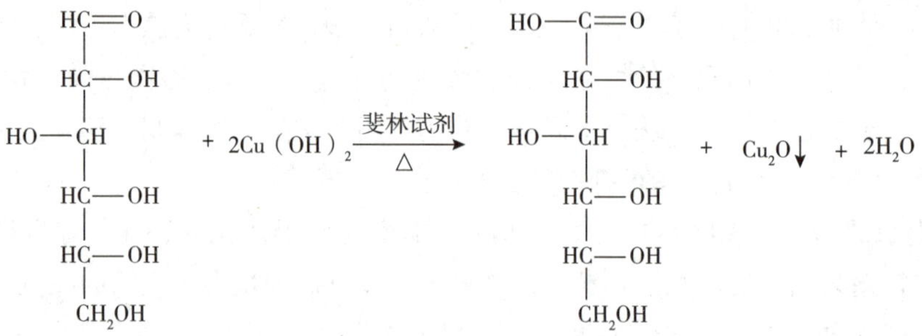

2. 还原作用 糖分子上的酮基和醛基都能被还原剂（如钠汞齐、硼氢化钠）或催化加氢还原成羟基，生成糖醇。例如，葡萄糖被还原可得到葡萄糖醇，又称为山梨糖醇；果糖还原时，因糖分子中第二位碳原子的羟基有两种排列方式，故可得到山梨醇和甘露醇两种产物；木糖还原可得到木糖醇，木糖醇的甜度与蔗糖接近，且不会引起血糖升高，可代替蔗糖用于糖尿病患者的疗效食品中，同时，木糖醇不能被口腔中产生龋齿的细菌发酵利用，故常用于口香糖中。

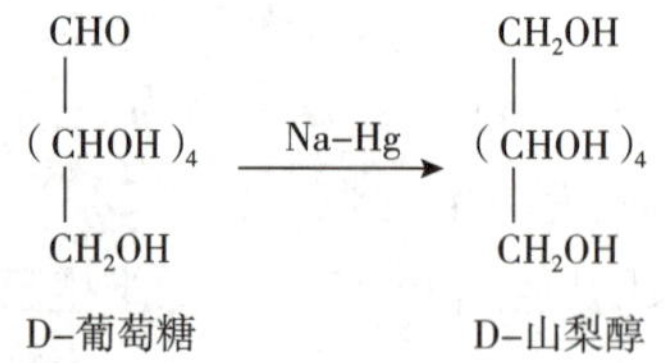

D-葡萄糖 D-山梨醇

3. 水解作用 在酸或水解酶的作用下，低聚糖或多糖可水解生成单糖。例如，一分子蔗糖在盐酸作用下水解，生成一分子葡萄糖和一分子果糖的混合物，称为转化糖。生物细胞中存在的转化酶也可以使蔗糖转化成果糖与葡萄糖，由于蜜蜂可分泌转化酶，所以植物花粉中的蔗糖可以转化为蜂蜜中的大量转化糖。

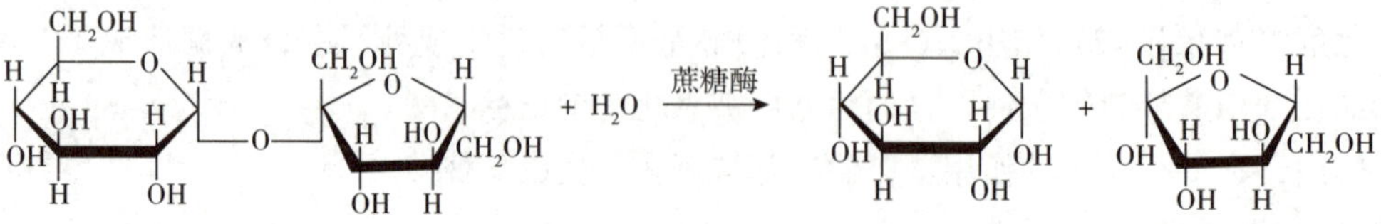

4. 异构反应　低温下糖在稀碱溶液中相对稳定，但温度升高时会很快发生异构化和分解反应，反应发生的程度和产物的比例与糖的种类和结构、碱的种类和浓度、作用时间及温度都有关系。例如，在适当温度下，用稀碱处理葡萄糖可形成葡萄糖、果糖、甘露糖的平衡混合体系。动物体内，在酶作用下也进行类似的反应。

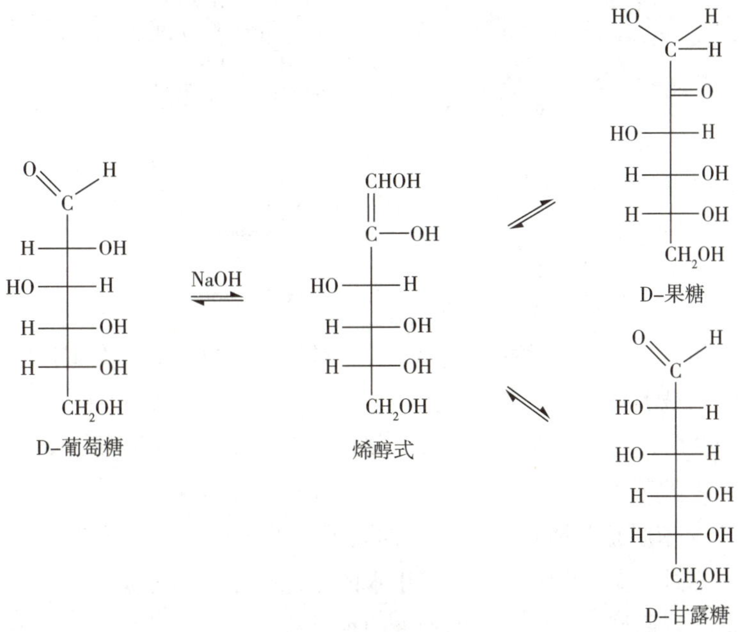

5. 脱水反应　单糖在稀酸中加热或在强酸作用下，可发生脱水环化生成糠醛或糠醛衍生物。例如，戊糖、己糖在浓酸或稀酸中加热分别生成糠醛或羟甲基糠醛。糠醛和羟甲基糠醛及它们的衍生物都能与酚类化合物反应，生成有色物质，其颜色的深浅随着糖浓度升高而加深，可用于糖的定性与定量测定。

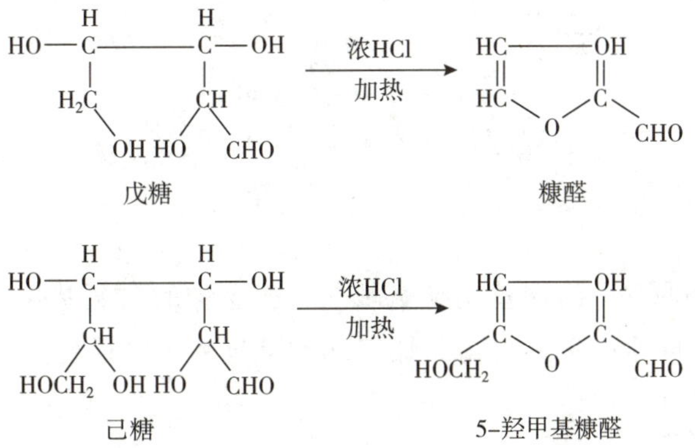

6. 酯化反应　单糖或低聚糖中的羟基与脂肪酸在一定条件下进行酯化反应，生成脂肪酸糖酯。如蔗糖中的伯醇基与脂肪酸在一定的条件下进行酯化反应，生成脂肪酸蔗糖酯（简称蔗糖酯）。根据酯化程度分别得到蔗糖单酯、蔗糖双酯。蔗糖酯是一种高效、安全的乳化剂，可以改进食物的多种性能；它还是一种抗氧化剂，可以防止食品的酸败，延长保存期。

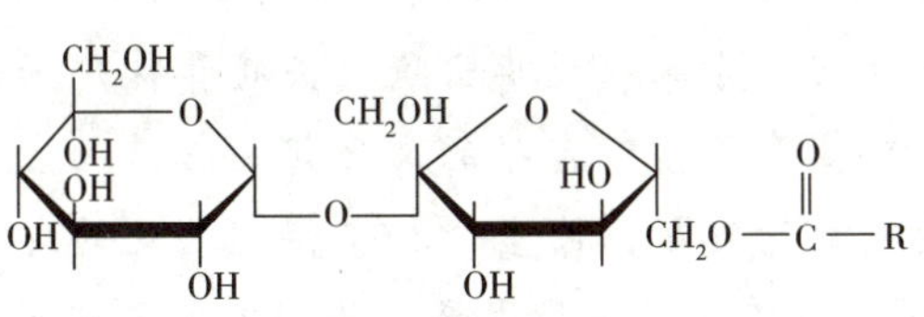
蔗糖单酯

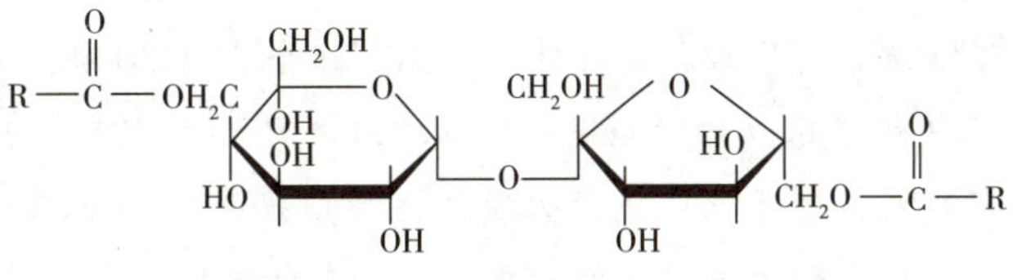
蔗糖双酯

7. 成苷反应　单糖分子上的半缩醛羟基可以与其他的醇酚类化合物上的羟基反应，生成的化合物称为糖苷。糖苷的非糖部分称为配糖体，又称为配基。糖体与配糖体之间形成的醚键习惯上称为糖苷键。例如，甲醇与葡萄糖生成糖苷，其反应式如下。

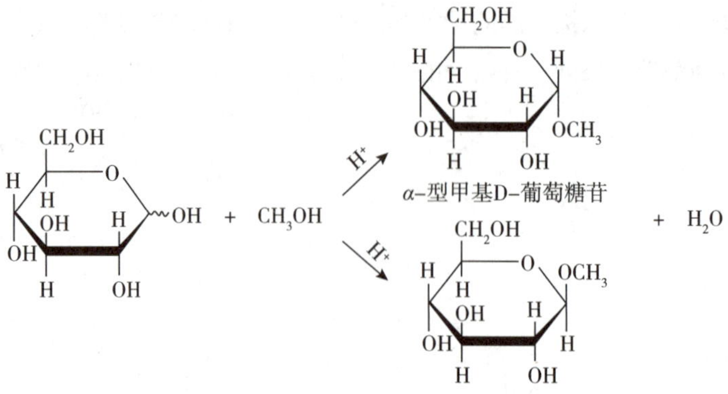

糖苷是无色无臭的晶体，味苦，能溶于水和乙醇，难溶于乙醚。糖苷在碱性溶液中稳定，但在酸性溶液中或酶的作用下，则易水解生成原来的糖。

糖苷在自然界分布很广，化学结构也很复杂，并且兼有明显的生理作用，如广泛存在于银杏仁（白果）和许多种水果核仁中的苦杏仁苷，有明显的止咳平喘的效果。

8. 与苯肼成脎反应 苯肼是单糖定性试剂。常温下，单糖与一分子苯肼缩合生成苯腙；如果苯肼过量，加热则与三分子苯肼反应，生成一种不溶于水的黄色晶体，称为糖脎。各种糖的糖脎都有特异的结晶形态和熔点，因此，利用糖脎的生成可鉴别糖的种类。

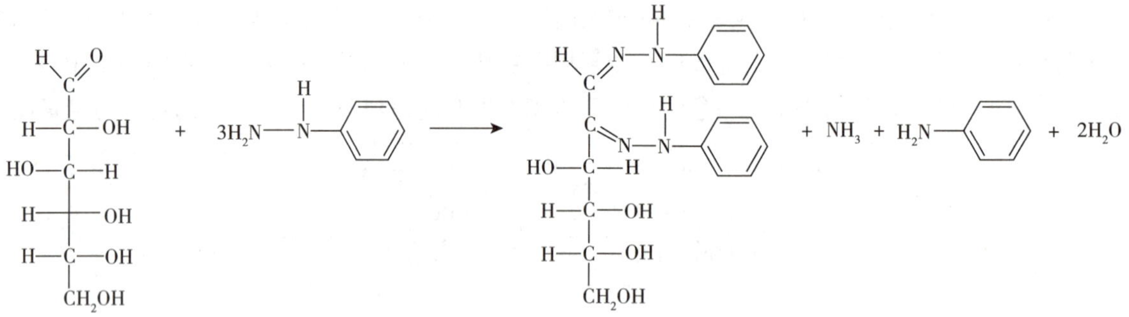

9. 羰氨反应 单糖或还原糖中的羰基能与氨基酸、胺这样的含氨基化合物进行缩合反应，称为羰氨反应，也称美拉德反应（见项目9中“食品加工和贮藏过程中的褐变现象”），它是食品在加热或长期存储后发生褐变的主要原因。

知识链接

蜜饯

“蜜饯者，糖渍果物也，本作蜜煎，俗因其为食物也，改用饯字，浑蜜煎条”，俗称蜜制食品为“蜜煎”。蜜饯从古流传至今，以各种果蔬为原料，用糖或蜂蜜腌制后而加工制成的食品。蜜饯是具有民族特色的传统食品，迄今已有2000多年的历史。东汉人赵华所撰《吴越春秋》一书中有“越以甘蜜丸欓，报吴增封之礼”的记载。这是中国有关蜜饯较早的文字记载。进入唐宋时期，由于农业生产的发展，特别是果品和养蜂、制糖业的发展，使蜜饯加工得到长足的发展。至元明时期，蜜饯的加工无论在加工技术和花色品种上都有了进一步发展，其加工工艺日益完善，趋于成熟，不仅闻名于国内，而且在世界上也享有盛誉。在1915年的巴拿马万国博览会上，我国生产的蜜饯曾荣获金质奖章，博得了很高的评价。

任务1.3　淀粉及其在食品加工中的应用

情境导入

情境　放暑假了，小明决定要利用假期为父母做饭，减轻妈妈的负担。米饭做好了，可是吃起来好像没有熟，中间有硬心，妈妈告诉他这叫“夹生”，是因为水放的少了。

思考　1. 为什么水放少了米饭会夹生呢？

2. 除了放水量，还需控制哪些条件防止米饭夹生呢？

淀粉是人类的主要能量物质之一，广泛存在于许多植物的种子、块茎和根中。农作物中淀粉的含量因作物品种、生长条件、地理气候条件及生长期不同而变化，大米、小麦、薯类、豆类、藕等粮食中淀粉含量较高。

一、淀粉的结构

淀粉是葡萄糖通过α-1,4-糖苷键、α-1,6-糖苷键连接而成的高分子多聚糖。根据分子结构的特点，可将淀粉分为直链淀粉和支链淀粉。

1. 直链淀粉　又叫可溶性淀粉，是由α-D-葡萄糖残基通过α-1,4-糖苷键连接而成的线性大分子，一般由200～300个葡萄糖单位组成（图1－10）。

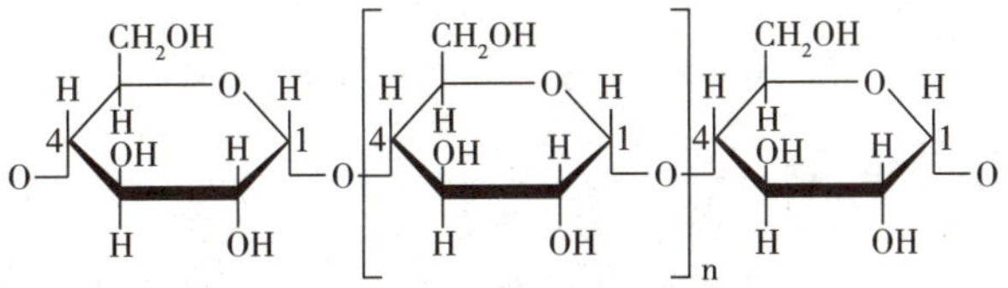

图1－10　直链淀粉的结构

2. 支链淀粉　与直链淀粉相比，支链淀粉具有高度分支结构，聚合度为600～6000个葡萄糖单位。它的主链和支链同样是由α-D-葡萄糖以α-1,4-糖苷键相连，但在分支接点上以α-1,6-糖苷键相连（图1－11）。

直链淀粉和支链淀粉的链状部分不是完全伸直的，由于分子内氢键的作用，使葡萄糖残基盘绕成螺旋状结构，每个螺旋含有6个葡萄糖残基（图1－12）。

不同的植物贮存的淀粉颗粒中的直链淀粉和支链淀粉在结构和性质上有一定差别，且二者比例随植物品种不同而不同，一般直链淀粉的含量为20%～30%，支链淀粉含量为70%～80%。二者经酸水解后最终产物都是α-D-葡萄糖。

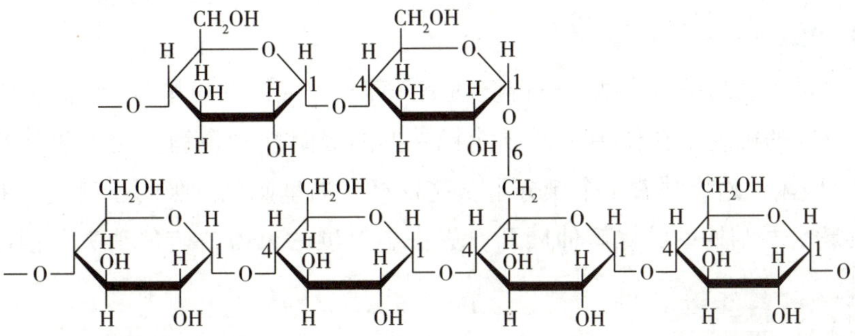

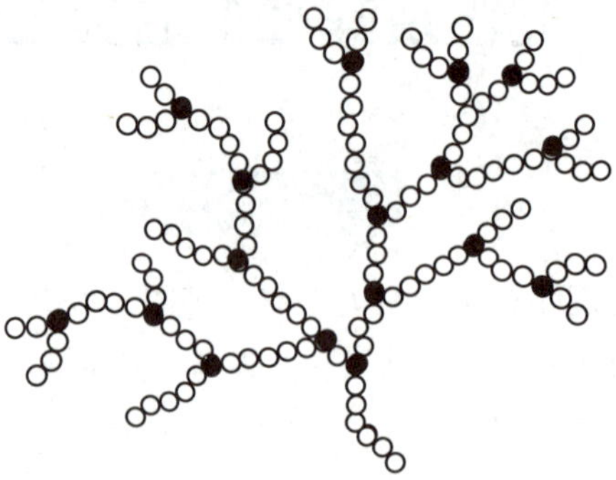

图 1-11 支链淀粉示意图

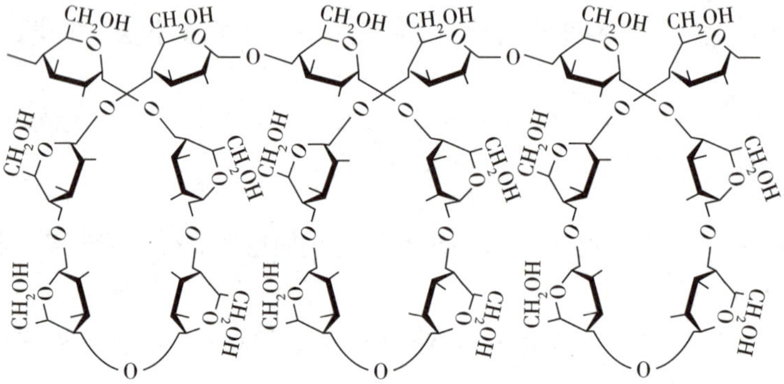

图 1-12 直链淀粉的螺旋结构

二、淀粉的物理性质

淀粉呈白色粉末状，无味、无臭，平均相对密度 1.5。它的颗粒大小和形状根据来源不同而各异。颗粒最大的是马铃薯淀粉，最小的是稻米淀粉，形状分为圆形、椭圆形等。

直链淀粉不溶于冷水，能溶于热水，在热水中形成溶胶，遇冷后形成硬而黏性不强的凝胶，不再复溶。例如，将纯直链淀粉加热至 140~150℃，得到的溶胶可制成坚韧的膜，用于包装糖果或药用胶囊，入口即溶。

支链淀粉不溶于水，又称作不溶性淀粉，但能分散于凉水中形成胶体。它在热水中继续加热可形成黏性很大的凝胶，而且这种凝胶在冷却后也非常稳定。糯米粉加热后经加工形成黏性很大的糕团，就是支链淀粉的这种性质所致。

三、淀粉的化学性质

（一）与碘的呈色反应 微课 2

淀粉与碘发生非常灵敏的呈色反应，直链淀粉呈深蓝色，支链淀粉呈蓝紫色。

淀粉与碘呈色反应的机理是在作用中形成淀粉-碘的吸附性复合物。在形成淀粉分子每个螺旋的 6 个葡萄糖残基中，吸附性地束缚着一个碘分子，这种复合物呈蓝色。吸附了碘的淀粉溶液，如加热超过 70℃时，由于淀粉分子结构中的螺旋伸展开，失去了对碘的束缚，蓝色消失，但冷却后螺旋结构恢复，蓝色又可重现。

（二）淀粉的水解

淀粉与水一起加热很容易发生水解反应，当有机酸或酶存在时，可彻底水解为 D-葡萄糖。淀粉水解过程中产生的多苷链片断统称为糊精，水解程度不同可以得到不同的产品，如糊精、淀粉糖浆、麦芽糖浆、葡萄糖等。根据碘的显色反应可以确定淀粉水解为糊精的程度。糊精聚合度不同与碘溶液反应呈现的颜色不同。当糊精中葡萄糖残基多于 30 个时呈蓝色，称为蓝色糊精；聚合度在 13～30 时，与碘作用呈蓝紫色，称为蓝紫色糊精；聚合度在 8～12 时，呈红色，称为红色糊精；当聚合度小于 6 时，不能形成复合物，所以也不呈色，称为无色糊精。

淀粉 —酶→ 蓝色糊精 —酶→ 蓝紫色糊精 —酶→ 红色糊精

—酶→ 无色糊精 —酶→ 麦芽糖 —酶→ 葡萄糖

（三）淀粉的糊化

淀粉在适当温度（一般在 60～80℃）下，能在水中溶胀、分裂、形成半透明的胶体溶液，这种变化称为淀粉的糊化。糊化的本质是淀粉分子间的氢键断开，淀粉分散在水中成为胶体溶液。使淀粉发生糊化的温度称为糊化温度。糊化后的淀粉破坏了天然淀粉的束状结构，有利于人体消化吸收。许多方便食品和膨化食品就是利用淀粉糊化的原理生产而成的，如方便面、方便米饭等。

影响淀粉糊化的因素如下。

1. 淀粉的种类和颗粒大小　各种淀粉的糊化温度是不同的（表 1－2），颗粒大的、结构较疏松的淀粉比颗粒小的、结构紧密的淀粉易于糊化，所需的糊化温度也较低；直链淀粉分子间存在相对较大的作用力，所以直链淀粉含量越高，淀粉越难糊化。

表 1－2　几种淀粉的糊化温度

淀粉	起始～完成/℃	淀粉	起始～完成/℃
粳米	59～61	玉米	64～72
糯米	58～63	荞麦	69～71
大麦	58～63	马铃薯	59～67
小麦	65～68	甘薯	70～76

2. 加热温度和加热时间　加热温度低于淀粉糊化温度时，淀粉不会发生糊化；当超过糊化温度后，还需要一定的时间才能完全糊化。例如，要使大米淀粉充分糊化，90℃时需 2～3 分钟，高于糊化温度时，加热温度越高，所需糊化时间就越短。

3. 食品的含水量　为了使淀粉充分糊化，水分必须在 30% 以上。含水量较低时，淀粉不能发生糊化或糊化不充分。例如，干淀粉加热至 180℃也不会发生糊化，而水分含量为 60% 的淀粉混悬液 70℃就能完全糊化。

4. pH　一般淀粉在 pH 为 4～7 时较稳定，在碱性条件下易于糊化，加少量的碱能促进淀粉水解成黏性较大的糊，使淀粉溶胀和糊化的速度加快，且稳定性好。在日常生活中，煮大米粥加少许食用碱可明显缩短熬制时间，熬出的粥也黏稠。但碱对谷类中 B 族维生素破坏作用较强，故应尽可能避免使用。

5. 其他组分　在大多数情况下，食品中共存的其他组分对淀粉的糊化也有影响。例如，油脂能与直链淀粉形成复合物而推迟淀粉的糊化。

（四）淀粉的老化

糊化后的淀粉在室温或低于室温下放置一段时间后，会变得不透明，甚至凝结而沉淀，这种现象称为淀粉的老化，行业上叫“返生”。糊化后的淀粉在缓慢冷却时，直链淀粉之间通过氢键结合起来形成晶形结构，但与原来的淀粉粒形状不同，从而使淀粉在溶液中的溶解度降低，产生部分沉淀。老化过程可看作是糊化的逆过程，但老化不可能使淀粉彻底复原到生淀粉的结构状态，由无序态排列成有序态。

日常生活中，馒头和米饭在冷却过程中体积变小、组织变硬、口感由松软变为发硬就是淀粉老化造成的。老化的淀粉失去与水的亲和力，难以被淀粉酶水解，因而也不易被人体消化吸收，所以要尽量避免淀粉老化现象发生。淀粉的老化对食品质量有很大的影响，控制或防止淀粉老化在食品工业中有重要意义，是食品工业研究的方向之一。

影响淀粉老化的因素如下。

1. 淀粉的种类 直链淀粉比支链淀粉易老化，直链淀粉的含量越大，该淀粉越易老化。聚合度高的淀粉比聚合度低的淀粉易老化，一般玉米、小麦中的淀粉较马铃薯、甘薯中的淀粉容易老化，而糯米中的淀粉不易老化，不同淀粉老化顺序为：玉米≥小麦≥甘薯≥土豆≥木薯≥黏玉米。在一般的食品加工和烹调中，不希望发生淀粉老化现象，但对粉丝、粉皮等的加工却需要利用淀粉的老化，因而就要选用含直链淀粉多的淀粉作为原料。如绿豆淀粉含直链淀粉达33%，是制作优质粉丝的主要原料，由于该淀粉易老化，因而产品具有较强的韧性，表面富有光泽，加热后不易断碎，口感筋道。

2. 食品的含水量 当食品含水量低于10%时，水分基本都处于结合水状态，可看作是干燥状态，基本上不发生老化；含水量在30%～60%时较易老化；含水量超过70%时，由于基质浓度小，凝聚的机会减少，老化也变慢。例如，饼干含水量一般低于5%，若密封保存，较长时间也不会发生老化，仍保持酥脆；面包含水量为30%～40%，馒头含水量为44%，米饭含水量为60%～70%，这些食品的含水量均在易老化的范围内。当食品冷却后，会出现“返生”现象，使口感变硬。

3. 温度 淀粉发生糊化后，在高温下不会发生老化，随着温度的降低，老化速度变快。淀粉老化最适温度为2～4℃，高于60℃或低于-20℃都不易发生老化现象。

为防止淀粉老化，可将糊化的淀粉食品速冻至-20℃以下，使分子间的水分急速结晶，避免淀粉分子之间形成氢键；也可在80℃以上的高温下迅速除水，使水分降至10%以下；或在冷冻条件下脱水。这些是制造速冻食品和方便食品的原理。

四、淀粉的改性及其应用

天然淀粉经过适当的处理，可使它的物理或化学性质发生改变，以适应特定的需要，这种淀粉称为改性淀粉。食品加工中常用的改性淀粉如下。

1. 酸性淀粉 淀粉与无机酸（盐酸、硫酸）在糊化温度以下反应所得到的产品。酸化淀粉加热溶解，黏度低，高浓度溶液冷却后成强凝胶。这种强胶体可用于制作软糖，淀粉果冻等。

2. 氧化淀粉 工业上生产氧化淀粉是用次氯酸钠作氧化剂氧化处理而得。氧化淀粉糊化温度低，淀粉糊透明性好，不易老化，食品加工中可形成稳定溶液，适于作乳化剂和分散剂。

3. 酯化淀粉 目前主要有醋酸酯和磷酸酯淀粉。醋酸酯淀粉是将淀粉与醋酸酐、醋酸乙烯反应得到。该种淀粉糊化温度低，溶液透明呈中性，冷却不形成凝胶，广泛用作食品的增稠剂和保型剂，并利于低温保存。磷酸酯淀粉是将淀粉与磷酸盐反应而得，有较高黏度、透明度和胶黏性，不易凝沉和有良好的保水性。在食品工业中用作儿童食品、汤类、调味品及其他食品的增稠剂。

4. 交联淀粉 淀粉与交联剂（如环氧氯丙烷）反应所得到的产品。该淀粉黏度稳定，具有良好的机械性能，且耐热、耐酸、耐碱。交联淀粉广泛用于汤类罐头、肉汁、酱汁调味料、婴儿食品。

5. 可溶性淀粉 经过轻度酸处理的淀粉，糊化程度较低，加热时候有良好的流动性，冷凝时能形成坚柔的凝胶。可溶性淀粉可用于制造胶姆糖和糖果，且软糖质地紧密、外形柔软、富有弹性，具有较好的糖果质量。

知识链接

人工合成淀粉

历时 6 年多科研攻关，2021 年中国科学家生成了一种新酶，从头设计了 11 步反应的非自然二氧化碳固定与人工合成淀粉新途径。这个只需要水、二氧化碳和电的“创造”，不依赖光合作用。中国从二氧化碳人工合成淀粉被国际学术界认为是影响世界的重大颠覆性技术，这个过程对生物合成、生物制造领域是一个重大的里程碑式的突破，为农业生产方式的改变提供了可能路径，更为创建新功能的生物系统奠定了开创性科学基础。

任务 1.4　膳食纤维及其在食品加工中的应用

情境导入

情境　小明在吃芹菜的时候发现茎里面有一些丝状的物质，妈妈说这些丝状的物质是纤维，对健康非常有益。

思考　1. 纤维是什么物质呢？

2. 为什么纤维可以促进健康呢？

一、膳食纤维概述

膳食纤维是一种多糖，它既不能被胃肠道消化吸收，也不能产生能量。因此，曾一度被认为是一种“无营养物质”而长期得不到重视。随着营养学和相关科学的发展，人们逐渐发现膳食纤维对人体有许多重要的生理功能，除了可以调节血糖和血胆固醇含量、促进排便，还能改善大肠内菌群的构成和分布、降低癌症发病率，并有一定的解毒作用。因此，膳食纤维被誉为人体所需的第七营养素。膳食纤维主要来源是农产品和食品加工过程的废弃物，如小麦麸皮、豆渣、果渣皮、甘蔗渣、荞麦皮、茶渣及食用菌下脚料。此外，水果、蔬菜、燕麦中也富含膳食纤维。

根据是否溶解于水，可将膳食纤维分为水溶性膳食纤维和非水溶性膳食纤维。水溶性膳食纤维主要包括果胶、黄原胶、阿拉伯胶、瓜尔豆胶、卡拉胶、琼脂和树胶等；非水溶性膳食纤维主要指纤维素、半纤维素、木质素、原果胶和壳聚糖等。

二、纤维素

纤维素是自然界中含量最丰富的有机物，占植物界碳含量的 50% 以上。植物细胞壁成分包括纤维素、半纤维素、木质素等，其中纤维素是其主要成分，是构成植物支撑组织的基础。纤维素的结构类似于直链淀粉，是由 β-D-葡萄糖通过 β-1,4-糖苷键连接的没有分支的同多糖（图 1－13）。

纤维素是白色物质，不溶于水，也极难溶于一般有机溶剂，但吸水易膨胀。纤维素无还原性，性质稳定。纤维素比淀粉难水解，一般需要在浓酸中或用稀酸在加压条件下进行，产物是纤维四糖、纤维三糖，最终产物是 β-D-葡萄糖。纤维素酶水解可得到纤维二糖。

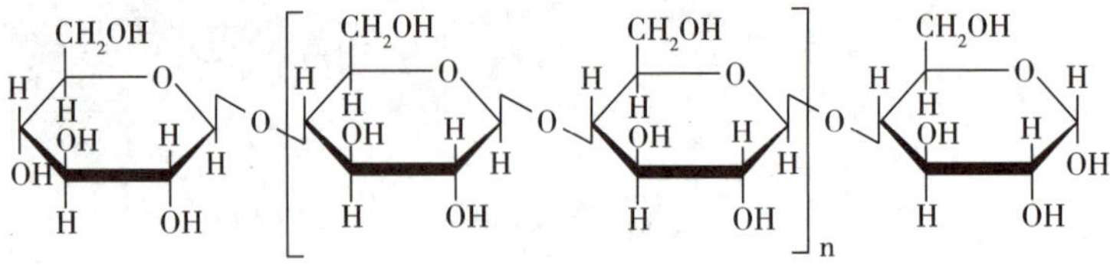

图 1－13 纤维素的结构

三、半纤维素

半纤维素是一些与纤维素一起存在于植物细胞壁中的多糖的总称。它是由多种单糖聚合组成的一类杂质多糖，其主链由木聚糖、半乳聚糖或甘露糖组成，在其支链上带有阿拉伯糖或半乳糖，单糖单元之间的连接键为β-1，4-糖苷键。不同植物来源的半纤维素的组成和结构不同。

半纤维素均不溶于水，但具有亲水性和较好的持水性；能溶于碱液，一般把能用 17.5% NaOH 溶液提取的多糖统称为半纤维素。半纤维素大量存在于植物的木质化部分，在秸秆、糠麸、花生壳和玉米芯中含量丰富。

半纤维素是膳食纤维的重要来源，对胃肠蠕动有益。半纤维素可用作食品加工的增稠剂、稳定剂、乳化剂。例如，在焙烤食品中添加半纤维素，可提高面粉对水的结合能力，改善面团的品质，并能延缓面包老化。

知识链接

活性多糖

活性多糖是指具有某种特殊生理活性的多糖化合物，比如灵芝多糖、枸杞多糖、香菇多糖、黑木耳多糖、海带多糖等，具有双向调节人体生理节奏的功能。广泛存在于植物和微生物细胞壁中，毒性小、安全性高、功能广泛，具有非常重要与特殊的生理活性，是构成生命的四大基本物质之一。1998 年我国科学家高益槐成功地发现了大型真菌中最珍贵的药用成分β-D-葡聚糖，并用低温水醇酶提取法获得成功，开创性地提出现代医学和传统医学相结合的“三效关系（组效、构效、量效）”理论，发明了提取天然药物中的活性多糖的国际专利技术，被誉为“活性多糖之父”。

四、改性纤维素

天然纤维素经过适当处理，改变其原有性质以适应特殊需要而得到的纤维素，称为改性纤维素。

1. 羧甲基纤维素 纤维素与氢氧化钠－氯乙酸作用，生成含有羧基的纤维素醚，称为羧甲基纤维素（CMC）。

CMC 为白色粉状物，无味、无臭、无害，是具良好持水性和黏稠性的亲水胶体。在食品工业中，CMC 因具有良好的持水力而被广泛用于冰淇淋和其他冷冻甜食中，以阻止冰晶的生长；CMC 对蛋糕和其他焙烤食品的体积具有良好的维持作用，同时能阻止糖果、糖衣和糖浆中糖结晶的生长；在保健食品中，CMC 不仅能使食品保持一定的体积，而且还提供了良好的质地和口感。

2. 甲基纤维素 是另一种对食品有用的纤维素醚，它是通过醚化在纤维素中引入甲基而制成的。甲基纤维素（MC）为白色或类白色纤维状或颗粒状粉末，无臭。MC 在无水乙醇、乙醚、丙酮中几乎不溶。在 80～90℃的水中迅速分散、溶胀，降温后迅速溶解，水溶液在常温下十分稳定，高温时能形成凝胶，此凝胶能随温度的变化与溶液互相转变。MC 具有优良的增稠性、乳化性、保水性和成膜性，以及对油脂的不透性。

在焙烤食品中，MC 增加了食品的吸水力和持水力；在油炸食品中，MC 可降低食品的吸油力；当用于冷冻食品，特别是调味汁、肉类、水果和蔬菜时，MC 能抑制脱水收缩。MC 还可用于各种食品的可食糖衣中。

3. 微晶纤维素　是一种用稀酸处理的纤维素，部分被酸水解，微小的、耐酸的纤维素结晶留下，干燥后可得到极细的纤维素粉末。微晶纤维素（MCC）为白色、无臭、无味，由多孔微粒组成的结晶粉末，不溶于水、稀酸、有机溶剂和油脂。MCC 作为食品添加剂被广泛应用于食品加工中，可防止速溶饮品粉末受潮结块和冲泡时分散不均匀；用于冰淇淋可使其口感润滑和爽口；在疗效食品中作为无热量填充剂。

五、果胶

果胶是植物细胞壁成分之一，存在于相邻细胞壁间的中胶层，起着将细胞黏结在一起的作用。果胶是典型的植物酸性多糖，主要存在于水果和蔬菜的软组织中，一般与纤维素、半纤维素、木质素和某些伸展蛋白相互交联，使水果和蔬菜具有较硬的质地。

（一）果胶结构

果胶是 α-D-吡喃半乳糖醛酸以 α-1,4-糖苷键相连而成的聚合物（图 1－14），通常以部分甲酯化存在。

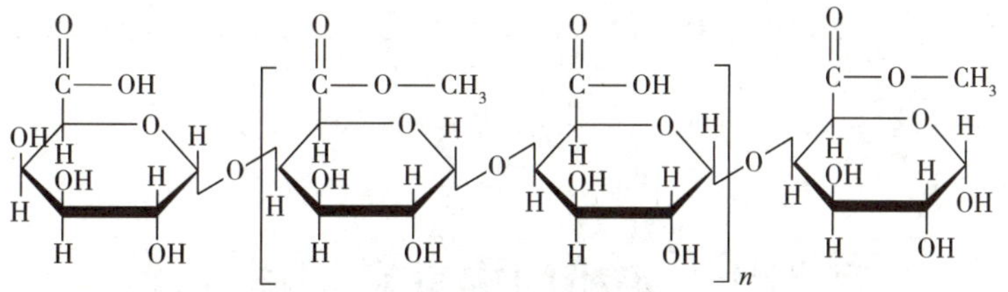

图 1－14　果胶的结构

（二）果胶分类

果胶可分为原果胶、可溶性果胶和果胶酸。

1. 原果胶　不溶于水，只存在于植物细胞壁，在未成熟的果蔬组织中，原果胶与纤维素、半纤维素等紧密连在一起，使组织比较坚硬。经酶或稀酸处理，原果胶能水解形成可溶性果胶（俗称果胶）和果胶质酸（俗称果胶酸）。

2. 可溶性果胶　可溶于水，存在于植物汁液中。水果成熟以后，原果胶水解成可溶于水的果胶，并渗入细胞液内，使果实组织变软而有弹性。

3. 果胶酸　当果实过熟时，果胶发生去甲酯化作用生成果胶酸，果胶酸不具黏性，果实变软。植物的落叶、落花、落果等现象均与果胶酸的转化有关。

一般的商品果胶指的是可溶性果胶。可溶性果胶是一种无定形的物质，其特点是可形成凝胶和胶冻，在热溶液中溶解，在酸性溶液中遇热形成胶态。因此，果胶可用于果酱、果冻的制造，防止糕点硬化，改进干酪质量，制造果汁粉等。

知识拓展

蔗糖

蔗糖已有几千年的历史。它是光合作用的主要产物，广泛分布于植物体内，特别是在甜菜、甘蔗和水果中含量很高。在生活中常食用的冰糖、白砂糖、绵白糖和赤砂糖（也称红糖或黑糖）其实都是蔗糖，只是制糖方法不同。

红糖是把甘蔗或甜菜压出汁，滤去杂质，再加适量的石灰水，中和其中所含的酸（因为在酸性条件下蔗糖容易水解成葡萄糖和果糖），再过滤，除去沉淀，将滤液通入二氧化碳，使石灰水沉淀成碳酸钙，再重复过滤，所得到的滤液就是蔗糖的水溶液。将蔗糖水放在真空器里减压蒸发、浓缩、冷却，使有红棕色略带黏性的结晶析出，这就是红糖。

白糖是将红糖溶于水，加入适量的活性炭，将红糖水中的有色物质吸附，再过滤、加热、浓缩、冷却滤液。根据颗粒大小，白糖又可分为白砂糖、绵白糖、方糖、冰糖等。白砂糖、绵白糖通常称为白糖，蔗糖含量一般在95%以上。

白砂糖颗粒均匀整齐、糖质坚硬、松散干燥、无杂质，是食糖中含蔗糖最多、纯度较高的品种，纯度一般在99.8%以上，也是较易贮存的一种食糖。

与白砂糖相比，绵白糖结晶颗粒细小，含水分较多，外观质地绵软，其纯度与白砂糖相当。绵白糖是细小的蔗糖晶粒被一层转化糖浆包裹而成的。转化糖在这里起着变软、增香、助甜的作用，所以绵白糖的口感优于白砂糖。绵白糖最宜直接食用，冷饮凉食用之尤佳，因其含水量高而不易保管，最好加工成小包装。

冰糖是以白砂糖为原料，经加水溶解、除杂、清汁、蒸发、浓缩后，冷却结晶制成。可见冰糖的纯度最高，也最甜，价格也最贵。

实训1 淀粉的提取和性质实验

一、实训目的

1. **掌握** 淀粉提取的方法。
2. **熟悉** 淀粉与碘呈色反应的特点及机制。
3. **了解** 淀粉的水解原理及过程。

二、原理

以马铃薯、甘薯为原料，利用淀粉不溶于或难溶于水的性质，提取淀粉。淀粉溶液中加入碘试剂后，淀粉分子每个螺旋的6个葡萄糖残基中吸附性地束缚着一个碘分子，形成淀粉－碘的吸附性复合物，这种复合物呈蓝色。该复合物不稳定，被乙醇、氢氧化钠和加热等作用时，淀粉螺旋伸展或解体，失去对碘的束缚，蓝色褪去。

淀粉在酸催化下加热，可逐步水解成相对分子质量较小的低聚糖，最后水解成葡萄糖。淀粉完全水解后，失去与碘的呈色能力，同时出现单糖的还原性，与班氏试剂（Benedict试剂，含Cu^{2+}的碱性溶液）反应，使Cu^{2+}还原为红色或黄色的Cu_2O。

三、材料与设备

（一）设备及器皿

组织捣碎机、水浴锅、天平、表面皿、白瓷板、胶头滴管、布氏漏斗、抽滤瓶。

（二）试剂及配制

1. 0.1%淀粉溶液 称取淀粉1g，加少量水调匀，倾入沸水，边加边搅拌，并以热水稀释至1000ml。

2. 稀碘液 称取碘化钾2g，溶于100ml水中，加入适量碘，使溶液呈淡棕黄色即可。

3. 10%氢氧化钠溶液 称取氢氧化钠10g，溶于蒸馏水中并稀释至100ml。

4. 班氏试剂 溶解85g柠檬酸钠（$Na_3C_6H_5O_7 \cdot 11H_2O$）及50g无水碳酸钠于400ml水中，另称取8.5g硫酸铜于50ml热水中，将冷却后的硫酸铜溶液缓缓倾入柠檬酸钠－碳酸钠溶液中。该试剂可长期使用，如果放置过久出现沉淀，取其上清液使用。

5. 20%硫酸溶液 量取蒸馏水78ml于烧杯中，加入98%浓硫酸20ml，混匀，冷却后贮存于试剂瓶中。

6. 10%碳酸钠溶液 称取无水碳酸钠10g溶于水并稀释至100ml。

7. 其他 乙醇。

（三）实验材料

生马铃薯。

四、操作步骤

（一）淀粉的提取

（1）生马铃薯去皮，切碎，称取50g，放入组织捣碎机中，加适量水，捣碎。

（2）用四层纱布过滤，除去粗颗粒，滤液中的淀粉很快沉到底部，用水多次洗涤淀粉。

（3）抽滤，滤饼置于表面皿上，在空气中干燥即得淀粉。

（二）淀粉与碘的反应

（1）取少量自制淀粉于白瓷板上，加1～3滴稀碘液，观察淀粉与碘液反应的颜色。

（2）取试管一支，加入0.1%淀粉溶液5ml，再加2滴稀碘液，摇匀后，观察颜色是否变化。

（3）将管内液体均分成三份于三支试管中，并编号。1号管在酒精灯上加热，观察颜色是否褪去，冷却后，再观察颜色变化；2号管加入几滴乙醇，观察颜色变化，如无变化可多加几滴；3号管加入几滴10%氢氧化钠溶液，观察颜色变化。

（三）淀粉的水解

（1）在一个小烧杯内加自制的1%淀粉溶液50ml及20%硫酸溶液1ml，于水浴锅中加热煮沸。

（2）每隔3分钟取出反应液2滴，置于白瓷板上做碘呈色反应试验。

（3）待反应液不与碘起呈色反应后，取1ml此液置试管内，用10%碳酸钠溶液中和后，加入2ml班氏试剂，加热，观察并记录反应现象。

五、注意事项与说明

（1）取样和称重要准确。

（2）洗涤淀粉时要小心，避免淀粉损失。

（3）淀粉水解的中间产物糊精对碘反应的颜色变化是：蓝紫色→红色→无色，若淀粉水解不彻底，也会有不同的颜色出现。

六、思考题

1. 淀粉与碘发生显色反应后，加热后与冷却后有什么变化，为什么？
2. 如何验证淀粉有没有还原性？

七、实训评价

实训评价表

专业：　　班级：　　组别：　　姓名：

序号	评价内容	评价标准	应得分	实得分
1	（1）试剂配制 （2）仪器准备	（1）正确称量配制 （2）仪器选择正确，摆放合理有序	20 分	
2	实训操作步骤	按测定步骤正确操作 （每操作错一步扣 5 分）	40 分	
3	实验结果记录	准确记录反应现象 正确分析现象原因	20 分	
4	实训报告	完成实训报告	20 分	
		合计	100 分	

时间：　　考评教师：

练习题

答案解析

一、选择题

A 型题（最佳选择题）

1. 根据化学结构和化学性质，糖类是属于一类（　）的化合物。
   A. 多羟基酸　B. 多羟基醛或酮　C. 多羟基醚　D. 多羧基醛或酮
2. （　）是糖类化合物的最小结构单位。
   A. 低聚糖　B. 单糖　C. 乳糖　D. 已糖
3. 下列糖无还原性的是（　）。
   A. 葡萄糖　B. 麦芽糖　C. 半乳糖　D. 蔗糖
4. 下列糖类的水解产物不都是葡萄糖的是（　）。
   A. 淀粉　B. 蔗糖　C. 纤维素　D. 麦芽糖

B 型题（配伍选择题）

A. 蔗糖　B. 果糖　C. 淀粉　D. 葡萄糖　E. 麦芽糖　F. 半乳糖

1. 上述糖类属于单糖的是（　）。
2. 上述糖类属于双糖的是（　）。
3. 上述糖类属于多糖的是（　）。

二、综合问答题

1. 影响淀粉老化的因素有哪些？采取什么措施可延缓淀粉老化？
2. 食品加工中常用的改性淀粉有哪些？各用于哪些食品的加工？

书网融合……

本章小结　　微课1　　微课2　　题库

项目 2

脂　类

PPT　　导引视频

学习目标

知识目标

1. **掌握**　脂类的含义、分类及结构。
2. **熟悉**　脂肪的性质及其在食品中的应用。
3. **了解**　各类食物中的脂肪及加工储藏过程中的变化。

能力目标

1. 能运用脂肪的结构和性质分析食品加工中脂肪的变化。
2. 具备分析脂肪在食品加工中应用的能力。

素质目标

通过本项目的学习，培养学生食品安全生产的意识，树立正确的人生观和价值观，重视健康，敬畏生命。

任务 2.1　脂类概述

情境导入

情境　小丽是食品专业大学生，她在进行食品制作时发现，植物油、黄油和肥肉虽然状态不同，但是手接触后感觉都是油腻腻的，都含有大量的油脂。

思考　1. 组成植物油、黄油和肥肉的油脂是一样吗？

2. 它们之间有什么联系吗？这样的物质还有哪些呢？

一、脂类的概念

脂类是生物体内一大类不溶于水而溶于有机溶剂的化合物，包括脂肪、蜡、磷脂、糖脂、类固醇等。在植物组织中脂类主要存在于种子或果仁中，在根、茎、叶中含量较少；在动物体中脂类主要存在于皮下组织、腹腔、肝和肌肉内的结缔组织中；许多微生物细胞中也能积累脂类。目前，人类食用或食品工业用的脂类主要来源于植物和动物。

脂类的元素组成主要为碳、氢、氧三种，有的还含有氮、硫、磷。脂类在化学成分和化学结构上有很大差异。因此，一般把生物体内具有脂溶性的化合物统称为脂类。它们具有如下共同特征：不溶于水而易溶于乙醚等非极性的有机溶剂；都具有酯的结构或与脂肪酸有成酯的可能；都是生物体产生，并能为生物体所利用。

脂肪是食品中重要的组成成分和人类不可缺少的营养素。与同样质量的蛋白质和糖相比，脂肪所含的热量最高，每克脂肪能提供 37.7kJ（9kcal）的能量，并提供必需脂肪酸，是脂溶性维生素的载体，赋予食品滑润的口感，光润的外观和油炸食品的香酥风味。塑性脂肪还具有造型功能。此外，在烹调中过程中，脂肪还是一种传热介质。脂类在生物体内具有润滑、保护、保温等功能，是组成生物细胞不可缺少的物质。

二、脂类的分类

脂类按其化学组成可分为简单脂类、复合脂类和衍生脂类等 3 种。

（一）简单脂类

简单脂类也称单脂质，是由脂肪酸与醇所成的酯，主要包括脂肪和蜡。

1. 脂肪　也称真脂或中性脂肪，是由甘油和脂肪酸组成的三酰甘油酯（也称甘油三酯）。

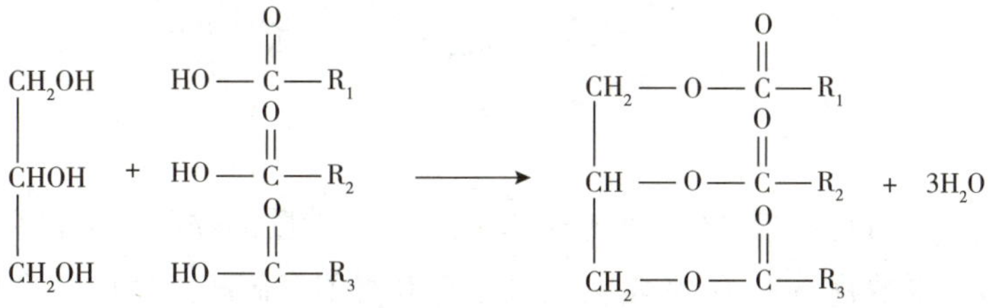

式中 R_1，R_2，R_3表示烃基。若构成甘油三酯的 3 个烃基相同，则称为单纯甘油酯，否则称为混合甘油酯。天然脂肪中多为混合甘油酯，其中甘油的分子比较简单，而脂肪酸的种类和长短却不相同，因此，脂肪的性质和特点主要取决于脂肪酸。

习惯上将在室温下呈液态的脂肪称为油，如大豆油、葵花籽油、花生油等；将在室温下呈固态的脂肪称为脂，如可可脂。

2. 蜡　是高级脂肪酸与高级一元醇所生成的酯。蜡不溶于水，熔点较脂肪高，一般为固体，不易水解，溶于醚、苯、三氯甲烷等有机溶剂，不易皂化。在人及动物消化道中不能被消化，故无营养价值。蜡在自然界分布广泛，如蜂巢、昆虫卵壳、鲸油、皮肤、毛皮、植物叶和果实表面及昆虫表皮均含有蜡层，主要起保护作用。我国出产的蜡主要为蜂蜡、虫蜡和羊毛蜡，是经济价值较高的农业副产品。

（二）复合脂类

复合脂类是简单脂类成分与非脂成分组成的脂类化合物，即是脂类分子中除脂肪酸与醇以外，还有其他的化合物。复合脂类主要包括磷脂、糖脂和蛋白脂等。

1. 卵磷脂　是动植物中分布最广泛的磷脂，主要存在于动物的卵、植物的种子及动物的神经组织中。卵磷脂可溶于乙醚、乙醇，但不溶于丙酮。纯净的卵磷脂为白色膏状物，极易吸湿，遇空气即迅速变成黄褐色，一般认为这种变化是由于卵磷脂分子中的不饱和脂肪酸氧化所致。卵磷脂由磷脂酸与胆碱结合而成，天然卵磷脂是 α 型，其结构式如下（图 2－1），式中的 R_1 为硬脂酸或软脂酸，R_2 为油酸、亚油酸、亚麻酸或花生四烯酸等不饱和脂肪酸。

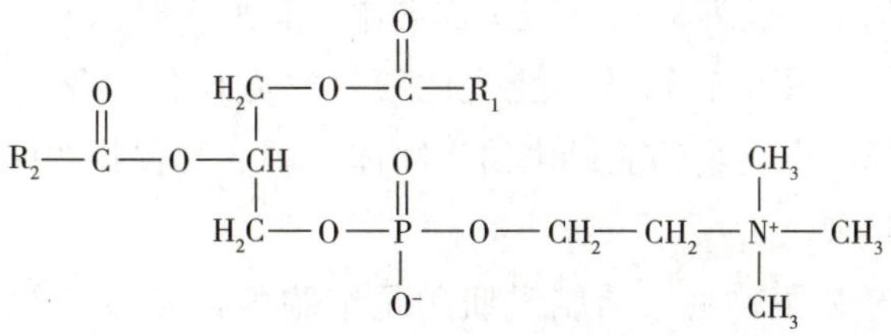

图 2－1　α－卵磷脂结构式

卵磷脂的胆碱残基端具有亲水性，脂肪酸残基端具有疏水性，因此，卵磷脂是一种天然的乳化剂，能使互不相溶的两相（油、水）之间形成较稳定的乳状液。

卵磷脂在食品工业中被广泛用作乳化剂、抗氧化剂和营养添加剂。现在由植物油精炼工业作为副产品，可大量廉价获得供应。

2. 脑磷脂 脑磷脂与卵磷脂结合的碱基不同，但性质非常相似。脑磷脂有两类：一类的碱基是乙醇胺（胆胺），另一类的碱基是丝氨酸。其结构式如下（图2-2）。

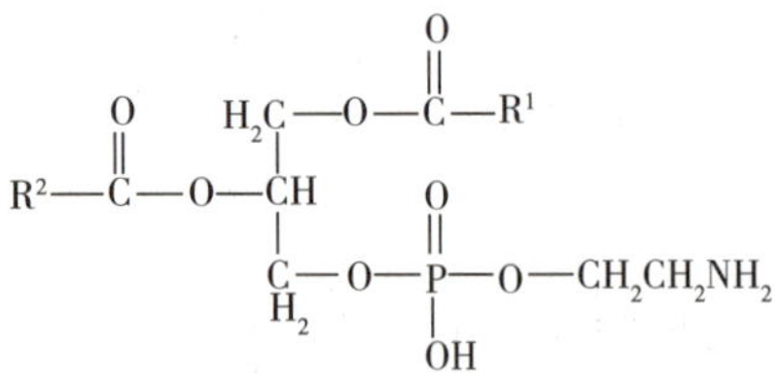

乙醇胺脑磷脂

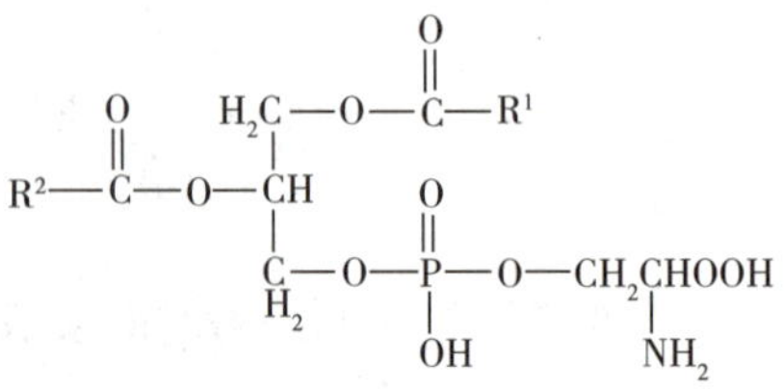

丝氨酸脑磷脂

图2-2 脑磷脂结构式

（三）衍生脂类

衍生脂类是由简单脂类与复合脂类衍生而仍具有脂类一般性质的物质。主要有胡萝卜素类物质（胡萝卜素类和类似于胡萝卜素的物质）、固醇类物质（固醇和类似于固醇的物质）和脂溶性维生素。

1. 胆固醇 又称胆甾醇，广泛分布于动物组织中，在脑和神经组织中含量较高。在食品中以卵黄含量最多，肥肉、乳类中含量也较多。胆固醇是维持人体生理功能不可缺少的物质，是构成细胞膜的重要成分；胆固醇作为胆汁的组成成分，经胆道排入肠腔，可帮助脂类的消化和吸收；胆固醇的衍生物7-脱氢胆固醇经太阳光中的紫外线照射后能转化为维生素 D_3，这是人体获得维生素 D 的一条重要途径；胆固醇还能转变成肾上腺皮质激素和性激素，这些激素具有重要的生理作用。人体内只有含有一定量的胆固醇才能维持正常的功能。胆固醇能被动物吸收利用，动物自身也能合成，人体内胆固醇含量太高或太低都对人体健康不利。胆固醇可在人的胆道中沉积形成结石，并在血管壁上沉积，引起动脉硬化，因此对需要摄取低胆固醇食品者应该注意膳食组成中胆固醇的含量。

2. 麦角固醇 麦角固醇最初从麦角（麦及谷类因患麦角菌病而产生的物质）分离出而得名。麦角固醇的性质与胆固醇相似，经紫外线照射后可变成维生素 D_2。植物固醇在人体内能降低胆固醇的含量。

三、脂类的生物学意义

脂类是一类重要的生物分子，在生物体内发挥着重要的生物学作用。它们在细胞膜的结构和功能、能量代谢、信号传导、激素合成等方面发挥着重要作用。

1. 脂类是细胞膜的重要组成部分 细胞膜是细胞的保护屏障，它由磷脂双分子层和蛋白质组成。脂类在细胞膜中占据了很大的比例，它们的不同种类和分布方式决定了细胞膜的结构和功能。例如，磷脂分子的疏水性和亲水性决定了细胞膜的通透性和选择性，而固醇则可以增加细胞膜的稳定性和流动性。此外，脂类还可以为细胞提供营养，使细胞更加健康，有助于组织的生长和发育。

2. 脂类是生物体内能量的主要储存形式 脂类的能量密度比蛋白质和糖类高很多。当机体需要能量时，脂类会被分解代谢，释放出大量的能量供给生物体使用。当食物的能量超过机体所需时，多余的能量会被转化为脂肪而储存起来。

3. 脂类在信号传导中起着重要作用 磷脂酰肌醇是细胞内信号传导的重要分子，它可以通过磷酸化和去磷酸化来调节多种细胞信号通路，如细胞增殖、分化和凋亡等。

4. 脂类在激素合成中也发挥重要作用 固醇是激素合成的重要前体，如胆固醇可以合成性激素、肾上腺皮质激素等。此外，脂类还可以通过调节激素受体的表达和功能来影响激素的作用，如脂肪酸可以调节胰岛素受体的表达和功能，影响胰岛素的作用。

脂类在生物体内发挥着多种生物学作用，它们的种类和分布方式决定了它们的生物学功能。对于人类健康来说，适当的脂类摄入对于维持正常的生理功能和代谢水平非常重要。

知识链接

避免使用反复高温加热的油脂

食用油在经高温加热或反复加热，可发生一系列化学变化，表现为黏度增高、酸价增高以及产生刺激性气味等，这些变化不仅使食用油的营养价值降低，还会对人体产生毒害作用。很多不法商贩为了节约成本，获取更大的利润，将食用油反复高温加热使用，增加了致癌物和有害物质的含量，对人们的身体健康危害极大。作为食品从业者要有健康意识和良好的饮食习惯，更要有从事食品行业的道德底线和社会责任。

任务 2.2 脂肪酸结构

情境导入

情境 市面上食用油的种类繁多，小丽最近看了某品牌调和油的广告“1∶1∶1 平衡营养更健康”。

思考 1. 这里说的 1∶1∶1 指的是哪三种物质的比例呢？

2. 为什么“1∶1∶1”更健康呢？

一、脂肪酸的种类与结构 微课1

在组织和细胞中，绝大部分的脂肪酸是以结合形式存在的，目前，从动物、植物和微生物中分离出的脂肪酸有近200种。脂肪酸的结构中都有一长的烃链，且多为偶数碳原子的直链，其一端连有一个羧基。不同脂肪酸之间的区别，主要在于烃链的长度及双键的位置和数目。常见的天然脂肪酸见表2－1。

（一）饱和脂肪酸

饱和脂肪酸的烃链上没有双键存在。根据碳原子数的不同，可以分为以下两种。

1. 低级饱和脂肪酸 分子中碳原子数≤10的脂肪酸，常温下为液态，如丁酸、己酸等，在乳脂及椰子油中多见。

2. 高级饱和脂肪酸 分子中碳原子数＞10的脂肪酸，常温下为固态，如软脂酸、硬脂酸等。

（二）不饱和脂肪酸

不饱和脂肪酸的烃链上含有碳碳双键或三键，通常为液态。

不饱和脂肪酸通常用 $C_{x:y}$ 表示，其中 x 表示碳链中碳原子的数目，y 表示不饱和双键的数目。如油酸（$C_{18:1}$）、亚麻酸（$C_{18:3}$）等。

表 2-1　常见的天然脂肪酸

类别	名称	结构简式	存在
低级饱和脂肪酸	丁酸	C_3H_7COOH	乳脂及动物分泌物
	己酸	$C_5H_{11}COOH$	乳脂、椰子油
	辛酸	$C_7H_{15}COOH$	乳脂、椰子油
	癸酸	$C_9H_{19}COOH$	乳脂、椰子油
高级饱和脂肪酸	月桂酸	$C_{11}H_{23}COOH$	月桂油、椰子油
	豆蔻酸	$C_{13}H_{27}COOH$	豆蔻油、椰子油
	软脂酸	$C_{15}H_{31}COOH$	动植物油
	硬脂酸	$C_{17}H_{35}COOH$	动植物油
	花生酸	$C_{19}H_{39}COOH$	花生油
不饱和脂肪酸	棕榈油酸	$C_{15}H_{29}COOH$	两栖动物脂
	油酸	$C_{17}H_{33}COOH$	植物油
	亚油酸	$C_{17}H_{31}COOH$	植物油
	亚麻酸	$C_{17}H_{29}COOH$	亚麻油、苏子油
	花生四烯酸	$C_{19}H_{31}COOH$	卵黄、卵磷脂、花生油

1. 根据烃链上碳碳双键的个数分类

（1）单不饱和脂肪酸　烃链上只含一个碳碳双键的不饱和脂肪酸，如棕榈油酸（$C_{16:1}$）。

（2）多不饱和脂肪酸　烃链上含两个或两个以上碳碳双键的不饱和脂肪酸，如亚油酸（$C_{18:2}$）。多不饱和脂肪酸具有多种保健功能，已应用于保健食品中。

2. 根据烃链上碳碳双键的结构分类（图 2-3）

（1）顺式脂肪酸　氢原子位于碳碳双键的同侧，天然脂肪中的不饱和脂肪酸绝大多数是顺式脂肪酸，在室温下为液态。

（2）反式脂肪酸　氢原子位于碳碳双键的异侧，天然脂肪在部分氢化反应中，可能会产生大量的反式脂肪酸，在室温下为固态。

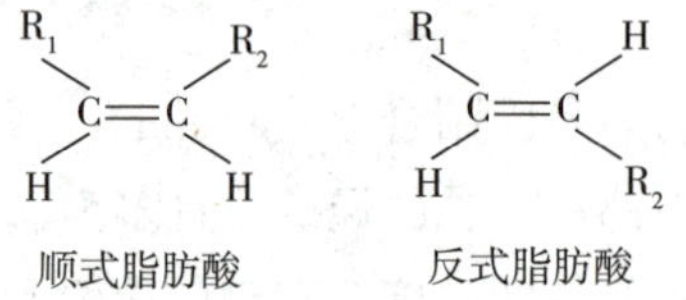

图 2-3　顺式脂肪酸和反式脂肪酸结构

二、必需脂肪酸

必需脂肪酸（EFA）是指维持机体正常代谢不可缺少而自身又不能合成，或合成速度慢无法满足机体需要，必须通过食物供给的脂肪酸。

必需脂肪酸最好的食物来源是植物油类。α-亚麻酸、亚油酸和花生四烯酸都是必需脂肪酸，但α-亚麻酸和花生四烯酸可由亚油酸转变而来，因此亚油酸是最重要的必需脂肪酸。

亚油酸具有预防胆固醇过高、改善高血压、预防心肌梗死、预防胆固醇造成的胆结石和动脉硬化等作用；α-亚麻酸也是人体必需脂肪酸，它能够降低空腹及餐后的甘油三酯，降解血栓，可使血压降低，抑制癌变的发生；花生四烯酸是半必需脂肪酸，在人体内只能少量合成，它在人体内可调节免疫系统，预防并改善全身的多种病症，保护肝细胞，促进消化功能，促进胎儿和婴儿正常发育。

人体重要的多不饱和脂肪酸，还有二十二碳六烯酸（DHA）和二十碳五烯酸（EPA），在鱼油中含量较多。在体内代谢过程中可由α-亚麻酸生成，但生成量较低，主要通过食物补充。DHA是大脑细胞膜的重要构成成分，参与脑细胞的形成和发育，可维持神经细胞的正常生理活动，参与大脑思维和记忆形成过程，具有软化血管、健脑益智、改善视力的功效，被誉为“脑黄金”。EPA具有帮助降低血清胆固醇和甘油三酯，促进体内饱和脂肪酸代谢的作用，从而可降低血液黏稠度、增进血液循环，减少脂肪在血管壁的沉积，预防动脉粥样硬化的形成和发展，被誉为“血管清道夫”。

知识链接

反式脂肪酸的来源及危害

食品中的反式脂肪酸（TFAs）主要来源于氢化植物油。由于天然植物油中大多是顺式不饱和脂肪酸，热稳定性差、易氧化，人们采用氢化加工和精炼脱臭等工艺得到氧化稳定性增强、常温下保持半固体状态的食用油脂。但由于氢化加工、脱臭等工艺在高温下进行，一部分双键发生位置异构转变为TFAs。在部分氢化植物油中TFAs的含量可高达60%。此外，不恰当的烹调习惯，如加热过度或煎炸频繁也会产TFAs。大量数据显示，TFAs已经被认定为是影响健康的危险因素，过量摄入TFAs与心血管疾病、糖尿病、抑郁症、癌症等疾病的发生发展有关。量变引起质变，在生活中应注意严格控制反式脂肪酸的摄入。

任务2.3　脂肪的性质及其在食品加工中的应用

情境导入

情境　暑假要结束了，小丽在收拾东西时发现了一袋吃了一半的腰果，闻上去一股“哈喇味”。

思考　1. 腰果为什么会产生这样的味道呢？

2. 怎么能让坚果多保存一段时间呢？

一、脂肪的物理性质

（一）色泽与气味

纯净的脂肪酸及甘油酯是无色的，天然脂肪常具有棕黄、黄绿、黄褐色等颜色，是由于溶有各种脂溶性色素物质，如类胡萝卜素、叶黄素等。

天然脂肪具有特殊的气味，如芝麻油、花生油、大豆油等，一般是由于其所含的非脂肪成分引起的，如芝麻油的香气主要是由于吡嗪、噻唑类成分的存在。也有少数食用油脂（如乳脂）由于含有游离的短链脂肪酸而产生嗅味。

（二）熔点与沸点

天然脂肪是多种甘油三酯的混合物，因此没有确切的熔点和沸点，只有一定的熔点和沸点范围。食用油脂的熔点和沸点与组成的脂肪酸有关，脂肪酸的碳链越长、饱和度越高，则熔点越高；反式脂肪酸的熔点比对应的顺式脂肪酸的熔点高。沸点随脂肪酸的碳链增加而升高；饱和度对沸点的影响较小。一般食用油脂的熔点最高在40～55℃，沸点在180～200℃之间。常见食用油脂的熔点范围见表2-2。

表 2－2　常见食用油脂的熔点范围

油脂	葵花籽油	大豆油	花生油	黄油	猪油	牛油
熔点/℃	－16～－19	－8～－18	0～3	28～42	36～50	42～50

（三）相对密度、溶解性与折射率

脂肪的相对密度一般与其不饱和度成正比，与其相对分子质量成反比。除个别（腰果籽壳油）外，脂肪的相对密度一般都小于1。

脂肪不溶于水，易溶于乙醚、丙酮、苯、二硫化碳等溶剂。

脂肪的折光率随组成中脂肪酸的碳原子数、双键数增加而增大，尤其共轭双键影响更显著。因此折射率及其变化是鉴定脂肪类别、纯度和酸败程度的重要物理常数。

二、脂肪的化学性质

（一）水解与皂化

1. 水解　脂肪在酸、碱、加热或脂酶的作用下发生水解反应，生成游离脂肪酸和甘油。

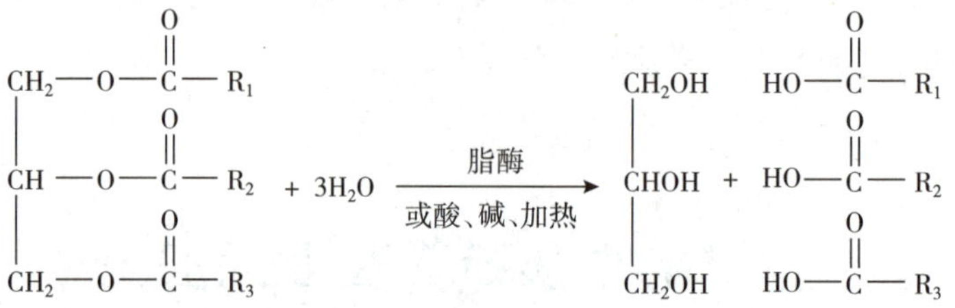

成熟的油料种子在收获时已经发生明显水解反应，另外，未精炼的植物油由于混有水和分泌脂酶的微生物，也会发生水解反应。在油炸食品时，由于油温可高达176℃以上，且被炸食品引入大量的水，油脂更易发生水解反应，脂肪水解反应产生的游离脂肪酸使油脂的发烟点降低，氧化速度加快，影响油炸食品的风味，降低食品质量，甚至发生酸败而不能食用，故要经常更换新油。

2. 皂化　脂肪在碱性条件下发生水解反应，产生的游离脂肪酸再与碱反应生成脂肪酸盐，习惯上称为肥皂。因此，把脂肪在碱性溶液中的水解称为皂化作用。

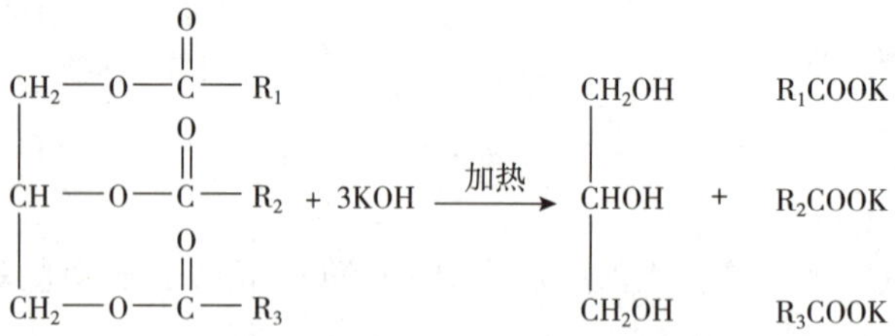

碱与脂肪及脂肪酸的作用可以用酸价、皂化值、酯值和不皂化物来反映。

（1）酸价　中和1g油脂中游离脂肪酸所消耗的氢氧化钾的毫克数。酸价是衡量油脂好坏的指标。酸价越高，表明油脂中游离脂肪酸含量越高，越容易发生氧化酸败。为了保障食用油脂的品质和食用价值，我国对食用油脂的酸价做了规定，《食品安全国家标准　植物油》（GB 2716—2018）规定，食用植物油的酸价≤3mgKOH/g，煎炸过程中的食用植物油酸价≤5mgKOH/g。

（2）皂化值　完全皂化1g油脂所需氢氧化钾的毫克数。皂化值可反映脂肪的平均相对分子量。单位质量的脂肪如相对分子量愈大则物质的量愈小，所需的氢氧化钾也愈少，皂化值愈小。一般天然油脂都有一定皂化值，若某油脂的皂化值低于正常范围，可推断混入了其他高分子量的脂肪或不皂化物质。

（3）酯值　皂化1g纯油脂所需氢氧化钾的毫克数。这里不包括游离脂肪酸的作用。

（4）不皂化物　一般的油脂都含有少量不受氢氧化钾作用的脂质物质，如甾醇、高级醇、脂溶性色素和维生素等，称为不皂化物，不皂化物的含量以百分数表示。

（二）加成反应

脂肪中不饱和脂肪酸的双键非常活泼，能发生加成反应，主要有氢化和卤化两种。

1. 氢化　脂肪中的不饱和脂肪酸在催化剂（如铂）、高温、高压条件下，在不饱和键上加氢的反应称为氢化。

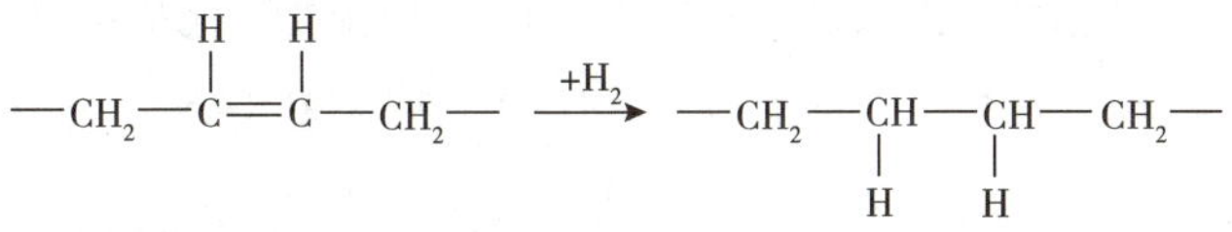

液态的油脂氢化后可变为半固态、固态的脂肪，称为氢化油或硬化油，如人造奶油、起酥油等。氢化油不易酸败，且便于贮藏和运输，能更好地满足食品加工的需求，扩展了油脂的使用范围。

但在油脂氢化时，不饱和脂肪酸会发生构型改变，使天然的顺式不饱和脂肪酸转变为反式脂肪酸。不饱和脂肪酸氢化时产生的反式脂肪酸占8%～70%，反式脂肪酸对人体健康的影响已经引起社会的广泛关注，因此氢化时如何降低反式脂肪酸的产生是油脂加工中亟待解决的问题。

2. 卤化　卤素（如I_2）可以加成到脂肪分子中的不饱和双键上，生成饱和的卤化物，这种作用称为卤化。

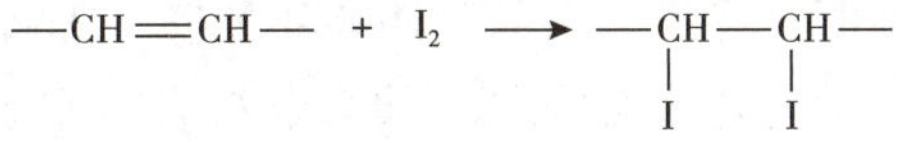

在油脂分析中常用碘价来衡量油脂中所含脂肪酸的不饱和程度。碘价（也称碘值）是指每100g脂肪或脂肪酸吸收碘的克数。碘价越高，双键越多，则油脂越容易氧化。

（三）氧化酸败 微课2

油脂贮存过久或贮存条件不当，会产生令人不愉快的哈喇味，同时口味变苦涩，颜色逐渐变深，这种现象称为油脂的氧化酸败。

1. 脂肪氧化酸败的类型

（1）油脂的自动氧化　油脂中的不饱和脂肪酸易被空气中的氧气所氧化，生成氢过氧化物，氢过氧化物继续分解产生具有挥发性的醛、酮和羧酸，这些产物使脂肪产生令人不愉快的气味，同时造成油脂的酸价和过氧化值增大。过氧化值（POV）是指1kg油脂中所含氢过氧化物的物质的量（以毫摩尔数表示）。油脂的自动氧化是含油食品及油脂最主要的酸败类型。

（2）β型氧化酸败　油脂水解后产生的脂肪酸，在一系列酶（由污染油脂的微生物产生）的催化下发生氧化，最终生成具有刺激性臭味的β-酮酸及具有苦味和臭味的低级酮类化合物。β型氧化酸败多发生在含有椰油、奶油等低级脂肪酸的食品中。

（3）水解型氧化酸败　含低级脂肪酸较多的油脂，在酶（由动植物组织残渣和微生物产生）的作用下发生水解，生成C_{10}以下的游离脂肪酸，如丁酸、己酸、辛酸等，这些脂肪酸具有特殊的刺激性气味和苦涩味。人造黄油、奶油等乳制品易发生这种酸败，释放出一种奶油臭味。

油脂氧化酸败后，会产生强烈的异味，破坏必需脂肪酸和脂溶性维生素，降低油脂的营养价值，并产生很多对人体有害的物质。实验证明，动物长期食用氧化酸败的油脂可出现体重减轻、发育障碍、肝脏肿大、肿瘤发生等现象。

2. 影响油脂氧化酸败的因素

(1) 温度　是影响油脂氧化速度的一个重要因素，高温可加速油脂氧化酸败。

(2) 光和射线　光线特别是紫外线及射线（β射线、γ射线），能促进油脂中脂肪酸链的断裂，加速油脂氧化酸败。

(3) 氧气　一般来说，脂肪自动氧化速度随大气中氧的分压增加而增加。

(4) 催化剂　油脂中存在很多助氧化物质，如微量金属，特别是铁、铜、锰等离子，具有显著的影响，它们是油脂自动氧化酸败的强力催化剂。

(5) 水分　一般认为，食用油中含水量超过0.2%时，水解型氧化酸败作用会加强。

(6) 抗氧化剂　维生素E、丁基羟基茴香醚（BHA）、特丁基对苯二酚（TBHQ）等抗氧化剂都有减缓油脂自动氧化的作用。

(7) 油脂中脂肪酸的类型　油脂中所含的多不饱和脂肪酸比例高，其氧化酸败速度就快；油脂中游离脂肪酸含量增加（酸价升高）时，油脂氧化的速度会加快。

3. 阻止含油食品氧化酸败的措施　为阻止含油食品的氧化变质，最普遍的方法是排除氧气。一般包括采用真空包装或充氮气包装；使用透气性低的有色或遮光的包装材料，并尽可能避免在加工中混入铁、铜等金属离子；使用合适的抗氧化剂；低温贮存；避免微生物混入。

三、油脂在食品热加工过程中的变化

在食品加工中常使用高温处理的方法加工食品，如油炸烹调、烘烤等。油脂经长时间的加热，特别是高温加热，会发生许多不良的化学变化（如分解、聚合、缩合、水解、氧化等反应），表现为黏度增高、碘值下降、酸价增高、发烟点降低、泡沫量增大、刺激性气味产生、营养价值下降等。因为所有的油脂在加热过程中会发生热增稠现象，在温度≥300℃时，黏度增高速率极快，原因是脂肪酸烃链中的共轭双键发生了聚合作用，这种聚合作用可以发生在同一甘油酯的脂肪酸残基之间，也可发生在不同分子甘油酯之间；油脂在高温下还会发生水解与缩合反应，可先发生部分水解，然后再缩合成相对分子质量更大的醚型化合物；游离脂肪酸在加热到300℃以上时发生热聚合、缩合作用，温度达350～360℃后可分解为酮类和醛类。热变性的脂肪不仅味感变劣，而且营养丧失，甚至还有毒性，所以，食品工艺上要求控制油温在150℃左右。

知识链接

防止干粮氧化酸败

抗美援朝时期，志愿军战士的主要食物是干粮，但是后方生产的干粮过不了多久就变质产生哈喇味，直接影响了部队的后勤供应与战斗力。王应睐教授研究出利用含有天然抗氧化剂的黄豆粗豆油作为干粮的油脂来源，严格控制干粮中催化脂肪氧化的铜铁离子的含量，以及采用经抗氧化处理的包装纸等措施，完美地解决了干粮变质问题。王应睐教授是中国第一位英国剑桥大学生化博士，1945年二战结束后他毅然回归百废待兴的祖国，因为在他心目中，为国家服务是至高无上的责任。爱国是每个人的责任与担当，作为新时代的青年人要勤奋学习，自强不息，真正把爱国之志变为报国之行。

知识拓展

油脂的加工

油脂的加工包括油脂的制取（压榨法、熬炼法、浸出法及机械分离法）、精炼（脱胶、脱酸、脱色、脱臭）和油脂改性（氢化、酯交换）等工艺过程。

1. 油脂的制取 一般油脂的制取方法有压榨法、熬炼法、浸出法及机械分离法四种。

（1）压榨法 通常用于植物油的榨取，或作为熬炼法的辅助法。压榨有冷榨和热榨两种。热榨是将油料作物种子炒焙后再榨取，炒焙不仅可以破坏种子组织中的酶，而且油脂与组织易分离，故油脂产量较高，容易保存，气味较香，但颜色较深。冷榨法植物种子不加炒焙，香味较差，但色泽好。

（2）熬炼法 通常用于动物油脂加工。动物组织经高温熬制后，组织中的脂肪酶和氧化酶可全部被破坏。经过熬炼后的油脂即使有少量的残渣存在，油脂也不会酸败。但熬炼的温度不宜过高，时间不宜过长，否则会使部分脂肪分解，油脂中游离脂肪酸量增高。

（3）浸出法（萃取法） 利用溶剂提取组织中油脂，然后再将溶剂蒸馏，可得到较纯的油脂。浸出法多用于植物油的提取。优点是油脂不分解，游离脂肪酸的含量亦不会增高，油脂的提取率更高，尤其对含油量低的原料，此法更为有利；缺点是食油中溶剂不易完全除净，所用溶剂多为轻汽油，如质量不纯则含有苯和多环芳烃等有毒化合物。

（4）机械分离法（离心法） 是利用离心机将油脂分离，主要用于从液态原料提取油脂。如从奶中分离奶油。压榨制得的产品中残渣杂质过多时，也可在所得产品中加热水使油脂浮起，然后再以机械法分离上层油脂。

2. 油脂精炼 未精炼的粗油脂中含有数量不同的、可产生不良风味和色泽或不利于保藏的物质。这些物质包括游离脂肪酸、磷脂、糖类化合物、蛋白质及其降解产物。其中还含有少量的水、色素（主要是胡萝卜素和叶绿素）以及脂肪氧化产物，精炼加工可除去这些物质。加工方法如下。

（1）沉降和脱胶 沉降包括加热脂肪、静置和分离水相。通常用静置法、过滤法、离心分离法等机械方法处理，除去悬浮于油中的杂质、水分、蛋白质、磷脂和糖类。作为食用油脂，如磷脂含量较高，加热时易起泡沫，冒烟多，有臭味，影响煎炸食品的风味和色泽。根据磷脂及部分蛋白质在无水状态下可溶于油，但与水形成水合物时，则不溶于油的性质，可在毛油中加入热水或通入水蒸气把磷脂除掉。

（2）脱酸 毛油中游离脂肪酸含量多在0.5%以上，米糠油中游离脂肪酸的含量可高达10%。除去游离脂肪酸的方法是向油脂中加入适宜浓度的氢氧化钠，然后混合加热，剧烈搅拌一段时间，静置至水相出现沉淀，得到可用于制作肥皂的油脚或皂脚。

（3）脱色 油中含有类胡萝卜素及叶绿素等色素，通常呈黄赤色，须进行脱色。脱色的方法很多，一般采用吸附剂进行吸附。常用的吸附剂有酸性白土、活性白土和活性炭等。一般多采用酸性白土，使用量为油脂的0.5%~2%，色素、磷脂、皂化物和某些氧化产物一同被吸附，然后过滤除去酸性白土，使得到纯净的油脂。

（4）脱臭 油脂中挥发性异味物质多半是油脂氧化时产生的，因此，需要进行脱臭以除去气味。脱臭是用减压蒸汽蒸馏除去。将油加热至220~250℃，通入水蒸气后即可将产生气味的物质除去。通常添加柠檬酸以螯合微量重金属离子。

实训2 油脂酸价及过氧化值的测定

一、实训目的

1. 掌握 油脂过氧化值及酸价测定的原理和方法。

2. 了解 油脂过氧化值及酸价测定的意义。

二、原理

（一）油脂酸价的测定

酸价是指中和1g油脂中的游离脂肪酸所需的氢氧化钾的毫克数。油脂的酸价越高，说明油脂因水解产生的游离脂肪酸就越多，越易于发生氧化酸败。油脂中游离脂肪酸与氢氧化钾发生中和反应，反应式如下：

$$RCOOH + KOH \longrightarrow RCOOK + H_2O$$

根据氢氧化钾标准溶液的消耗量可计算出游离脂肪酸的含量。

（二）油脂过氧化值的测定

过氧化值是指1kg油脂中所含氢过氧化物的物质的量（以毫摩尔数表示）。油脂的过氧化值越高，说明油脂中的不饱和脂肪酸被氧化的程度越高，油脂氧化酸败越严重。油脂中的过氧化值常用碘量法测定：

$$CH_3COOH + KI \longrightarrow CH_3COOK + HI$$

$$ROOH + 2HI \longrightarrow ROH + I_2 + H_2O$$

产生的I_2再用硫代硫酸钠（$Na_2S_2O_3$）溶液滴定，根据$Na_2S_2O_3$溶液的消耗量可计算出氢过氧化物的含量。

$$I_2 + 2Na_2S_2O_3 \longrightarrow 2NaI + Na_2S_4O_6$$

三、材料与设备

（一）设备及器皿

10ml微量滴定管、25ml滴定管、天平、碘量瓶。

（二）试剂及配制

1. 乙醚-异丙醇混合液 乙醚与异丙醇按3∶1体积充分互溶混合，用时现配。

2. 酚酞指示剂 称取1g酚酞，加入100ml的95%乙醇，搅拌至完全溶解。

3. 氢氧化钾溶液 0.1mol/L氢氧化钾标准溶液。

4. 三氯甲烷-冰乙酸混合液 三氯甲烷与冰乙酸按2∶3体积充分互溶混合，用时现配。

5. 碘化钾饱和溶液 称取20g碘化钾，加入10ml新煮沸冷却的水，摇匀后贮于棕色瓶中，存放于避光处备用。

6. 1%淀粉指示剂 称取0.5g可溶性淀粉，加少量水调成糊状，边搅拌边倒入50ml沸水，再煮沸搅匀后放冷备用，临用前配制。

7. 0.1mol/L硫代硫酸钠标准溶液 称取26g $Na_2S_2O_3 \cdot 5H_2O$，加0.2g无水碳酸钠，溶于1000ml

水中，缓缓煮沸 10 分钟，冷却。放置两周后过滤，标定。

8. 0.002mol/L 硫代硫酸钠标准溶液　由 0.1mol/L 硫代硫酸钠标准溶液以新煮沸冷却的水稀释而成，临用前配制。

（三）实验材料

植物油。

四、操作步骤

（一）油脂酸价的测定

（1）称取 10.00g 油脂于 250ml 锥形瓶中，加入乙醚－异丙醇混合液 50ml，1% 酚酞指示剂 3 滴，充分振摇溶解试样。

（2）用 0.1mol/L 氢氧化钾标准溶液进行滴定，当试样溶液初现微红色，且 15 秒内无明显褪色时，为滴定的终点。记录氢氧化钾标准溶液消耗的体积。

（3）同时做空白试验。

（4）结果计算：

$$酸价 = \frac{(V - V_0) \times c \times 56.1}{m}$$

式中，V 为试样测定消耗的氢氧化钾标准溶液体积，ml；V_0 为相应的空白测定消耗的氢氧化钾标准溶液体积，ml；c 为氢氧化钾标准溶液的浓度，mol/L；m 为油脂样品的质量，g；56.1 为与 1.0ml 1.000mol/L 氢氧化钾标准溶液相当的氢氧化钾毫克数。

（二）油脂过氧化值的测定

（1）称取 2～3g（精确至 0.001g）油脂于 250ml 碘量瓶中，加入三氯甲烷－冰乙酸混合液 30ml，轻轻振摇溶解试样。

（2）准确加入 1.00ml 饱和碘化钾溶液，塞紧瓶盖，并轻轻振摇 30 秒，在暗处放置 3 分钟。

（3）取出（2）溶液加入 100ml 水，摇匀后立即用 0.002mol/L 硫代硫酸钠标准溶液滴定。

（4）滴定至溶液淡黄色时，加入 1ml 淀粉指示剂，继续滴定并强烈振摇至溶液蓝色消失为终点。

（5）同时做空白试验。

（6）结果计算：

$$过氧化值 = \frac{(V - V_0) \times c}{2 \times m} \times 1000$$

式中，V 为试样测定消耗的硫代硫酸钠标准溶液体积，ml；V_0 为相应的空白测定消耗的硫代硫酸钠标准溶液体积，ml；c 为硫代硫酸钠标准溶液的浓度，mol/L；m 为油脂样品的质量，g；1000 为换算系数。

五、注意事项与说明

（1）本实验油脂中酸价的测定和油脂中过氧化值的测定方法分别采用 GB 5009.229《食品安全国家标准　食品中酸价的测定》第一法：冷溶剂指示剂滴定法和 GB 5009.227《食品安全国家标准　食品中过氧化值的测定》第一法：滴定法。

（2）取样和称重要准确。

（3）滴定终点的判断要准确。

（4）标准溶液消耗的体积读数要准确。

六、思考题

1. 测定油脂酸价时，为什么装油脂的锥形瓶一定要洁净？
2. 测定油脂过氧化值时，为什么不先加淀粉指示剂，而是在溶液滴定至淡黄色时加入？

七、实训评价

实训评价表

专业：　　　　班级：　　　　组别：　　　　姓名：

序号	评价内容	评价标准	应得分	实得分
1	（1）试剂配制 （2）仪器准备	（1）正确称量配制 （2）仪器选择正确，摆放合理有序	20 分	
2	实训操作步骤	按测定步骤正确操作 （每操作错一步扣 5 分）	40 分	
3	结果计算	准确计算样品的酸价 准确计算样品的酸价和过氧化值	20 分	
4	实训报告	完成实训报告	20 分	
		合计	100 分	

时间：　　　　　　　考评教师：

练习题

答案解析

一、选择题

A 型题（最佳选择题）

1. 不属于脂类的元素组成的是（　）。

　A. 碳　　B. 氮　　C. 氢　　D. 氧

2. 脂肪的性质与其中所含（　）有很大关系。

　A. 甘油　　B. 磷脂　　C. 固醇　　D. 脂肪酸

3. 下列脂肪酸不属于必需脂肪酸的是（　）。

　A. 亚油酸　　B. 亚麻酸　　C. 油酸　　D. 花生四烯酸

4. 关于油脂的化学性质以下说法错误的是（　）。

　A. 油脂皂化值大说明所含的脂肪酸分子量小

　B. 碘值低的油脂说明其含不饱和脂肪酸越多

　C. 氢化作用可防止油脂的酸败

　D. 向油脂中加入抗氧化剂可防止油脂酸败

B 型题（配伍选择题）

A. 脂肪　　B. 卵磷脂　　C. 胆固醇　　D. 蛋白脂　　E. 蜡　　F. 麦角固醇

1. 上述糖类属于简单脂类的是（　）。
2. 上述糖类属于复合脂类的是（　）。
3. 上述糖类属于衍生脂类的是（　）。

二、综合问答题

1. 影响油脂酸败的因素有哪些？采取什么措施可延缓酸败的发生？
2. 油脂在热加工过程中会发生什么变化？
3. 油炸食品加工中为什么要经常更换新油？

书网融合……

本章小结　　微课 1　　微课 2　　题库

项目 3

蛋白质

PPT　　导引视频

学习目标

知识目标

1. **掌握**　氨基酸的结构、分类、理化性质及其在食品中的应用。
2. **熟悉**　蛋白质的结构、种类、理化性质、功能性质及其在食品中的应用。
3. **了解**　蛋白质的生物学功能及食品体系中的蛋白质。

能力目标

1. 能将蛋白质重要的理化性质应用到食品生产实践中。
2. 能运用食物体系中主要蛋白质的性质指导食品生产并充分发挥其生物学功能。

素质目标

通过本项目的学习，培养学生以问题为导向分析问题和解决问题的专业思维，关心人民健康，乐于奉献，具有社会责任感和使命感。

任务 3.1　蛋白质概述

情境导入

情境　小红发现有一些食品的标签上有该食品的营养成分含量，蛋白质是其中之一；还有些食品在宣传的时候会强调其里面含有多少蛋白质，尤其是婴幼儿奶粉。

思考　1. 什么是蛋白质？包括有哪些种类呢？

2. 蛋白质对人体有什么重要的作用呢？

“蛋白质”一词，源于希腊字“proteios”，其意是“最初的”“第一重要的”，这也反映出它的重要性。蛋白质是生命的物质基础，是生命活动的主要承担者，机体中的每一个细胞和所有重要组成部分都有蛋白质参与。没有蛋白质就没有生命。以人体来说，蛋白质占人体干重的 45%。最简单的生物如病毒，除了一小部分核酸外，其余的几乎都是蛋白质。动物性食品和植物性食品都含有丰富的蛋白质。动物性食品蛋白质常分布于肌肉、皮、骨骼、血液、乳和蛋中；植物性食品常分布于籽实和块根、块茎中。一般食物蛋白质含量：肉类（包括鱼类）为 10% ~30%；乳类为 1.5% ~3.8%；蛋类为 11% ~14%；干豆类为20% ~49.8%；坚果类（核桃仁、榛子仁等）为 15% ~26%；谷类为6% ~10%；薯类为 2% ~3%。

从食品科学的角度来看，蛋白质除了保证食品的营养价值外，对决定食品的色、香、味及质量特征方面也起着重要作用。因此学习蛋白质的结构、性质及其在食品加工中的变化有重要的意义。

一、蛋白质的元素组成 微课1

蛋白质是由许多氨基酸通过肽键相连形成的高分子含氮化合物。所有的蛋白质都含有碳、氢、氧、氮四种元素，有些蛋白质还含有硫、磷和微量的铁、铜、碘、锌、锰、钴、钼等元素。

蛋白质平均含碳50%、氢7%、氧23%、氮16%，其中氮的含量较为恒定，而且在糖类和脂类中不含氮，因此，常通过测量样品氮的含量来测定蛋白质含量。常用的凯氏定氮法：蛋白质含量 = 样品中的含氮量 ×6.25（6.25被称为蛋白质系数，即16%的倒数）。值得指出的是，6.25仅是蛋白质含氮量在16%时样品蛋白质含量计算的换算系数，当被测样品的含氮量不是16%时会导致实验数据与真实含氮量相差较大，例如，小麦蛋白质中含氮量为17.5%，则换算系数应为5.83。

二、蛋白质的基本结构单位

蛋白质是高分子化合物，它可被酸、碱和蛋白酶催化水解，最终产物是氨基酸。所以蛋白质是由氨基酸构成的聚合物，其基本结构单位是氨基酸（amino acid）。生物体中组成蛋白质的氨基酸共有22种，其中有20种称为常见氨基酸或基本氨基酸或标准氨基酸。后发现的两种，一种是硒半胱氨酸，另一种是吡咯赖氨酸，这两种氨基酸与基本氨基酸编码方式不同，他们是由基因密码子直接编码的非基本氨基酸，在少数蛋白质中出现。

蛋白质是生物体内主要的生物大分子，因生物种类不同，其蛋白质的种类和含量有很大的差别，例如，人体内大约含有30万种蛋白质，一个大肠埃希菌的蛋白质含量虽少，但也含有1000种以上。整个生物界有10^{10} ~ 10^{12}种蛋白质。

三、蛋白质的分类

（一）按分子形状分类

1. 球状蛋白 外形近似球体，大都具有活性，多溶于水，如酶、转运蛋白、蛋白激素等。球状蛋白的长度与直径之比一般小于10。

2. 纤维状蛋白 大都是结构蛋白，外形细长，分子量大，如胶原蛋白、角蛋白等。纤维蛋白按溶解性可分为可溶性纤维蛋白与不溶性纤维蛋白，前者如血液中的纤维蛋白原、肌肉中的肌球蛋白等，后者如胶原蛋白、角蛋白等结构蛋白。

（二）按分子组成分类

1. 简单蛋白 也称单纯蛋白，是仅含氨基酸的一类蛋白质。根据溶解性的不同，可将简单蛋白分为以下7种：清蛋白、精蛋白、组蛋白、球蛋白、谷蛋白、醇溶蛋白和硬蛋白（表3-1）。

表3-1 简单蛋白的分类

名称	溶解性	举例
清蛋白	溶于水及稀盐、稀酸或稀碱溶液	蛋清蛋白、乳清蛋白、血清蛋白
精蛋白	溶于水及酸性溶液	鲑精蛋白
组蛋白	溶于水及稀酸溶液	小牛胸腺组蛋白
球蛋白	微溶于水而溶于稀的中性盐溶液	血清球蛋白、肌球蛋白、大豆球蛋白
谷蛋白	不溶于水、醇及中性盐溶液，但溶于稀酸、稀碱	米谷蛋白、麦谷蛋白
醇溶蛋白	不溶于水及无水乙醇，但溶于70%~80%乙醇	玉米醇溶蛋白、麦醇溶蛋白
硬蛋白	不溶于水及盐、稀酸或稀碱溶液	胶原蛋白、丝蛋白、发及蹄甲中的角蛋白和弹性蛋白

2. 结合蛋白 由氨基酸与非蛋白质成分（如糖、脂肪、核酸、金属离子或磷酸盐等）结合而成的蛋白质。非蛋白成分称为辅基，根据辅基的不同，可将结合蛋白分为以下7种：脂蛋白、核蛋白、糖蛋白、磷蛋白、血红素蛋白、黄素蛋白和金属蛋白（表3－2）。

表3－2 结合蛋白的分类

名称	依据	举例
脂蛋白	与脂类结合	卵黄球蛋白、血浆脂蛋白、膜脂蛋白
核蛋白	与核酸结合	核糖体、烟草花叶病毒
糖蛋白	与糖类结合	豌豆β-球蛋白、蚕豆凝集素、血清黏蛋白、辣根过氧化物酶
磷蛋白	与磷酸结合	酪蛋白、胃蛋白酶
血红素蛋白	与血红素（铁卟啉）结合	血红蛋白、血蓝蛋白、细胞色素C、叶绿素蛋白
黄素蛋白	与黄素核苷酸结合	琥珀酸脱氢酶、D-氨基酸氧化酶
金属蛋白	结合金属原（离）子	铁蛋白、谷胱甘肽过氧化物酶（含硒）、乙醇脱氢酶（含锌）

（三）按食物蛋白质所含氨基酸的种类和数量分类

在营养学上根据食物蛋白质所含氨基酸的种类和数量可将食物蛋白质分为3类：完全蛋白质、半完全蛋白质和不完全蛋白质（表3－3）。

表3－3 按食物蛋白质所含氨基酸的种类和数量分类

名称	依据	举例
完全蛋白质	必需氨基酸种类齐全、数量充足、比例适当，可以维持人体健康，促进生长发育的蛋白质	乳类中的酪蛋白、乳白蛋白，蛋类中的卵白蛋白、卵磷蛋白，肉类中的白蛋白、肌蛋白，大豆中的大豆蛋白，小麦中的麦谷蛋白，玉米中的谷蛋白
半完全蛋白质	必需氨基酸种类齐全，但有的数量不足，比例不适当，可以维持生命，但不能促进生长发育的蛋白质	小麦中的麦胶蛋白
不完全蛋白质	必需氨基酸种类不全，既不能维持生命，也不能促进生长发育的蛋白质	玉米中的玉米胶蛋白，动物结缔组织和肉皮中的胶质蛋白，豌豆中的豆球蛋白

四、蛋白质的生物学意义

自然界的生物多种多样，因而蛋白质的种类和功能也非常多。概括起来，蛋白质主要有以下功能。

1. 结构功能 蛋白质可以作为生物体的结构成分。

2. 催化功能 生物体内的酶都是由蛋白质构成的，它们是有机体新陈代谢的催化剂。

3. 运输功能 脊椎动物红细胞中的血红蛋白和无脊椎动物体内的血蓝蛋白在呼吸过程中起着运输氧气的作用。血液中的载脂蛋白可运输脂肪，转铁蛋白可转运铁。一些脂溶性激素的运输也需要蛋白。

4. 贮存功能 某些蛋白质的作用是贮存氨基酸作为生物体的养料和胚胎或幼儿生长发育的原料。

5. 运动功能 肌肉中的肌球蛋白和肌动蛋白是运动系统的必要成分，它们构象的改变引起肌肉的收缩，带动机体运动。

6. 防御功能 高等动物的免疫反应是机体的一种防御功能，它主要也是通过蛋白质（抗体）来实现的。

7. 调节功能 某些激素、一切激素受体和许多其他调节因子都是蛋白质。

8. 信息传递功能 生物体内的信息传递过程离不开蛋白质。

9. 遗传调控功能 遗传信息的储存和表达都与蛋白质有关。DNA在储存时是缠绕在蛋白质（组蛋白）上的。有些蛋白质与特定基因的表达有关。

10. 其他功能 某些生物能合成有毒的蛋白质，用以攻击或自卫。如白喉毒素可抑制生物蛋白质合成。

知识链接

牛初乳蛋白质粉

母牛产犊后3天内的乳汁与普通牛乳明显不同，称之为牛初乳。牛初乳蛋白质含量较高，而脂肪和糖含量较低。20世纪50年代，研究发现牛初乳中不仅含有丰富的营养物质，而且含有大量的免疫因子和生长因子，如免疫球蛋白、乳铁蛋白、溶菌酶、类胰岛素生长因子、表皮生长因子等，经科学实验证明具有免疫调节、改善胃肠道、促进生长发育、改善衰老症状、抑制多种病菌等生理活性功能，被誉为“21世纪的保健食品”。随着生活水平的提升，人们对自身健康的关注越来越高，很多人选择牛初乳蛋白质粉来调节人体免疫力，亚健康人群可以通过食用牛初乳增强免疫力、改善体质、调养身心、延缓衰老。作为食品从业者要科学养生，掌握必备的营养健康知识丰富我们的生活，提升生活品质，为健康中国贡献自己的力量。

任务3.2 氨基酸的结构和性质

情境导入

情境 小红发现在超市售卖的婴儿配方奶粉的营养成分表里，常常标有某某氨基酸及其含量，市场上也有不少富含氨基酸的保健品。

思考 1. 什么是氨基酸？它有哪些种类呢？

2. 为什么食品中会添加氨基酸？

一、氨基酸的结构特征

氨基酸是组成蛋白质的基本单位，是分子中具有氨基（—NH_2）和羧基（—COOH）的一类化合物，具有共同的基本结构，是羧酸分子的α-碳原子上的氢被一个氨基所取代的化合物，故又称α-氨基酸。20种基本氨基酸不同之处在于侧链上的R基团不同（表3-4），除脯氨酸外，其余都是α-氨基酸，结构通式为：

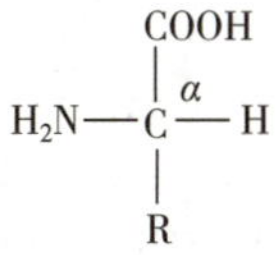

由氨基酸的通式可见，除甘氨酸外，其他氨基酸的α-碳原子都和4个不同的基团相连，是不对称碳原子（又称手性碳原子）。4个基团的不同排列使氨基酸分子形成两个镜像对称的立体异构体，根据立体构型的不同，分别命名为L-氨基酸和D-氨基酸。将羧基写在α-碳原子的上端，氨基在右端的为D型氨基酸，氨基在左端的为L型氨基酸。到目前为止，所发现的游离的氨基酸和蛋白质水解得到的氨基酸绝大多数是L型氨基酸，D型氨基酸主要存在于微生物中。

表3-4 20种常见氨基酸的名称和结构式

名称		英文缩写		结构式	等电点
非极性氨基酸	丙氨酸 Alanine	Ala	A	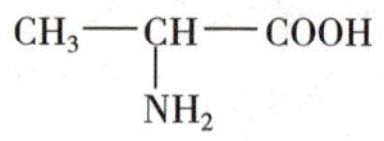	6.02
	缬氨酸 * Valine	Val	V	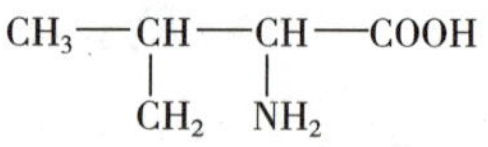	5.97
	亮氨酸 * Leucine	Leu	L	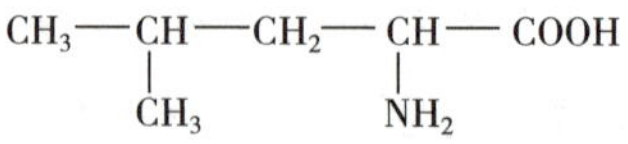	5.98
	异亮氨酸 * Isoleucine	Ile	I	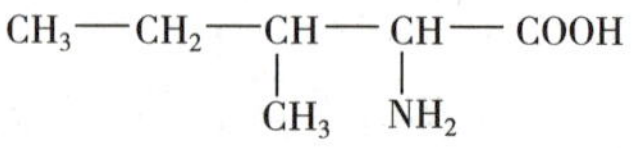	6.02
	苯丙氨酸 * Phenylalanine	Phe	F	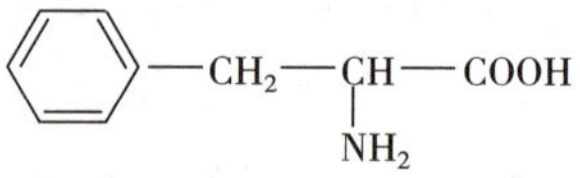	5.48
	色氨酸 * Tryptophan	Trp	W	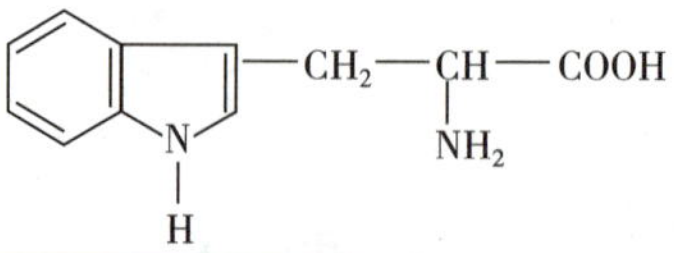	5.89
	蛋氨酸（甲硫氨酸） * Methionine	Met	M	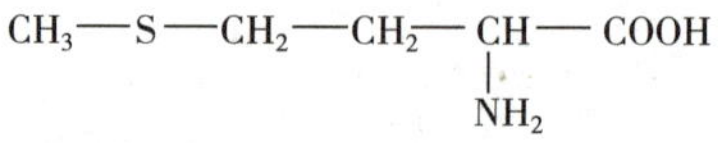	5.75
	脯氨酸 Proline	Pro	P	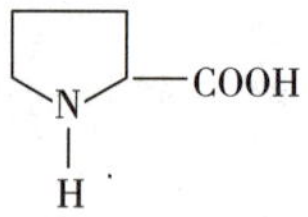	6.30
非电离的极性氨基酸	甘氨酸 Glycine	Gly	G	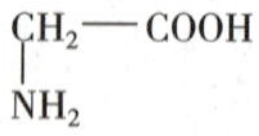	5.97
	丝氨酸 Serine	Ser	S	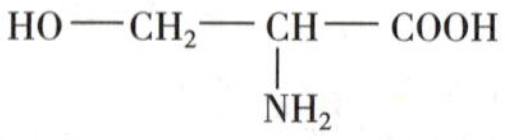	5.68
	苏氨酸 * Threonine	Thr	T	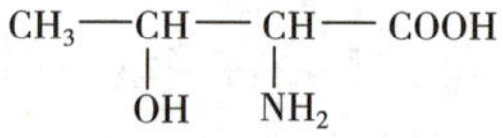	6.53
	半胱氨酸 Cysteine	Cys	C	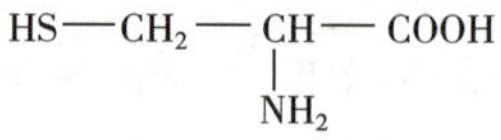	5.02
	酪氨酸 Tyrosine	Tyr	Y	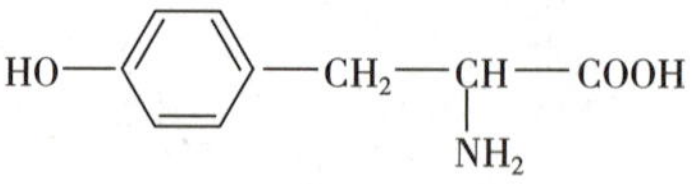	5.66
	天冬酰胺 Asparagine	Asn	N	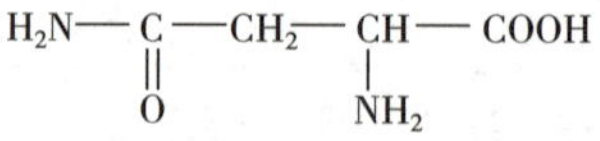	5.41
	谷氨酰胺 Glutamine	Gln	Q	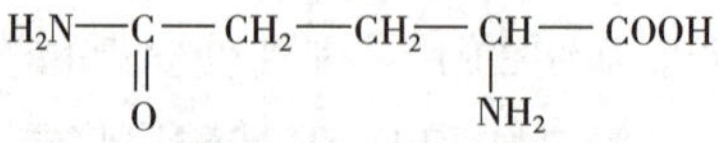	5.65

续表

名称		英文缩写		结构式	等电点
碱性氨基酸	组氨酸 Histidine	His	H	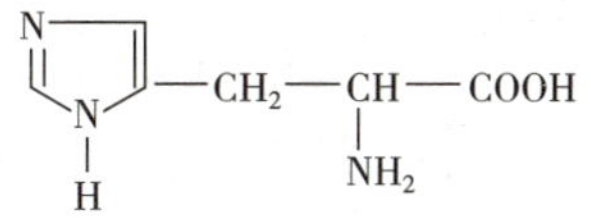	7.59
	赖氨酸 * Lysine	Lys	K	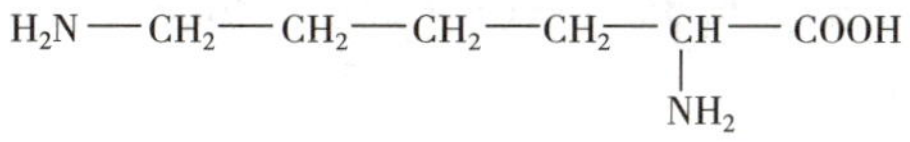	9.74
	精氨酸 Arginine	Arg	R	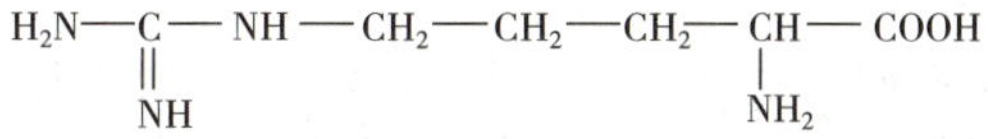	10.76
酸性氨基酸	天冬氨酸 Aspartic acid	Asp	D	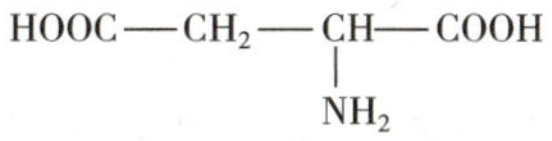	2.97
	谷氨酸 Glutamic acid	Glu	E	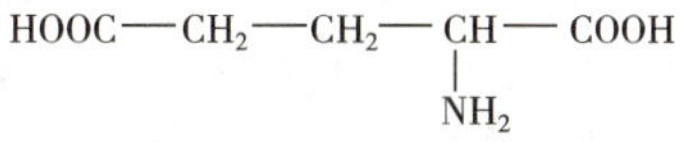	3.22

注：带 * 必需氨基酸

二、氨基酸的分类

（一）根据氨基酸的化学结构分类

1. 脂肪族氨基酸 在基本氨基酸中，脂肪族氨基酸占15种之多，分别是甘氨酸、丙氨酸、缬氨酸、亮氨酸、异亮氨酸、丝氨酸、苏氨酸、半胱氨酸、蛋氨酸、天冬氨酸、天冬酰胺、谷氨酸、谷氨酰胺、赖氨酸、精氨酸。

2. 芳香族氨基酸 包括苯丙氨酸、酪氨酸、色氨酸。

3. 杂环氨基酸 包括组氨酸、脯氨酸。

氨基酸也可根据R上的特殊基团分为含硫氨基酸（如半胱氨酸和蛋氨酸）、含亚氨基氨基酸（如脯氨酸）、含羟基氨基酸（如丝氨酸和苏氨酸）、含吲哚环氨基酸（如色氨酸）、含咪唑基氨基酸（如组氨酸）、含酰胺基氨基酸（如天冬酰胺和谷氨酰胺）、含羧基氨基酸（如天冬氨酸和谷氨酸）、含氨基氨基酸（如赖氨酸）。

（二）根据氨基酸的R基团的极性分类

1. 非极性氨基酸 如甘氨酸、丙氨酸、缬氨酸、亮氨酸、异亮氨酸、脯氨酸、色氨酸、苯丙氨酸和蛋氨酸。

2. 极性氨基酸

（1）极性不带电氨基酸 丝氨酸、苏氨酸、酪氨酸、半胱氨酸、天冬酰胺和谷氨酰胺。

（2）极性带负电氨基酸或称酸性氨基酸 天冬氨酸和谷氨酸。

（3）极性带正电氨基酸或称碱性氨基酸 赖氨酸、精氨酸和组氨酸。

（三）根据营养学分类

1. 必需氨基酸 指的是人体自身不能合成或合成速度不能满足人体需要，必须从食物中摄取的氨基酸。必需氨基酸包括赖氨酸、苯丙氨酸、蛋氨酸、亮氨酸、异亮氨酸、缬氨酸、苏氨酸、色氨酸等八种。对儿童来说组氨酸也是必需氨基酸。组氨酸、精氨酸在体内虽然能自行合成，但人体在某些情况或生长阶段会出现内源性合成不足的情况，也需要从食物中补充，故称为半必需氨基酸。

2. 非必需氨基酸 除必需氨基酸以外的氨基酸，包括甘氨酸、丝氨酸、半胱氨酸、酪氨酸、谷氨

酸、谷氨酰胺、天冬氨酸、天冬酰胺、脯氨酸和丙氨酸。

三、氨基酸的理化性质

（一）氨基酸的物理性质

1. 熔点 氨基酸结晶的熔点较高，一般在200～300℃，许多氨基酸在达到或接近熔点时会分解为胺和CO_2。

2. 溶解性 氨基酸一般都溶于水，但不同的氨基酸在水中的溶解度不同，酪氨酸、胱氨酸、天冬氨酸、谷氨酸溶解度很小，而赖氨酸、精氨酸溶解度很大。所有的氨基酸都能溶于稀酸或稀碱溶液中，而不溶于乙醚、三氯甲烷等非极性溶剂。因此，配制胱氨酸、酪氨酸等难溶的氨基酸溶液时，可以加一些稀盐酸。

3. 旋光性 除甘氨酸外，α-氨基酸都含有不对称碳原子，故都具有旋光性，能使偏振光平面向左或向右旋转，左旋通常用（－）表示，右旋通常用（＋）表示。氨基酸的旋光度通常采用旋光仪测定，它与D/L型没有直接的对应关系，即使同一种L型氨基酸，在不同的测定条件下，其测定结果也可能不同。

4. 光吸收性 含有芳香环共轭双键的苯丙氨酸、色氨酸、酪氨酸对紫外光有吸收，它们在波长280nm附近有最大吸收峰，蛋白质由于含有这些氨基酸，所以也有紫外吸收能力。在一定条件下，280nm的紫外光吸收与蛋白质溶液浓度成正比，因此，可利用该性质测定蛋白质含量。

5. 味感 氨基酸多具有不同的味感，其味感与氨基酸的种类及其立体构型有关。L型氨基酸一般无味或带有苦味，而D型氨基酸多数带有甜味。根据氨基酸的味感不同可分为甜味氨基酸、苦味氨基酸、酸味氨基酸和鲜味氨基酸。如L-谷氨酸钠盐（即味精）具有鲜味，常用来增加食品的风味。

（二）氨基酸的化学性质 微课2

1. 两性解离与等电点 氨基酸分子中既有碱性的氨基（$—NH_2$），又有酸性的羧基（—COOH），它们可解离形成带正电荷的阳离子（$—NH_3^+$）和带负电荷的阴离子（$—COO^-$），因此氨基酸是两性电解质。氨基酸解离过程和带电状态取决于溶液的pH值。当某一pH值条件时，氨基酸解离的阳离子和阴离子的数量相等，即氨基酸所带的净电荷为零时，此时溶液的pH值称为该氨基酸的等电点，用pI表示。一般情况下，中性氨基酸的等电点在5～6.3，酸性氨基酸在2.8～3.2，碱性氨基酸在7.6～10.8。可以看出，大多数氨基酸的等电点并不在中性。

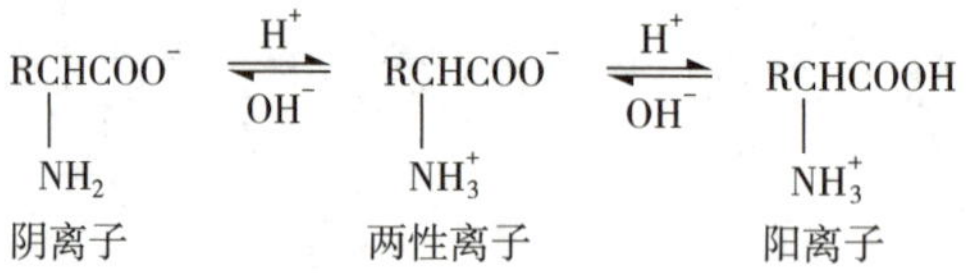

由于等电点时净电荷为零，氨基酸易凝集，此时氨基酸的溶解度最小，最易沉淀析出。氨基酸的这一性质在工业中经常用于氨基酸的提取，如味精生产中谷氨酸的提取。对于一个含有多种氨基酸的混合液，可以分步调节其pH值到某一氨基酸等电点，从而使该氨基酸沉淀，达到分离的目的。

2. 与亚硝酸反应 氨基酸与亚硝酸作用时，$—NH_3^+$被羟基取代，可释放氮气，生成羟基羧酸。脯氨酸分子中含有亚氨基，亚氨基不能与亚硝酸反应放出氮气。定量测定反应中所释放出氮气的体积，即可计算出氨基酸的含量，此种方法常用于氨基酸和多肽的定量分析。

$$R—\underset{\large NH_2}{\underset{|}{CH}}—COOH + HNO_2 \longrightarrow R—\underset{\large OH}{\underset{|}{CH}}—COOH + N_2\uparrow + H_2O$$

3. 与甲醛反应 氨基酸在水溶液中主要以两性离子形式存在，既能电离出 H^+，又能电离出 OH^-，但由于氨基酸水溶液的解离度很低，不能用碱直接滴定氨基酸的含量。当加入甲醛反应后，促使氨基酸电离产生 H^+，使其 pH 值下降，就可以用酚酞作指示剂，用 NaOH 溶液来滴定。每释放出一个 H^+，就相当有一个氨基氮，由滴定所消耗的 NaOH 的量可计算出氨基氮的含量，即氨基酸的含量。此法可用于测定游离氨基酸的含量，也常用来测定蛋白质水解程度。

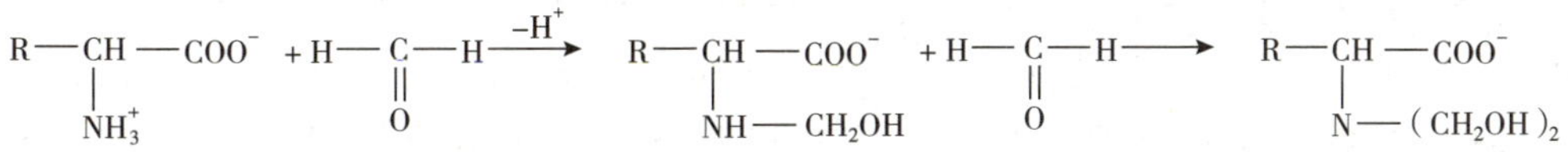

4. 与水合茚三酮的反应 α-氨基酸与水合茚三酮溶液一起加热，经过氧化脱氨、脱羧作用，生成蓝紫色物质，只有脯氨酸生成黄色物质。其反应如下：

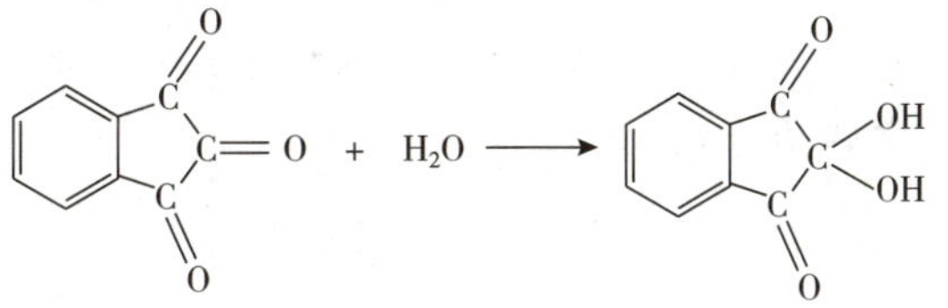

茚三酮　　　　水合茚三酮

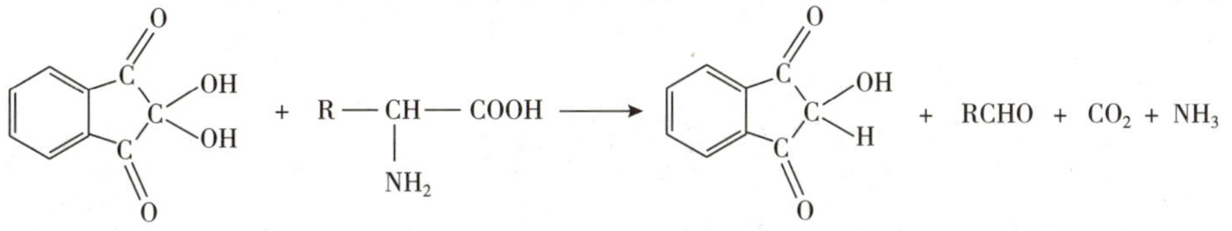

水合茚三酮　　　氨基酸　　　还原型茚三酮　　　醛类

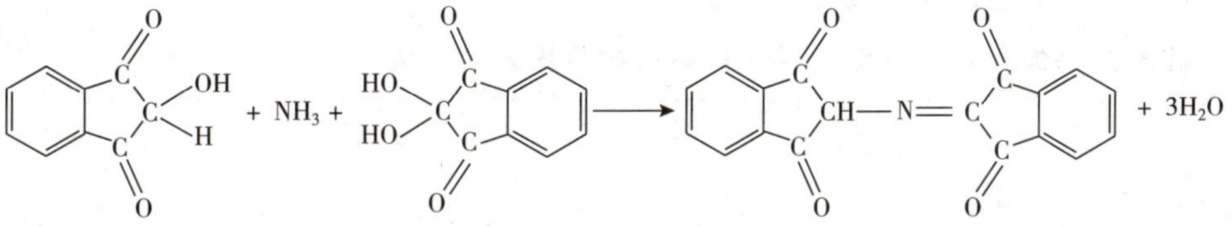

还原型茚三酮　　　水合茚三酮　　　蓝紫色化合物

该反应非常灵敏，0.5μg 氨基酸就能显色。根据反应所生成蓝紫色的深浅，在 570nm 处进行比色，可以测定样品中氨基酸的含量。但是，由于各种氨基酸与茚三酮反应产物在色泽和颜色上有所不同，因此不能用来测定混合氨基酸的含量。采用纸色谱、离子交换色谱和电泳等技术分离氨基酸时，常用茚三酮溶液作显色剂，以定性和定量测定氨基酸，因此该反应具有十分重要的应用价值。

5. 羰氨反应 又称为美拉德（Maillard）反应，指食品体系中含有氨基的化合物与含有羰基的化合物之间发生反应而使食品颜色加深的反应，是引起食品褐变的反应之一（见项目9中“食品加工和贮藏过程中的褐变现象”）。美拉德反应在食品工业中有着重要的应用价值，但同时也可能降低食品中蛋白质和氨基酸的营养价值。

6. 成肽反应 一分子氨基酸的 α-羧基与另一分子氨基酸的 α-氨基脱水缩合形成的酰胺键（—CO—NH—）称为肽键，反应产物称为肽。

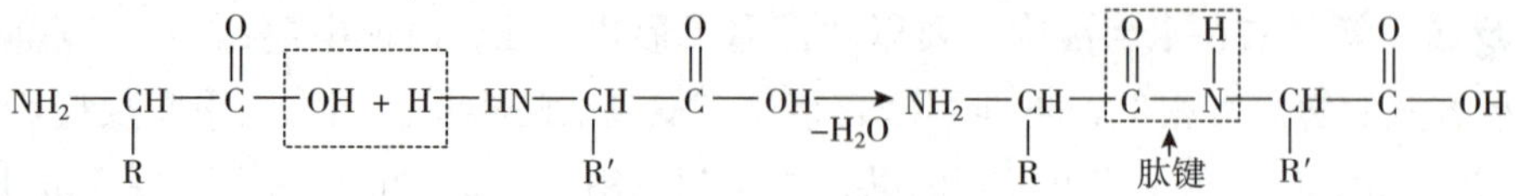

知识链接

世界上第一个人工合成的蛋白质——牛胰岛素

1965年9月17日，我国完成了世界上第一个人工合成的蛋白质——牛胰岛素。这是世界上第一次人工合成与天然胰岛素分子相同化学结构并具有完整生物活性的蛋白质，标志着人类在揭示生命本质的征途上实现了里程碑式的飞跃。以钮经义为首的一批海外留学归国的科学家们胸怀赤子之心，坚守报国之志，共同协作，联合攻关，在艰苦的实验条件下人工合成结晶牛胰岛素，成果获得全球科学界的高度认可。身处和平年代的我们应以先驱为榜样，以最饱满的热情投入到学习和工作中，求实创新，勇攀科学高峰，成才不负青云之志，报国常怀赤子之心。

任务 3.3 蛋白质的性质及其在食品加工中的应用

情境导入

情境 小红不喜欢吃煮熟的鸡蛋但很爱吃鸡蛋羹，经常看见妈妈把鸡蛋去皮，加入适量的水、食用油、盐等搅拌均匀，放锅里蒸熟，制成美味的鸡蛋羹。

思考 1. 鸡蛋为什么会制成嫩嫩的鸡蛋羹？

3. 煮熟的鸡蛋和熟鸡蛋羹感官性状不同的原因是什么呢？

一、蛋白质的结构

蛋白质是由许多氨基酸通过肽键连接而成的高分子化合物。肽链中的氨基酸分子在形成肽键时失去部分基团，称为氨基酸残基。蛋白质结构分为蛋白质的一级结构和蛋白质的空间结构（或称三维结构），空间结构包括蛋白质的二级、三级、四级结构（图3－1）。蛋白质的一级结构决定蛋白质的空间结构，空间结构与蛋白质的生物功能直接有关。在生理条件下，蛋白质的空间结构取决于它的氨基酸排列序列和肽链的盘旋方式。蛋白质特定的完整结构是其独特生理功能的基础。

（一）蛋白质一级结构

蛋白质的一级结构是指肽链的氨基酸组成及其排列顺序（图3－2）。氨基酸序列是蛋白质分子结构的基础，它决定蛋白质的空间结构。蛋白质一级结构研究的内容包括蛋白质的氨基酸组成、氨基酸的排列顺序和二硫键的位置、肽键数目、末端氨基酸的种类等。一级结构中的主要化学键是肽键。由两个氨基酸分子结合而成的称二肽，由多个氨基酸分子结合而成的叫多肽。一条多肽链至少有两个末端，有—NH_2的一端为氮末端（N端），有—COOH的一端为碳末端（C端）。一级结构可用氨基酸的三字母符号或单字母符号表示，从N末端向C末端书写。采用三字母符号时，氨基酸之间用连字符（－）隔开。

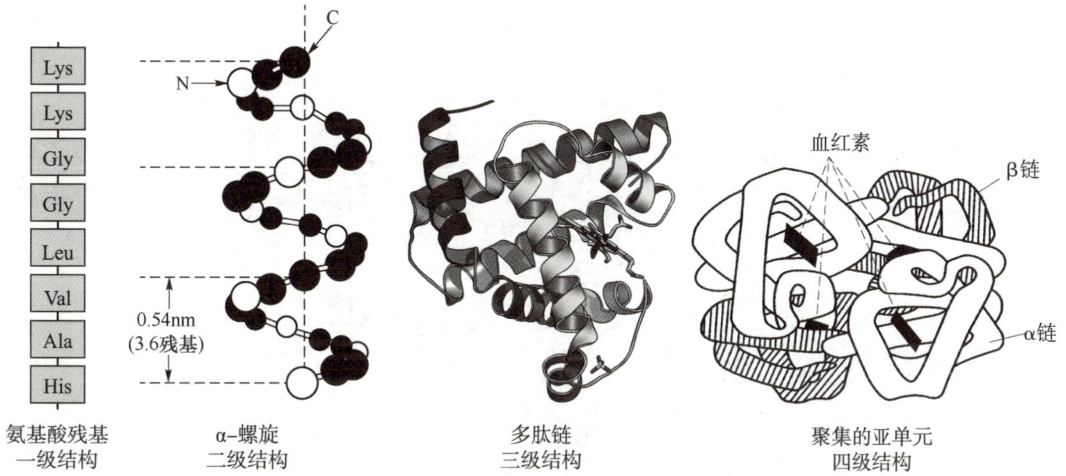

图 3-1 蛋白质的结构

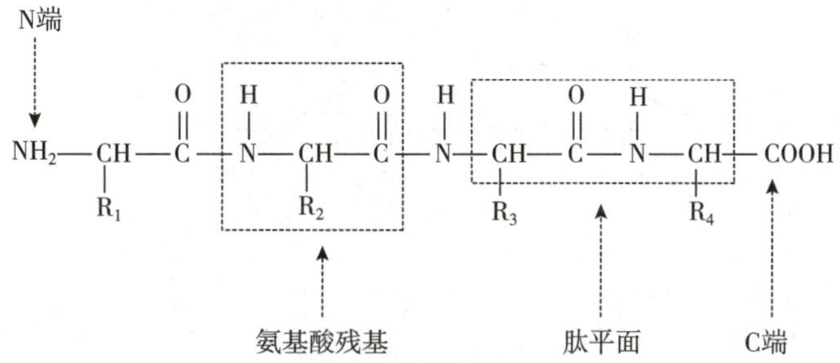

图 3-2 一级结构

（二）蛋白质的空间结构

蛋白质的多肽链并不是线形伸展的，而是按一定方式折叠盘绕成特有的空间结构。蛋白质分子的空间结构又称为空间构象，是指蛋白质分子中所有原子在三维空间中的排布，分为二级结构、三级结构、四级结构三个层次。

1. 蛋白质的二级结构 是指蛋白质多肽链折叠和盘绕方式，主要形式是 α-螺旋和 β-折叠，此外还有 β-转角和无规则卷曲。维持蛋白质二级结构的主要作用力是氢键。

（1）α-螺旋 1951 年，美国人波林（Pauling）等根据羊毛、猪毛、鸟毛及马鬃等天然角蛋白的 X 射线衍射图谱，提出了著名的 α-螺旋模型（图 3-3）。螺旋结构是指多肽链主链骨架围绕一个轴一圈一圈地上升，从而形成一个螺旋式的构象。α-螺旋是蛋白质中最常见的一种二级结构。

α-螺旋模型要点：①多肽链围绕中心轴呈有规律右手螺旋，每 3.6 个氨基酸残基螺旋上升一圈，螺距为 0.54nm；②氨基酸侧链伸向螺旋外侧，其形状、大小及电荷量的多少均影响 α-螺旋的形成；③α-螺旋的每个肽键的亚氨基氢与第四个肽键的羰基氧形成氢键，氢键的方向与螺旋长轴基本平行，肽链中的全部肽键都可形成氢键，氢键是维持 α-螺旋结构稳定的主要次级键。

天然蛋白质的 α-螺旋绝大多数是右手螺旋，近年来也偶尔发现极少数蛋白质中存在着左手螺旋结构。

（2）β-折叠 两个以上肽段平行排布并以氢键相连所形成的结构称为 β-折叠（图 3-4）。β-折叠与 α-螺旋的差异在于 α-螺旋是肽链卷曲成棒状的螺旋结构，而 β-折叠则是延展的肽链。

β-折叠的特点：①肽链近于充分伸展的结构，各个肽单元以 α-C 为旋转点，依次折叠，侧面看成锯齿状结构，各氨基酸残基侧链交替地位于锯齿状结构的上下方；②涉及肽段一般比较短，只含 5～10 个

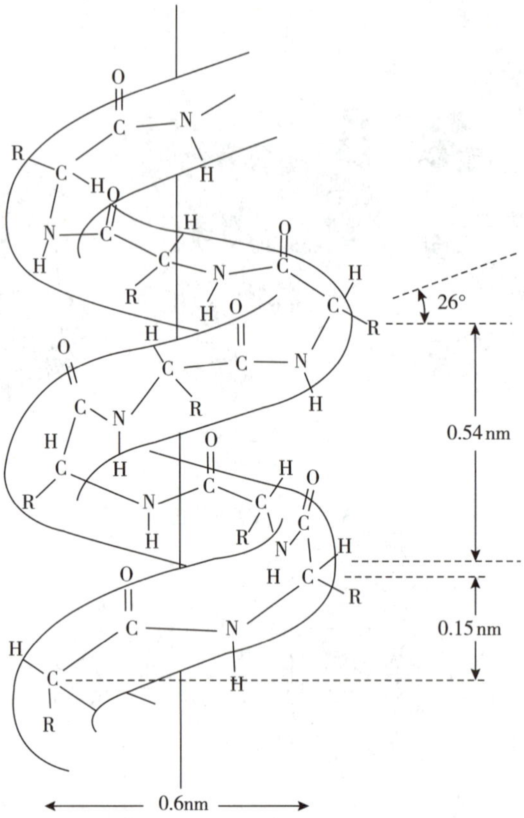

图 3－3 α-螺旋结构

氨基酸残基；③两条以上肽链或一条肽链内的若干肽段可平行排列，肽链的走向可相同，也可相反。几乎全部肽单元可通过肽链间的肽键羰基氧和亚氨基氢形成氢键，从而稳固 β-折叠结构。

β-折叠有两种类型：一种是平行式，即所有肽链的氨基端在同一端；另一种是反平行式，即所有肽链的氨基端按正反方向交替排列（图 3－5）。从能量上看，反平行式更为稳定。

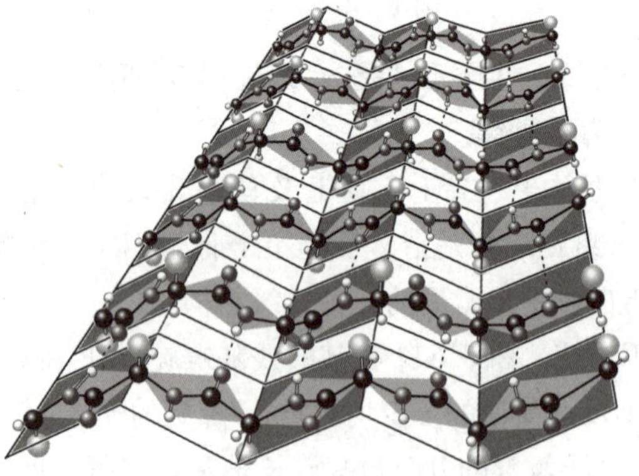

图 3－4 β-转角

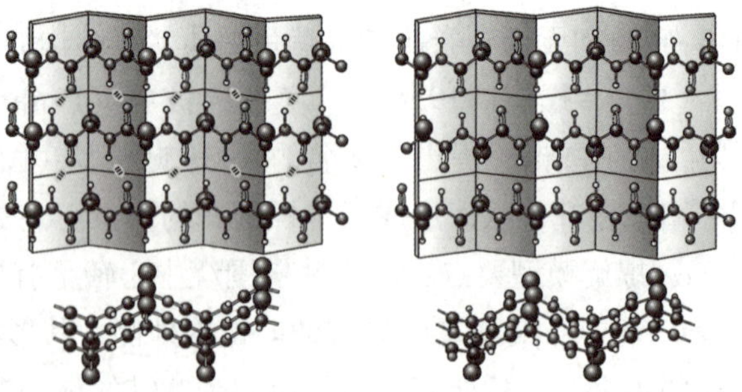

图 3－5 β-折叠的两种类型

（3）β-转角　也称 β-回折，存在于球状蛋白中，其特点是肽链回折 180°（图 3－6）。β-转角通常由四个氨基酸残基构成，第一个氨基酸残基的 C ═O 与第四个残基的 N—H 形成氢键，以维持转折结构的稳定。

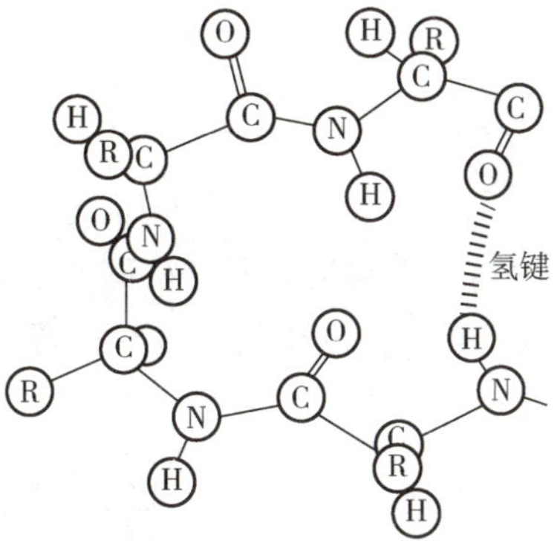

图 3－6　β-转角示意图

（4）无规则卷曲　又称自由卷曲，是指没有一定规律的松散肽链结构。此结构看来杂乱无章，但对一种特定蛋白又是确定的，而不是随意的。这种结构有高度的特异性，与生物活性密切相关，对外界的理化因子极为敏感。酶的功能部位常常处于这种构象区域。

2. 蛋白质的三级结构　是指多肽链中所有原子和基团的构象，是在二级结构的基础上进一步盘曲折叠形成的，包括所有主链和侧链的结构。蛋白质在形成三级结构时，大多数非极性侧链埋在分子内部，形成疏水核；而极性侧链在分子表面，形成亲水面，三级结构是蛋白质发挥生物活性所必需的。

稳定三级结构的作用力是侧链基团的相互作用生成的各种次级键，有氢键、离子键（盐键）、疏水作用、范德华力等非共价键和由两个半胱氨酸巯基共价结合而形成的二硫键，其中以疏水键数量最多。

哺乳动物肌肉中的肌红蛋白，整个分子由一条肽链盘绕成一个中空的球状结构，各段之间以无规卷曲相连，在螺旋肽段间的空穴中有一个血红素基团（图 3－7）。所有具有高度生物学活性的蛋白质几乎都是球状蛋白。

3. 蛋白质的四级结构　是指由两个或两个以上具有独立三级结构的多肽链依靠次级键缔合而成的复杂结构。每条具有完整三级结构的多肽链称为这类蛋白的亚基或亚单位，亚基一般由一条肽链组成，也有由几条肽链组成（链间以二硫键连接）的情形。亚基单独存在时没有生物活性，只有聚合成四级结构才具有完整的生物活性。四级结构涉及各亚基间的空间排布及相互作用状态。

维持四级结构的作用力主要是疏水作用，也包括氢键、离子键及范德华力等。四级结构的蛋白质具有复杂的生物学功能，当四级结构的蛋白质解聚成亚基时，其生物学功能丧失。但对于只具有三级结构不具有四级结构的蛋白质，如胰岛素等，如果三级结构被破坏，其生物学功能也就丧失了。

血红蛋白是重要的蛋白质，其四级结构是由 2 个 α-亚基和 2 个 β-亚基构成的四聚体，每个亚基含 1 个血红素辅基。4 个亚基通过 8 个离子键相连形成血红蛋白四聚体（图 3－8）。完整的血红蛋白分子有结合及释出氧分子的转运功能。

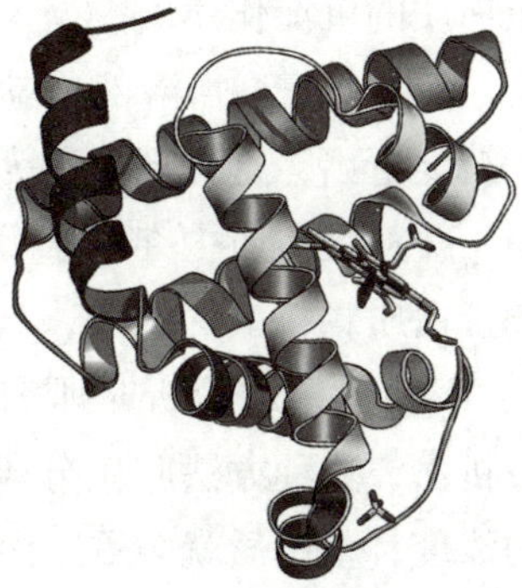

图 3－7　肌红蛋白的三级结构示意图

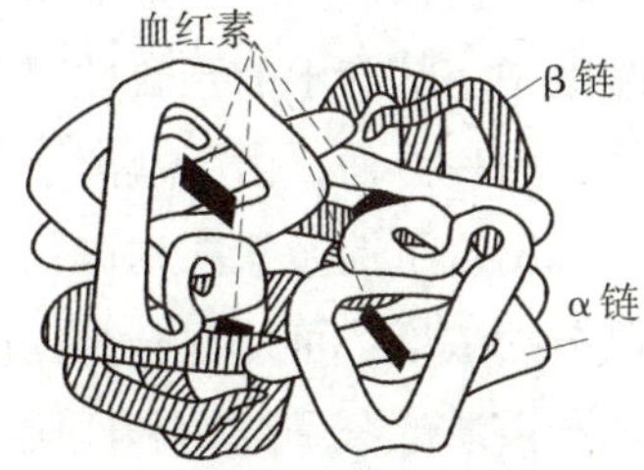

图 3－8　血红蛋白的四级结构示意图

二、蛋白质的性质

（一）蛋白质的两性解离和等电点

蛋白质分子中氨基酸残基的侧链上存在游离的氨基和游离的羧基，因此，蛋白质与氨基酸一样具有两性解离的性质，也具有特定的等电点。当某一 pH 值条件时，蛋白质解离的阳离子和阴离子的数量相等，净电荷为零，该 pH 值称为该蛋白质的等电点（pI）。

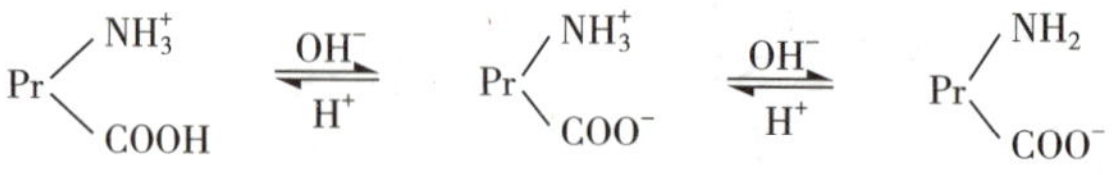

阳离子（$\mathrm{pH}<\mathrm{pI}$）　两性离子（pH=pI）　阴离子（$\mathrm{pH}>\mathrm{pI}$）

各种蛋白质都具有特定的等电点。蛋白质在等电点时溶解度最小，易从溶液中沉淀析出。这一性质常用于蛋白质的分离、提纯。根据对比某蛋白质在不同梯度 pH 值溶液中的溶解度，可测定该蛋白质的等电点。

（二）蛋白质的胶体性质

蛋白质是高分子化合物，其相对分子质量很大，从 1 万到数百万乃至数千万。蛋白质分子直径大小已达到胶粒的范围（1～100nm），所以蛋白质溶液是胶体溶液，表现出很多胶体性质，如丁达尔效应、布朗运动、不能透过半透膜等。

1. 蛋白质溶胶 溶于水的蛋白质能被水分散形成稳定的亲水胶体溶液，称为蛋白质溶胶。常见的蛋白质溶胶包括牛奶、豆浆、豆奶等。维持蛋白质胶体溶液稳定的重要因素是蛋白质表面的水化膜和同性电荷。一方面由于蛋白质颗粒表面分布着许多亲水的极性基团，如氨基、羧基、羟基等，可吸引水分子，在颗粒表面形成较厚的水化膜，将蛋白质颗粒分开，不能相互接触聚集而沉淀析出；另一方面，当蛋白质在偏离等电点的溶液中，蛋白质颗粒表面可带有同种电荷，因同种电荷相互排斥，使蛋白质颗粒难以相互聚集从溶液中沉淀析出。

2. 蛋白质凝胶 变性的蛋白质分子聚集并形成有序的蛋白质网络结构的过程称为胶凝作用。一定浓度的蛋白质溶胶，在某些条件下能够发生胶凝作用形成凝胶。蛋白质凝胶往往为半固体或固体状态，具有一定的形状和弹性，如豆腐、酸奶、鱼糜制品（如鱼丸、鱼饼）、肉糜制品（如香肠）等。

简单而言，蛋白质溶胶是蛋白质颗粒分散在水中，蛋白质凝胶是水分散在蛋白质形成的三维网状结构中。如豆浆是溶胶，而豆腐则是凝胶。

（三）蛋白质的沉淀反应

蛋白质胶体溶液的稳定性是有条件的、相对的。假若改变环境条件，破坏其水化膜和表面电荷，蛋白质亲水胶体便失去稳定性，发生絮结沉淀现象，这种现象称为蛋白质的沉淀作用。

1. 加盐类 在蛋白质溶液中加入中性盐，如硫酸铵、硫酸钠、氯化钠等，当溶液中盐浓度提高到一定的饱和度时，蛋白质溶解度逐渐降低，蛋白质分子发生絮结，沉淀析出，这种现象称为盐析。

在高盐溶液中，盐与水的亲合性很强，又是强电解质，一方面，盐从蛋白质中夺取水分，破坏蛋白质表面的水膜；另一方面，由于盐离子浓度比较高，可以大量中和蛋白质颗粒上的电荷，破坏了蛋白质胶体的稳定性，出现沉淀。盐析法是分离制备蛋白质的常用方法，不同蛋白质盐析时所需的盐浓度不同，因此，调节盐浓度，可使混合蛋白质溶液中的几种蛋白质分段析出，这种方法叫做分段盐析，但中性盐并不破坏蛋白质的分子结构和性质，因此，若除去或降低盐的浓度，蛋白质就会重新溶解。

2. 加有机溶剂 有机溶剂如丙酮、乙醇等，可使蛋白质产生沉淀，这是由于这些有机溶剂与水的亲和力大，能破坏蛋白质颗粒表面的水化膜，同时，还能降低水的介电常数，增加蛋白质颗粒间的静电相互作用，导致蛋白质分子聚集絮结沉淀。此法与盐析法不同的是，若及时将蛋白质沉淀与有机溶剂分离，蛋白质沉淀则可重新溶解于水中；如有机溶剂长时间作用于蛋白质，会引起蛋白质变性。

3. 加重金属盐 当溶液pH值大于等电点时，蛋白质颗粒带负电荷，易与重金属离子（如Hg^{2+}、Pb^{2+}、Cu^{2+}等）结合，生成不溶性盐类，沉淀析出。误服重金属盐者，大量口服牛奶、豆浆或蛋清能够解毒，就是因为这些食物中的蛋白质与重金属离子形成了不溶性盐，再通过催吐解毒。

4. 加某些酸类 当溶液的pH值低于等电点时，蛋白质分子以阳离子形式存在，易与某些酸（如苦味酸、单宁酸、三氯乙酸等）作用，生成不溶性盐沉淀，并伴随发生蛋白质分子变性。

（四）蛋白质的变性作用 微课3

因受到物理或化学因素的影响，天然蛋白质的空间结构发生变化，致使其理化性质和生物活性改变或丧失，这种现象称为蛋白质的变性作用。变性的实质是蛋白质的空间构象受到破坏，涉及二、三、四级结构改变，但一级结构不变，无肽键断裂。

变性后的蛋白质理化性质发生改变，主要表现为结晶能力丧失，溶解度降低，黏度增加，易于水解消化等。同时，蛋白质变性后失去生物活性，抗原性也发生改变。这些变化的原因主要是空间结构的改变，氢键等次级键被破坏，肽链松散，变为无规卷曲。由于其一级结构不变，所以如果变性条件不是过于剧烈，蛋白质变性程度不重，可在消除变性条件后使蛋白质恢复或部分恢复其原有的构象和功能，称为复性。如果变性条件作用剧烈，变性程度高，不可能发生复性，称为不可逆变性。如胃蛋白酶加热至80～90℃时，失去活性，降温至37℃时，又可恢复活力。但随着变性时间的增加，条件加剧，变性程度也加深，就会达到不可逆的变性。

引起蛋白质变性的因素很多，可分为物理因素和化学因素。

1. 物理因素

（1）温度可以使蛋白质发生变性。一般情况下，蛋白质在45～50℃时，蛋白质的变性可以察觉，到55℃时变性速度加快。若温度很高或者较高温度下处理时间较长，所导致的蛋白质变性是不可逆的；而在低温条件下短时间处理所导致的蛋白质变性则是可逆的。需要注意的是，某些蛋白质（如某些酶）在很低的温度下（甚至是0℃或以下）也能发生可逆性变性，且在较高的温度下相对稳定。在食品工业中，对食品的热力杀菌是蛋白质热变性最重要的应用之一。

（2）射线和超声波辐射能量被蛋白质吸收而导致蛋白质变性，在食品工业中此类应用很多。如采用紫外灯照射对厂房消毒，采用紫外线外加过氧化氢对食品包装进行消毒以及食品工业中的辐照杀菌技术。

（3）高压作用一般在室温下即可使蛋白质发生变性。在食品工业中，采用高压（200～100MPa）灭菌，将蛋清、16%的大豆球蛋白在100～700MPa下，于25℃加压30分钟可形成质地比热凝处理更柔软的凝胶。与热加工相比，压力加工最明显的优势是能更好地保留食品中的色泽、风味和营养成分。

（4）机械处理如搅打、振动等高速剪切也能导致蛋白质的变性。

2. 化学因素

（1）强酸和强碱可引起蛋白质溶液pH值的改变从而使蛋白质某些基团的解离程度发生变化，而使得蛋白质变性。水果罐头杀菌温度较一般蔬菜罐头低，原因就是由于水果罐头中含有较多有机酸，加热时容易使得细菌蛋白质变性。

（2）有机溶剂（如乙醇和丙酮）沉淀提取蛋白质时，需要注意控制条件，防止蛋白质变性。

（3）重金属盐（如汞、铜、铅、铁等）可导致蛋白质发生不可逆变性。

（4）某些生化试剂（如尿素和盐酸胍）可导致蛋白质发生变性。

（5）表面活性剂，如十二烷基磺酸钠（SDS），它是食品检测中经常采用的一种蛋白质变性剂。如测定不同时间时酶对蛋白质溶液的水解度时，采用 SDS 可使酶迅速失活。

（五）蛋白质的紫外吸收

参与蛋白质组成的 20 种氨基酸，在可见光区域都没有光吸收，但在远紫外区域（<220nm）均有光吸收。在近紫外区域（220 ~ 300nm）只有酪氨酸、苯丙氨酸和色氨酸有吸收光的能力，因为它们的 R 基含有苯环共轭双键系统。酪氨酸的最大光吸收波长在 275nm，苯丙氨酸的在 257nm，色氨酸的在 280nm。

（六）蛋白质的呈色反应

1. 茚三酮反应 蛋白质与氨基酸一样，在溶液中加入水合茚三酮并加热至沸腾则显蓝紫色。常用来检验蛋白质的存在。

2. 双缩脲反应 尿素在加热时，两分子尿素缩合生成一分子双缩脲并放出一分子氨。双缩脲在碱性溶液中能与硫酸铜反应产生红紫色络合物。蛋白质分子中含有许多与双缩脲结构相似的肽键，会与碱性铜溶液中的铜离子形成紫色络合物，称为双缩脲反应。碱性铜溶液称为双缩脲试剂。该反应可用于蛋白质和多肽的定性、定量测定，也可用来检测蛋白质水解程度。

3. 酚试剂反应 酚试剂又称福林试剂或福林酚试剂。蛋白质分子中酪氨酸的酚基在碱性条件下与酚试剂作用，生成蓝色物质。该反应可用于蛋白质的定性、定量测定，其灵敏度比双缩脲反应高 100 倍。

4. 黄色反应 含有芳香族氨基酸，特别是酪氨酸和色氨酸的蛋白质在溶液中遇到硝酸后，先产生白色沉淀，加热则变黄，再加碱颜色加深为橙黄色。这是因为苯环被硝化，产生硝基苯衍生物。皮肤、毛发、指甲遇浓硝酸都会变黄。

5. 米伦反应 蛋白质与米伦试剂（亚硝酸汞、硝酸汞及硝酸的混合液）混合，先产生白色沉淀，加热后沉淀变成红色，此为酪氨酸的酚基所特有的反应，因此酪氨酸及含有酪氨酸的蛋白质呈米伦反应。

三、食品加工中蛋白质的功能性质

蛋白质的功能性质是指除营养价值外的那些对食品需宜特性有利的蛋白质的物理化学性质，如蛋白质的胶凝作用、溶解性、发泡作用、乳化作用和黏度等（表 3 -5）。蛋白质的功能性质大多数影响着食品的感官质量，也对食品成分制备、食品加工或储存过程中的物理特性起重要作用。各种食品对蛋白质功能性质的要求是不一样的（表 3 -6）。

表 3 -5 食品体系中蛋白质的功能性质

食品	蛋白质类型	功能
饮料	乳清蛋白	溶解性
汤、调味品、色拉调味汁、甜食	明胶	黏度
香肠、蛋糕、面包	肌肉蛋白、鸡蛋蛋白	持水性
肉、凝胶、蛋糕焙烤食品、奶酪	肌肉蛋白、鸡蛋蛋白、牛奶蛋白	胶凝作用
肉、香肠、面条、焙烤食品	肌肉蛋白、鸡蛋蛋白、乳清蛋白	黏结 - 黏合
肉、面包	肌肉蛋白、谷物蛋白	弹性
香肠、汤、蛋糕、甜食	肌肉蛋白、鸡蛋蛋白、乳清蛋白	乳化
冰淇淋、蛋糕、甜食	鸡蛋蛋白、乳清蛋白	泡沫
低脂肪焙烤食品、油炸面圈	牛奶蛋白、鸡蛋蛋白、谷物蛋白	脂肪和风味的结合

表 3-6　各种食品对蛋白质功能性质的要求

食品	功能性
饮料、汤、沙司	不同 pH 值时的溶解性、热稳定性、黏度、乳化作用、持水性
面团焙烤产品（面包、蛋糕等）	成型和形成黏弹性膜，内聚力，热性变和胶凝作用，吸水作用，乳化作用，起泡，褐变
乳制品（精制干酪、冰淇淋、甜点心等）	乳化作用，对脂肪的保留、黏度、起泡、胶凝作用、凝结作用
鸡蛋代用品	起泡、胶凝作用
肉制品（香肠等）	乳化作用、胶凝作用、内聚力、对水和脂肪的吸收与保持
食品涂膜	内聚力、黏合
糖果制品（牛奶巧克力等）	分散性、乳化作用

根据蛋白质所能发挥作用的特点，可以将其功能性质分为 3 大类：水合性质、结构性质和表面性质。其中，水合性质取决于蛋白质同水之间的相互作用，包括水的吸附与保留、湿润性、膨胀性、黏合、分散性和溶解性等；结构性质（与蛋白质分子之间的相互作用有关的性质），包括沉淀、胶凝作用、组织化和面团的形成等；蛋白质的表面性质涉及蛋白质在极性不同的两相之间所产生的作用，主要有蛋白质的起泡、乳化等方面的性质。此外，还有人根据蛋白质在食品感官质量方面所具有的一些作用，将其功能特性划分出第四种性质——感官性质，涉及蛋白质在食品中所产生的浑浊度、色泽、风味组合、咀嚼性、爽滑感等。蛋白质的这些功能特性不是相互独立、完全不同的，它们之间也存在着相互联系。例如，蛋白质的胶凝作用既涉及了蛋白质分子之间的相互作用（形成空间三维网状结构），又涉及蛋白质分子同水分子之间的相互作用；而黏度、溶解度均涉及蛋白质与蛋白质之间的作用。

知识链接

人类蛋白质组计划

20 世纪，几乎可以说是生命科学的世纪。蛋白质组学作为人类基因组计划之后又一个科学制高点，在整体水平上研究细胞内蛋白质的组成及其活动规律。蛋白质组学在人类疾病中的研究应用已经在一些疾病中开展，如癌症、皮肤病、心脏病等，研究包括寻找与疾病相关的单个蛋白，整体研究某种疾病引起的蛋白质表达或修饰水平的变化，利用蛋白质组寻找一些致病微生物引起的疾病的诊断标记和疫苗等。2002 年，人类蛋白质组研究组织启动。青年科学家贺福初院士担任人类肝脏蛋白质组计划负责人，在国际上率先提出人类蛋白质组计划的科学目标与技术路线，倡导并领衔了人类第一个组织、器官的国际“肝脏蛋白质组计划”，揭示了人体首个器官（肝脏）的蛋白质组。英国科学杂志《自然》曾评价：中国在肝脏蛋白质组研究当中占据了 C 位。大科学计划成就并巩固科技强国地位，现代大国的强盛之路离不开大科学计划的实施。

知识拓展

蛋白质的发泡作用

食品泡沫通常是气泡在连续的液相或含可溶性表面活性剂的半固相中形成的分散体系。种类繁多的泡沫其质地大小不同，例如蛋白质酥皮、蛋糕、棉花糖、冰淇淋、蛋奶酥、啤酒泡沫、奶油冻和面包等。大多数情况下，食品泡沫中气体是空气或 CO_2，连续相是含蛋白质的水溶液或悬浊液。某些食品泡沫是很复杂的胶态体系，例如冰淇淋中存在分散的和群集的脂肪球（多数是固体）、乳胶体（或悬浊液）、冰晶悬浮体、多糖凝胶、糖和蛋白质的浓缩溶液以及空气气泡。各种泡沫的气泡大小不相同，直径从 1 微米到几厘米不等，气泡的大小取决于多种因素，如液相的表面张力和黏度、输入的能量，分布均匀的细微气泡可以使食品产生稠性、细腻感和松软性，提高分散性和风味感。

形成泡沫通常采用的方法有：一是将气体通过一个多孔分配器鼓入低浓度的蛋白质溶液中产生泡沫；二是在有大量气体存在的条件下，通过打擦或振荡蛋白质溶液而产生泡沫；三是将一个预先被加压的气体溶于要生成泡沫的蛋白质溶液中，突然减压，系统中的气体则会膨胀而形成泡沫。

影响蛋白质起泡的因素如下：

1. 蛋白质性质 气–水界面的自由能显著地高于油–水界面的自由能，作为起泡剂的蛋白质必须具有快速地分散至气–水界面的能力，并随即将界面张力降到低水平。界面张力的降低取决于蛋白质分子在界面上快速展开、重排和暴露疏水基团的能力，因此蛋白质的疏水性、在界面上的柔性、水溶性、缺乏二级和三级结构等对蛋白质的起泡力有重要的作用。泡沫稳定要求蛋白质能在第一个气泡周围形成具有一定厚度、刚性、黏性和弹性的连续和气体不能渗透的吸附膜，因此需要分子质量较大、分子间较易发生相互结合或黏合的蛋白质。为了适应界面变形及自身和吸引的水分子可以稳定地保持在气–水界面上，起泡蛋白还必须具有较理想分布的亲水和疏水区，即是说泡沫的稳定性取决于蛋白质膜的流变性质，因此，往往具有良好起泡能力的蛋白质不具有稳定泡沫的能力，而能产生稳定泡沫的蛋白质往往不具有良好的起泡力。

2. 蛋白溶液浓度 蛋白质要发挥起泡性，其在溶液中必须有一定的浓度，一般这种浓度为2%～8%，由此浓度开始增加则起泡能力增加，但浓度过大（一般超过10%）则会由于蛋白质溶解度下降而导致气泡变小，泡沫变硬。

3. 盐类物质种类和浓度 盐类不仅影响蛋白质的溶解度、黏度、伸展和聚集，也改变其起泡性质，这取决于盐的种类、浓度和蛋白质的性质。如氯化钠一般能提高蛋白质的发泡性能，但会使泡沫的稳定性降低；钙离子能与蛋白质的羧基形成桥键而使泡沫稳定性提高等。

4. 温度 起泡前适当加热可提高多数蛋白的起泡能力，但当加热过度时，则会损害蛋白的起泡能力，起到破坏泡沫的作用。

5. pH 溶液的pH影响着蛋白质的荷电状态，因而改变其溶解度、相互作用力及持水力，也就改变了蛋白质的起泡性质和泡沫的稳定性。

6. 糖类物质 小分子糖可以提高泡沫的稳定性但却降低蛋白质的起泡能力。提高泡沫稳定性的原因主要是由于提高了体相的黏度，从而降低了泡沫结果中薄层液体的排出速度；降低起泡力的原因主要是在糖溶液中，蛋白质分子的结构比较稳定，当其吸附到界面上时较难展开，这样就降低了蛋白质在搅打时产生大的界面面积和泡沫体积的能力。

7. 脂类物质 脂类物质尤其是磷脂类物质具有比蛋白质更大的表面活性，可以竞争的方式取代界面上的蛋白质，于是减少了膜的厚度和黏合性，并最终因膜的削弱而导致泡沫稳定性下降。

8. 搅打 搅打或搅拌的时间和强度明显影响蛋白质的起泡能力，过度搅打将破坏泡沫。

实训3 蛋白质等电点测定及性质实验

一、实训目的

1. 掌握 蛋白质的两性解离性质及蛋白质的沉淀作用。

2. 熟悉 测定蛋白质等电点的基本方法。

二、原理

（一）蛋白质等电点测定

蛋白质分子是两性电解质。在蛋白质溶液中存在下列平衡：

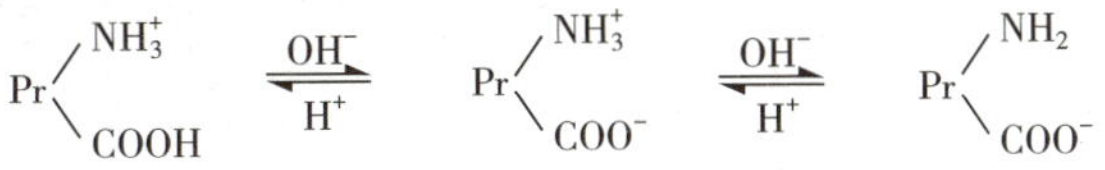

阳离子（pH<pI）　两性离子（pH=pI）　阴离子（pH>pI）

蛋白质分子的解离状态和解离程度受溶液的酸碱度影响。当调节溶液的酸碱度，使蛋白质分子上所带的正负电荷相等时，在电场中，该蛋白质分子既不向阴极移动，也不向阳极移动，此时溶液的 pH 值就是该蛋白质的等电点（pI）。不同蛋白质各有特定的等电点。在等电点时，蛋白质溶解度最小，容易沉淀析出。因此，可以借助在不同 pH 值溶液中的某蛋白质的溶解度来测定该蛋白质的等电点。

本实验通过观察不同 pH 值溶液中的溶解度以测定酪蛋白的等电点。用醋酸与醋酸钠（醋酸钠混合在酪蛋白溶液中）配制各种不同 pH 值的缓冲液。向各缓冲溶液中加入酪蛋白后，沉淀出现最多的缓冲液的 pH 值即为酪蛋白的等电点。

（二）蛋白质沉淀实验

在蛋白质溶液中加入一定浓度的中性盐，蛋白质即从溶液中沉淀析出，这种作用称为盐析。盐析法常用的盐类有硫酸铵、硫酸钠等。盐的浓度不同，析出的蛋白质也不同。如球蛋白可在半饱和硫酸铵溶液中析出，而清蛋白则在饱和硫酸铵溶液中才能析出。由盐析获得的蛋白质沉淀，当降低其盐类浓度时，又能再溶解，故蛋白质的盐析作用是可逆过程。而重金属离子与蛋白质结合成不溶于水的复合物。

三、材料与设备

（一）设备及器皿

水浴锅、温度计、锥形瓶、容量瓶、吸管、试管及试管架、乳钵。

（二）试剂及配制

1. 0.4%酪蛋白乙酸钠溶液　取 0.4g 酪蛋白，加少量水在乳钵中仔细地研磨，将所得的蛋白质悬胶液移入 200ml 锥形瓶内，用少量 40～50℃的温水洗涤乳钵，将洗涤液也移入锥形瓶内。加入 10ml 1mol/L 乙酸钠溶液。把锥形瓶放到 50℃水浴中，并小心地旋转锥形瓶，直到酪蛋白完全溶解为止。将锥形瓶内的溶液全部移到 100ml 容量瓶内，加水至刻度，塞紧玻塞，混匀。

2. 蛋白质溶液　5%卵清蛋白溶液或鸡蛋清的水溶液（新鲜鸡蛋清：水 =1：9）。

3. 试剂　1.00mol/L 乙酸溶液、0.10mol/L 乙酸溶液、0.01mol/L 乙酸溶液、pH4.7 乙酸－乙酸钠的缓冲溶液、3%硝酸银溶液、5%三氯乙酸溶液、95%乙醇、饱和硫酸铵溶液、硫酸铵、氯化钠。

四、操作步骤

（一）酪蛋白等电点的测定

取同样规格的试管 4 支，按表 3－7 顺序分别精确地加入各试剂，然后混匀，观察其混浊度。静置 10 分钟后，再观察其混浊度。混浊度用－、＋、＋＋、＋＋＋等符号表示。最混浊试管的 pH 值即为酪蛋白的等电点。

表3-7 酪蛋白等电点的测定

试管号	蒸馏水（ml）	0.01mol/L 乙酸（ml）	0.1mol/L 乙酸（ml）	1.0mol/L 乙酸（ml）	0.4%酪蛋白的乙酸钠溶液（ml）	pH值	混浊度
1	8.4	0.6	—	—	1	5.9	
2	8.7	—	0.3	—	1	5.5	
3	8.0	—	1.0	—	1	4.7	
4	7.4	—	—	1.6	1	3.5	

（二）蛋白质沉淀实验

1. 蛋白质的盐析 加蛋白质溶液5ml于试管中，再加等量的饱和硫酸铵溶液，混匀后静置数分钟则析出球蛋白的沉淀。倒出少量混浊沉淀，加少量水，观察是否溶解，并分析其原因。将管内容物过滤，向滤液中添加硫酸铵粉末到不再溶解为止。此时析出沉淀为清蛋白。取出部分清蛋白，加少量蒸馏水，观察沉淀的再溶解现象。

2. 重金属离子沉淀蛋白质 取1支试管，加入蛋白质溶液2ml，再加1~2滴3%硝酸银溶液，振荡试管，有沉淀产生。放置片刻，倾去上清液，向沉淀中加入少量的水，观察沉淀是否溶解，并分析其原因。

3. 某些有机酸沉淀蛋白质 取1支试管，加入蛋白质溶液2ml，再加入1ml 5%三氯乙酸溶液，振荡试管，观察沉淀的生成。放置片刻，倾去上清液，向沉淀中加入少量水，观察沉淀是否溶解。

4. 有机溶剂沉淀蛋白质 取1支试管，加入2ml蛋白质溶液，再加入2ml 95%乙醇。观察沉淀的生成（如果沉淀不明显，加点氯化钠，混匀）。

五、注意事项与说明

（1）等电点测定的实验要求各种试剂的浓度和加入量必须很准确，确保缓冲液的pH值准确。

（2）对实验中出现的各种现象要细心观察，认真记录。

（3）在使用具有强腐蚀性和刺激性的试剂时要多加小心，注意安全。

六、思考题

1. 在等电点时，蛋白质溶液为什么容易发生沉淀？
2. 使蛋白质沉淀的因素有哪些？

七、实训评价

实训评价表

专业： 班级： 组别： 姓名：

序号	评价内容	评价标准	应得分	实得分
1	（1）试剂配制 （2）仪器准备	（1）正确称量配制 （2）仪器选择正确，摆放合理有序	20分	
2	实训操作步骤	按测定步骤正确操作 （每操作错一步扣5分）	40分	
3	结果记录	实验现象记录准确	20分	
4	实训报告	完成实训报告	20分	
		合计	100分	

时间： 考评教师：

练习题

答案解析

一、选择题

A 型题（最佳选择题）

1. 属于碱性氨基酸的是（　）。

A. 天冬氨酸　　B. 异亮氨酸

C. 组氨酸　　D. 苯丙氨酸

2. 维系蛋白质二级结构稳定的化学键是（　）。

A. 盐键　　B. 二硫键

C. 肽键　　D. 氢键

3. 当蛋白质处于等电点时，可使蛋白质分子的（　）。

A. 溶解度最小　　B. 表面净电荷不变

C. 表面净电荷增加　　D. 稳定性增加

4. 蛋白质变性是由于（　）。

A. 一级结构改变　　B. 空间构象破坏

C. 辅基脱落　　D. 蛋白质水解

5. 天然蛋白质中含有的 20 种氨基酸的结构（　）。

A. 全部是 L 型　　B. 全部是 D 型

C. 部分是 L 型，部分是 D　　D. 除甘氨酸外都是 L 型

B 型题（配伍选择题）

A. 组氨酸　B. 色氨酸　C. 蛋氨酸　D. 苯丙氨酸　E. 半胱氨酸　F. 脯氨酸

1. 上述氨基酸属于脂肪族氨基酸是（　）。
2. 上述氨基酸属于芳香族氨基酸是（　）。
3. 上述氨基酸属于杂环氨基酸是（　）。

二、综合问答题

1. 什么叫蛋白质的等电点？在等电点时蛋白质具有哪些性质？
2. 什么蛋白质的变性？影响变性的因素有哪些？举例说明蛋白质变性的实践应用。

书网融合……

本章小结　微课 1　微课 2　微课 3　题库

项目 4

核　酸

PPT　　导引视频

学习目标

知识目标

1. **掌握**　核酸的组成、DNA 结构特点。
2. **熟悉**　核酸理化性质及其在食品中的应用。
3. **了解**　核酸、核苷酸的分类。

能力目标

1. 能运用核酸的性质指导相关食品的生产。
2. 具备自主设计核酸类食品添加剂加工工艺的能力。

素质目标

通过本项目的学习，培养学生的求知欲、空间想象能力和学习的创新能力，树立团队协同合作、攻坚克难的意识。

任务 4.1　核酸的概述

情境导入

情境　小兰说："核酸具有提高免疫力、抗氧化作用，还有促进细胞再生与修复、改善痴呆等神经障碍、维持肠道正常菌群等作用，核酸既然这么重要，各类人群都应该大量食入核酸含量高的食物吗？"小美说："要分情况，比如痛风患者，就要注意减少摄入核酸含量高，特别是嘌呤含量高的食物。"

思考　1. 什么是嘌呤呢？核酸和嘌呤有什么关系呢？

2. 为什么痛风患者要少吃呢？哪些食物中含嘌呤高呢？

一、核酸的概述

核酸是由许多核苷酸聚合成的具有复杂结构的生物大分子。

核酸根据化学组成可分为两类，一类为脱氧核糖核酸（DNA），另一类为核糖核酸（RNA）。DNA 是大分子化合物，其相对分子质量 10^6 ~ 10^9，主要集中在细胞核内，但细胞核外的线粒体和叶绿体中也含有 DNA；RNA 主要分布在细胞质中，但细胞核内有 RNA 的前体。

RNA 根据其生理功能和结构分为信使 RNA（mRNA）、转运 RNA（tRNA）和核糖体 RNA（rRNA）。核糖体 RNA 是细胞中含量最多的一类 RNA，占总 RNA 的 75% ~80%，它以核蛋白形式存在于细胞质的核糖体中；转运 RNA 含量仅次于核糖体 RNA，占总 RNA 的 10% ~15%，它以游离状态分布在细胞质中；信使 RNA 含量较少，约占总 RNA 的5%。

DNA 是生物体的信息源，能贮存、复制和传递遗传信息。不同种生物的细胞核中 DNA 含量差异很大，但同种生物的体细胞核中 DNA 含量是相同的。RNA 主要在遗传信息的表达及蛋白质合成中起作用，它转录 DNA 所携带的遗传信息，并参与翻译过程，使生命机体的生长、发育、繁殖和遗传得以继续进行。两类核酸在生物细胞内一般都与蛋白质相结合，以核蛋白的形式存在。有些病毒只含有 DNA，称 DNA 病毒，有些病毒只含有 RNA，称 RNA 病毒。

二、核酸的元素组成

DNA 和 RNA 分子中，主要元素有碳、氢、氧、氮、磷等，个别核酸分子中还含有微量的硫。磷在各种核酸中的含量比较接近，DNA 的平均含磷量为9.9%，RNA 的平均含磷量为9.4%。因此，只要测出生物样品中核酸的含磷量，就可以计算出该样品的核酸含量，这是定磷法的理论基础。

三、核苷酸

核酸的基本组成单位是核苷酸。核酸是由几十个甚至几千万个核苷酸聚合而成，具有一定空间结构的生物大分子。核酸经酶作用可水解为核苷酸，核苷酸可进一步被水解产生核苷和磷酸，核苷还可进一步水解，产生戊糖和含氮碱基。因此，核酸由核苷酸组成，核苷酸由含氮碱基、戊糖及磷酸三种成分组成（图4－1）。

核酸 —水解→ 核苷酸 —水解→ { 磷酸；核苷 { 戊糖；含氮碱基 } }

图4－1　核酸的组成

（一）碱基

核酸分子中碱基分别是嘌呤碱和嘧啶碱，为含氮杂环化合物，呈弱碱性。嘌呤碱有腺嘌呤（A）和鸟嘌呤（G）；嘧啶碱有胞嘧啶（C）、胸腺嘧啶（T）和尿嘧啶（U）（图4－2）。RNA 和 DNA 含有的共同碱基成分是 A、G 和 C。二者的区别是 RNA 含有 U，而 DNA 含有 T。

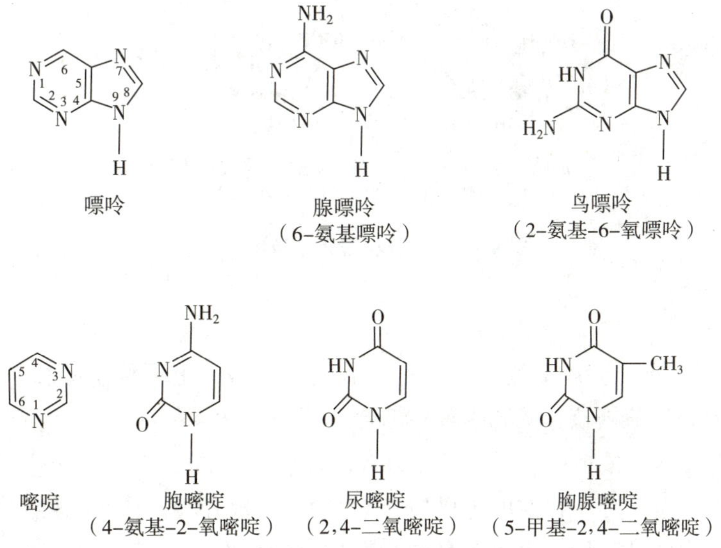

图4－2　嘌呤和嘧啶的结构

（二）戊糖

核酸分子中的戊糖有两种：D-脱氧核糖、D-核糖。DNA 所含的戊糖为β-D-2-脱氧核糖，RNA 所含的戊糖则为β-D-核糖。脱氧核糖与核糖两者的差别只在于脱氧核糖中与2′位碳原子联结的不是羟基而是氢，这一差别使 DNA 在化学性质上比 RNA 稳定得多（图4－3）。

β-D-核糖　　β-D-2-脱氧核糖

图4－3　核糖和脱氧核糖的结构

（三）磷酸

核苷酸及核酸中含有磷酸（图4－4），所以呈酸性。

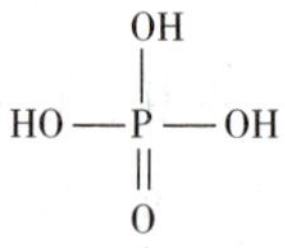

磷酸

图4－4　磷酸的结构

（四）核苷

核苷是指由碱基和戊糖通过糖苷键连接而形成的化合物。糖苷键是由戊糖 C-1′上的羟基与嘌呤碱 N-9 或嘧啶碱 N-1 上的氢原子经脱水缩合形成。碱基与核糖缩合形成核糖核苷，简称核苷，如胞苷；碱基与脱氧核糖缩合形成脱氧核糖核苷，简称脱氧核苷，如脱氧胞苷（图4－5）。

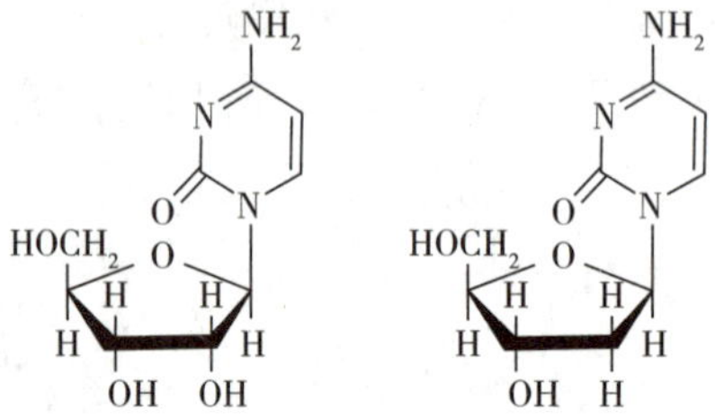

胞嘧啶-β-D-核苷（胞苷）　　胞嘧啶-β-D-2-脱氧核苷（脱氧胞苷）

图4－5　胞苷和脱氧胞苷的结构

（五）核苷酸

核苷中的戊糖 C-5′碳原子上羟基被磷酸酯化，形成核苷酸，也可称磷酸核苷。根据核苷酸分子中戊糖的不同，核苷酸可分为核糖核苷酸和脱氧核糖苷酸两类（图4－6）。

1. 组成 RNA 的核苷酸　核糖核苷酸是组成 RNA 的基本单位。核糖有 3 个游离羟基（2′,3′,5′），因此可形成三种核苷酸，自然界中存在的游离核苷酸多为5′-核苷酸，如5′-磷酸腺苷，简称腺苷酸。核糖核苷酸分子根据分子中碱基不同，可以命名为腺嘌呤核糖核苷酸（简称腺苷酸，AMP）、鸟嘌呤核糖核苷酸（简称鸟苷酸，GMP）、胞嘧啶核糖核苷酸（简称胞苷酸，CMP）、尿嘧啶核糖核苷酸（简称尿苷酸，UMP）。

2. 组成 DNA 的核苷酸　脱氧核糖核苷酸是组成 DNA 的基本单位。脱氧核糖有 2 个游离羟基（3′,5′），

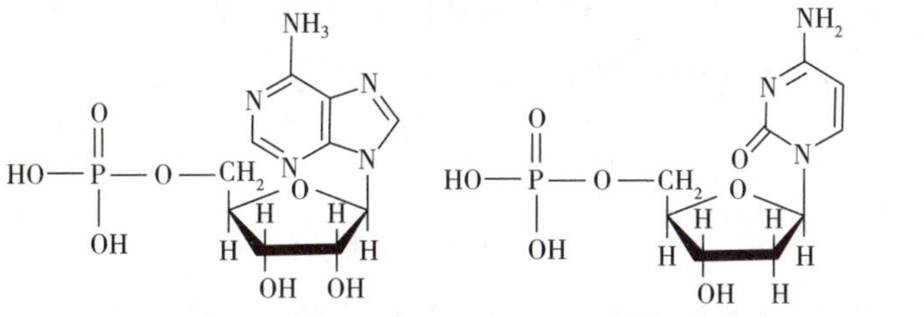

腺嘌呤核苷-5′-磷酸
（腺苷酸）

2′-脱氧胞苷-5′-磷酸
（脱氧胞苷酸）

图4-6　核糖核苷酸和脱氧核糖苷酸的结构

因此可形成两种核苷酸。自然界中存在的游离核苷酸多为5′-磷酸脱氧腺苷，简称脱氧腺苷酸。脱氧核糖核苷酸分子根据分子中碱基不同，可以命名为腺嘌呤脱氧核糖核苷酸（简称脱氧腺苷酸，dAMP）、鸟嘌呤脱氧核糖核苷酸（简称脱氧鸟苷酸，dGMP）、胞嘧啶脱氧核糖核苷酸（简称脱氧胞苷酸，dCMP）、胸腺嘧啶脱氧核糖核苷酸（简称脱氧胸苷酸，dTMP）。

各种核苷酸常用缩写表示。5′-核苷酸通常用NMP或dNMP表示，其中N代表核苷，MP代表一磷酸，其中的“d”是“脱氧”的意思。比如组成5′-核苷酸的核苷为腺苷，则这个核苷酸表示为AMP，称为腺苷一磷酸，简称腺苷酸；组成5′-核苷酸的核苷为脱氧腺苷，则这个核苷酸表示为dAMP，称为脱氧腺苷一磷酸，简称脱氧腺苷酸。两类核酸的组成成分见表4-1。

表4-1　两类核酸的组成成分的区别

组成成分	DNA	RNA
嘌呤碱	腺嘌呤（A）、鸟嘌呤（G）	腺嘌呤（A）、鸟嘌呤（G）
嘧啶碱	胞嘧啶（C）、胸腺嘧啶（T）	胞嘧啶（C）、尿嘧啶（U）
戊糖	D-2-脱氧核糖	D-核糖
酸	磷酸	磷酸
核苷酸	脱氧腺苷酸（dAMP）、脱氧鸟苷酸（dGMP）、脱氧胞苷酸（dCMP）、脱氧胸苷酸（dTMP）	腺苷酸（AMP）、鸟苷酸（GMP）、胞苷酸（CMP）、尿苷酸（UMP）

（六）重要的游离核苷酸

细胞内有一些游离的多磷酸核苷酸（图4-7），具有重要的生理功能。如ATP（腺苷三磷酸或称三磷酸腺苷），其外侧两个磷酸酯键水解时可释放出7.3千卡能量，而普通磷酸酯键只有2千卡，所以被称为高能磷酸键（～P）。ATP在细胞能量代谢中起极其重要的作用，是机体生命活动所需能量的最直接来源。许多化学反应需要由ATP水解高能磷酸键释放的能量提供所需能量。同时，许多化学反应释放的能量以高能磷酸键形式储存在ATP中。GTP、CTP、UTP在某些生化反应中也具有传递能量的作用，但不普遍。

（七）体内重要的核苷酸衍生物

在生物体内还有一些参与代谢的重要核苷酸衍生物。如烟酰胺腺嘌呤二核苷酸（辅酶Ⅰ，NAD^+）、烟酰胺腺嘌呤二核苷酸磷酸（辅酶Ⅱ，$NADP^+$）都是腺嘌呤与烟酰胺组成化合物。黄素单核苷酸（FMN）是异咯嗪、核醇和磷酸组成的化合物，黄素腺嘌呤二核苷酸（FAD）是由黄素单核苷酸与腺嘌呤核苷酸组成的化合物，与生物氧化作用的关系很密切，

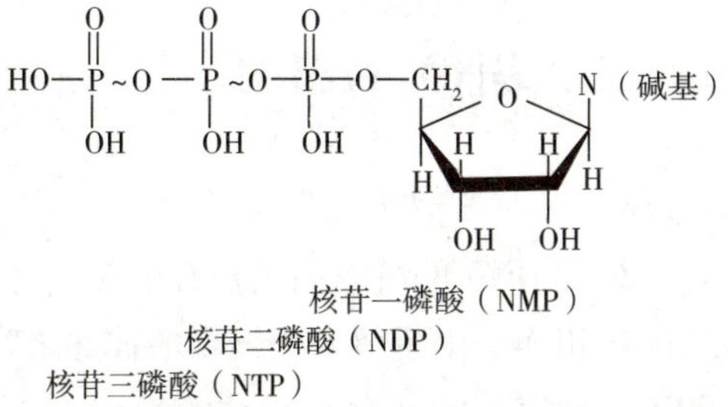

图4-7　多磷酸核苷酸的结构

是重要的辅酶和辅基。此外，还有辅酶 A（CoA－SH）是由腺嘌呤、氨基乙硫醇和叶酸组成的化合物，它们在糖、脂肪和蛋白质代谢中起着重要的作用。

知识链接

DNA 双螺旋结构的发现

DNA 双螺旋结构发现的历程一直伴随着科学精神的引领。获得诺贝尔化学奖的鲍林（Pauling）等最初认为 DNA 是三股螺旋，并制作了对应的结构模型，沃森（Watson）和克里克（Crick）借鉴了鲍林（Pauling）分子建模的方法，同时结合了富兰克林（Rosalind Franklin）和威尔金斯（Wilkins）从成百上千照片中筛选得到的第 51 号 DNA 晶体 X 射线衍射照片，提出了具有标志性意义的 DNA 双螺旋结构学说，揭示了生命的秘密。由此可见，我们要善于用批判性思维去分析和吸收别人的研究成果，树立团队协同合作、攻坚克难的意识。

任务 4.2 核酸的结构

情境导入

情境 小兰说："核酸是由几十个甚至几千万个核苷酸聚合而成的具有一定空间结构的生物大分子。核酸分为脱氧核糖核酸（DNA）和核糖核酸（RNA）两类。DNA 和 RNA 的结构是什么样呢？小美说："1953 年 Watson 及 Crick 在通过化学分析及 X 光衍射法观察 DNA 结构的基础上，提出了著名的 DNA 双螺旋结构模型。"

思考 1. DNA 双螺旋结构模型是怎样构成的，有何特点呢？

2. 核糖核酸（RNA）和脱氧核糖核酸（DNA）的结构有什么差异？

一、核酸中核苷酸的连接方式

核酸中核苷酸的连接方式为：一个核苷酸 C-3′上羟基与下一个核苷酸 C-5′上的磷酸羟基脱水缩合形成酯键，称 3′,5′-磷酸二酯键，若干个核苷酸间以 3′,5′-磷酸二酯键连接成的长链大分子称多核苷酸链，即为核酸。多聚核苷酸呈线状展开，在链的一端核苷酸上戊糖 C—5′连接的磷酸是游离的，称为 5′-磷酸末端或 5′-端；在链的另一端核苷酸上戊糖 C-3′上羟基是游离的，称为 3′-羟基末端或 3′-端。通常规定核酸方向是从 5′末端到 3′末端为正向。链内的核苷酸 C-5′上磷酸已形成二酯键，C-3′上羟基也已参与二酯键的形成，故称核苷酸残基。

二、DNA 的结构

（一）DNA 的一级结构

组成 DNA 的脱氧核糖核苷酸主要有四种，即 dAMP、dGMP、dCMP 及 dTMP，它们通过 3′,5′-磷酸二酯键相连。由于核酸中核苷酸彼此之间的差别在于碱基部分，故核酸的一级结构即指核酸分子中碱基的排列顺序。DNA 的一级结构就是指 DNA 中碱基的排列顺序（图 4－8）。

DNA 的碱基组成具有种属特异性，即不同生物种的 DNA 具有独特的碱基组成，但无组织和器官的特异性，且生长发育阶段、营养状态、环境都不会影响 DNA 的碱基组成。生物遗传信息以碱基排列顺序的方式编码在 DNA 分子上。碱基排列顺序不同，遗传信息的含义也不同。因此，DNA 是遗传信息的载体。

（二）DNA 的二级结构 微课 1

1953 年美国物理学家 Watson 和英国生物学家 Crick 在通过化学分析及 X 光衍射法观察 DNA 结构的基础上，提出了著名的 DNA 双螺旋结构模型。DNA 的二级结构即为 DNA 分子的空间双螺旋结构，此结构是在 DNA 一级结构基础上形成的更为复杂的高级结构。

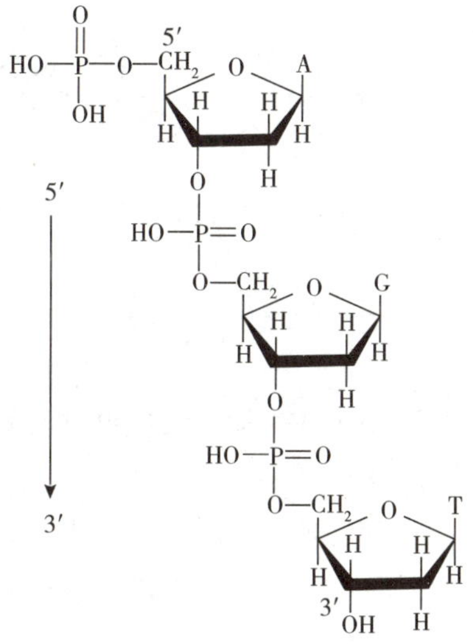

图 4－8　DNA 一级结构示意图

DNA 双螺旋结构具有以下特点（图 4－9）。

（1）DNA 分子由两条反向平行的脱氧核苷酸链组成，以右手螺旋方式平行地围绕同一个轴盘旋。

（2）碱基分布在螺旋内侧，脱氧核糖和磷酸形成的主链为基本骨架。

（3）侧链碱基互补配对。内侧互补的碱基通过氢键连接，A＝T 之间形成两个氢键，G≡C 之间形成三个氢键。

（4）每个碱基对位于同一个平面内，碱基平面与中心轴垂直，螺旋直径为 2nm，相邻两个碱基距离为 0. 34nm，每螺旋一圈有 10 对碱基，相邻碱基平面距离为 3. 4nm。

（5）维持双螺旋结构稳定的主要作用力有碱基堆积力、氢键、疏水作用等。

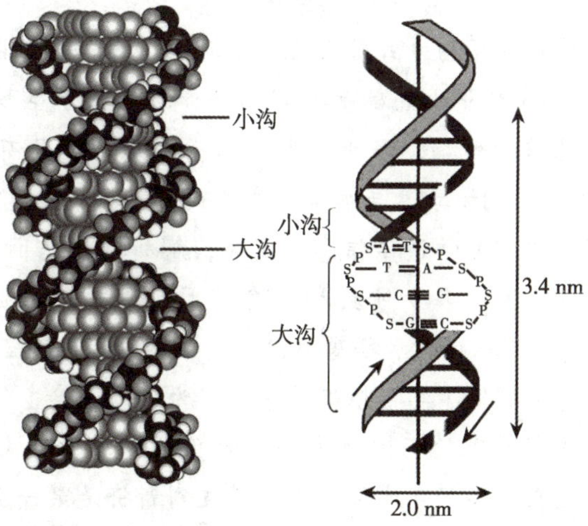

图 4－9　DNA 的双螺旋结构模型

（三）DNA 的三级结构

在 DNA 双螺旋结构的基础上进一步盘曲形成更加复杂的超螺旋结构，即 DNA 的三级结构。超螺旋结构是 DNA 三级结构的最常见的形式（图 4－10）。

真核细胞核染色质中的 DNA 具有一种超螺旋结构，即 DNA 双螺旋盘绕在组蛋白上形成核小体（图 4－11），许多核小体之间由 DNA 链相连，形成串珠结构，再经过几个层次折叠，将 DNA 紧密压缩于染色体中。

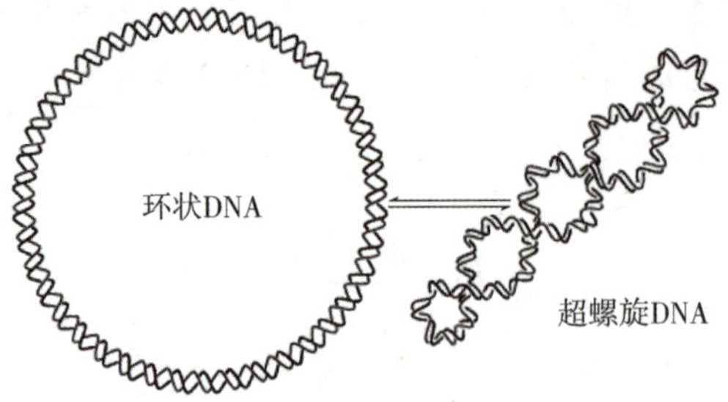

图 4-10 DNA 的环状分子和超螺旋结构

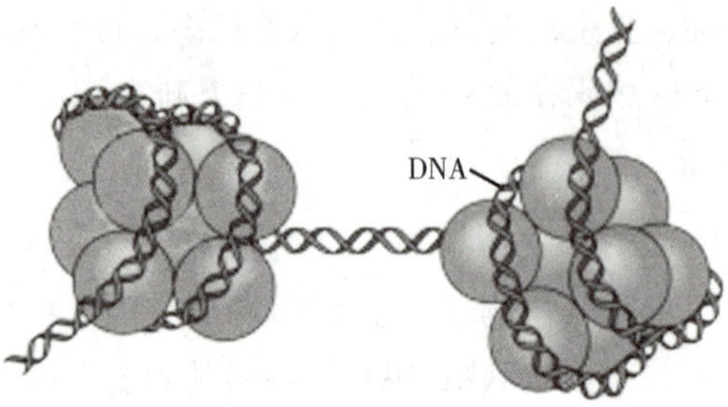

图 4-11 核小体示意图

三、RNA 的结构

RNA 在生命活动中也具有重要作用。由于功能的多样性，RNA 的种类、大小和结构都比 DNA 多样化。

绝大部分 RNA 分子都是线状单链，RNA 分子中相邻的两个核糖核苷酸也是以 3′,5′-磷酸二酯键连接，形成多聚核糖核苷酸链。多聚核糖核苷酸链中核苷酸（碱基）的排列顺序称为 RNA 的一级结构。

在 RNA 分子的二级结构中，某些区域可自身回折进行碱基互补配对，形成局部双螺旋。RNA 分子中的局部双螺旋与 DNA 双螺旋结构相似，非互补区膨胀形成突环。有些 RNA 在二级结构的基础上进一步折叠形成三级结构，RNA 只有在具有三级结构时才能成为有活性的分子。

知识链接

水稻基因组序列

生物遗传信息以碱基排列顺序的方式编码在 DNA 分子上，碱基排列顺序不同，遗传信息的含义也不同。掌握生物体 DNA 分子上的碱基排列顺序，就掌握了生物体的基因密码。水稻是全球半数以上人口赖以生存的粮食作物，对于人类生活、粮食安全具有至关重要的意义。研究表明，水稻共有 12 条染色体，它们记录着与水稻的高产优质、美味香色以及与生长期、抗病抗虫、耐旱耐涝、抗倒伏等所有性状相关的遗传信息。因此，解析水稻基因组序列，是改进水稻品质、提高水稻产量的前提和基础。2011 年 9 月至 2018 年 4 月，由中国农业科学院作物科学研究所牵头 16 家单位共同完成了一项“3000 份水稻基因组计划”，解析了水稻种群基因组多样性的本质。这项成果为未来水稻基因育种提供了非常精确的导向，为培育高产、优质、多抗的水稻新品种做出了卓越的贡献。经过几代科学家的不懈努力，我国在水稻育种和应用领域一直走在世界的前列，水稻基因组学研究也处在国际领跑地位。未来科技创新将是第一发展力，科学技术人才也将成为未来发展的主要力量。我们要有勇攀高峰、敢为人先的创新精神，追求真理，严谨治学，努力实现我国的科技强国梦。

任务 4.3 核酸的性质及其在食品加工中的应用

情境导入

情境 小兰说：“新型冠状病毒是一种 RNA 病毒，遗传物质为 RNA，最常用的检测方法是核酸检测，那么核酸检测的原理是什么？”小美说：“核酸检测技术是基于核酸双链互补配对原则的核酸杂交技术。”

思考　1. 什么是核酸杂交技术？

2. 核酸杂交技术是如何实现新型冠状病毒的检测呢？

一、核酸的溶解性

DNA 和 RNA 属于极性化合物，微溶于水，不溶于乙醇、乙醚、三氯甲烷等有机溶剂。因此，常用 70% 的乙醇从溶液中沉淀核酸。但其钠盐在水中的溶解度大，如 RNA 钠盐在水中的溶解度可达 4% 。

二、核酸的酸碱性质

核酸分子既有酸性的磷酸基，又有碱基上的碱性基团，因此，核酸和蛋白质一样，也是两性电解质，在溶液中发生两性电离。由于核酸分子中的磷酸是一个中等强度的酸，而碱性基团显弱碱性，所以核酸的等电点比较低，偏酸性。如 DNA 的等电点为 4. 0 ~ 4. 5，RNA 的等电点为 2. 0 ~ 2. 5。

利用核酸的两性解离能进行电泳。在中性或偏碱性溶液中，核酸常带有负电荷，在外加电场力作用下向阳极泳动，利用核酸这一性质，可将相对分子质量不同的核酸分离。

三、核酸的紫外吸收特性

由于嘌呤碱与嘧啶碱具有共轭双键，使碱基、核苷、核苷酸和核酸在 240 ~ 290nm 处有吸收峰，其中在 260nm 处有最大的吸收值。

通常可利用核酸在 260nm 处有最大的吸收值特性，对 DNA 和 RNA 进行纯度定量分析。

四、核酸的变性、复性 微课 2

（一）核酸的变性

核酸的变性是指在某些理化因素作用下，核酸分子中碱基对间的氢键断裂，双螺旋结构中互补的双链打开，形成无规则单链结构的过程。

引起核酸变性的因素主要有高温、高压、强酸、强碱、变性试剂（如尿素）以及某些有机溶剂（如乙醇）等。核酸变性使碱基间氢键断裂，并不涉及共价键的断裂，共价键（3′,5′-磷酸二酯键）的断裂称核酸的降解。所以，核酸变性破坏双螺旋结构但不破坏一级结构，核苷酸排列顺序不变。

核酸变性后，空间构象被破坏，其理化性质也会发生变化。由于双螺旋分子内部的碱基暴露，碱基的共轭双键更多的暴露，其在 260nm 的吸光度（A_{260}）会大大增加，称为增色效应。

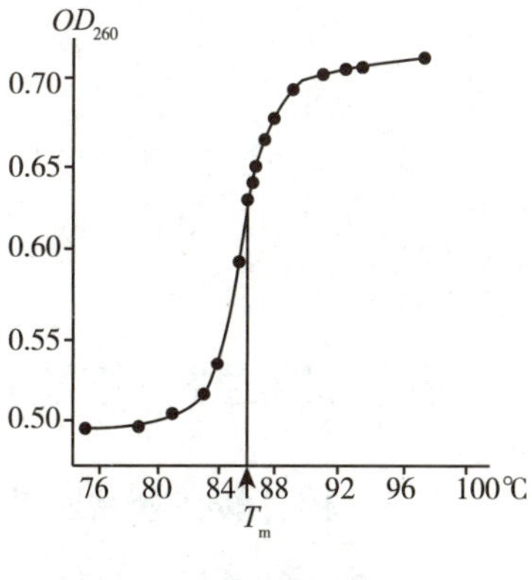

图 4 – 12　DNA 的熔解曲线

DNA 加热会导致双螺旋结构解体，由于温度升高引起的变性称热变性。如果缓慢加热 DNA 溶液，并在不同温度测定其 A_{260} 值，可得到“S”形 DNA 熔解曲线（图 4 – 12）。从 DNA 熔解曲线可见，DNA 变性作用是在一个相当窄的温度范围内完成的。A_{260} 值开始上升前，DNA 是双螺旋结构；在上升区域，分子中的部分碱基对开始断裂，其数值随温度的升高而增加，在上部平坦的初始部分，尚有少量碱基对使两条链结合在一起，这种状态一直维持到临界温度，此时 DNA 分子最后一个碱基对断开，两条互补链彻底分离。一般将核酸加热变性过程中，DNA 溶液 A_{260} 值达到最大值的 50% 时的温度称为核酸的解链温度，又称为熔解温度（T_m）。T_m 是研究核酸变性很有用的参数。T_m 一般在 85 ~ 95℃之间，T_m 值与 DNA 分子中 G、C 含量成正比。

（二）核酸的复性

DNA 复性是指当变性因素去除后，如温度逐步恢复到生理范围内，变性 DNA 单链重新缔合成双螺旋结构，从而恢复活性的过程（图 4-13）。

热变性的 DNA 经缓慢冷却后复性称为退火。DNA 复性是非常复杂的过程，影响 DNA 复性速度的因素很多，如 DNA 浓度、DNA 分子大小、pH 等。最佳的复性温度为 T_m 减去 25℃，一般在 60℃左右。

DNA 复性时，温度缓慢下降才可使其重新配对复性。加热后急速降温称为淬火，如果将温度迅速冷却至 4℃以下，则 DNA 几乎不可能发生复性。

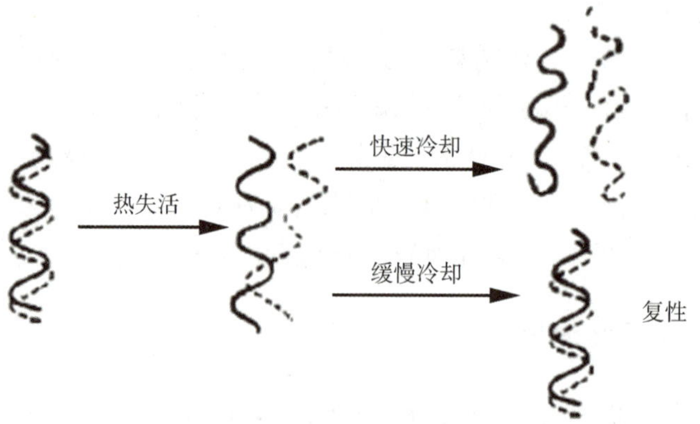

图 4-13 DNA 分子热变性后复性示意图

（三）核酸分子杂交

核酸复性过程中，非同源的 DNA 单链分子或 RNA 分子置于同一溶液中，由于存在局部碱基互补片段，可以形成杂化双链，此过程称核酸分子杂交（图 4-14）。杂化双链可以在不同的 DNA 与 DNA 之间形成，也可在 DNA 与 RNA 分子间或者 RNA 与 RNA 分子间形成。

杂交是分子生物学研究中常用的技术之一，利用它可以分析基因组织的结构、定位和基因表达等，常用的杂交方法有 DNA-DNA 杂交的 Southern 印迹法，RNA-DNA 或 RNA-DNA 杂交的 Northern 印迹法及原位杂交等。

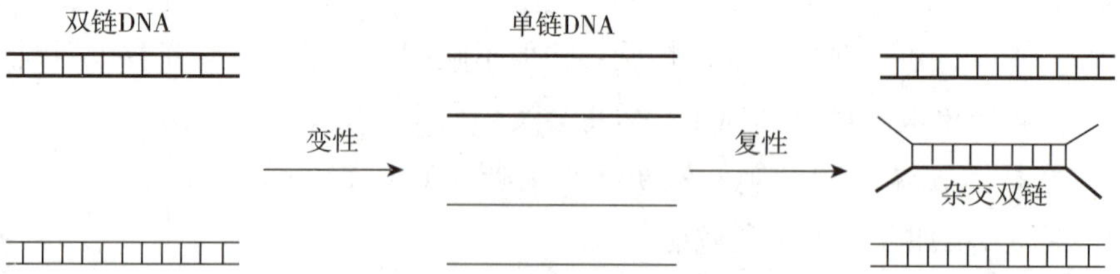

图 4-14 核酸分子杂交示意图

五、核苷酸、核酸在食品加工中的应用

（一）核苷酸在食品加工中的应用

核苷酸资源丰富，取材方便，提取生产技术成熟。如通常利用啤酒厂废弃的啤酒酵母为原料提取

RNA。核苷酸类物质相配合或添加于保健品中，具有促进儿童的生长发育、增强智力、提高成人的抗病和抗衰老能力、有助于手术患者的身体康复等作用。5′-肌苷酸二钠（I）、5′-鸟苷酸二钠（G）统称为呈味核苷酸二钠，在味感上具有肉的鲜味，属于强力增鲜剂。5′-肌苷酸二钠和5′-鸟苷酸二钠常按一定比例并用，具有显著的协同作用；也可以与味精的主要成分——谷氨酸钠混合使用，使呈味作用提高数倍。核苷酸可以添加在代乳品中，对婴幼儿的胃肠道发育、激活肠道免疫、增强对细菌感染抵抗力、健康维持以及血浆脂蛋白的产生等均有促进作用。

（二）核酸在食品加工中的应用

目前，在国外市场上被用于保健食品生产的核酸，有来自于鱼精的核蛋白（也被称为核酸鱼精蛋白）、DNA和来自于酵母的RNA等三种。核酸目前主要用于保健品、饮料、奶粉等食品生产中。由于在母乳中含有许多核酸，而奶粉中几乎没有核酸，在一些经济发达国家，已开始在奶粉中添加核酸，使其具有抗菌、提高胃肠免疫、提高学习记忆力等作用；牛奶中核酸含量很少，所以在牛奶中添加核酸可以获得与在奶粉中添加核酸同样的效果；在乳酸菌饮料中添加核酸，可以增加肠道内双尾菌；因为核酸具有抗氧化作用，在粉末状调味品中添加核酸，可以防止食品过氧化，还可以发挥抗菌、提高胃肠免疫等作用；此外，由于核酸具有抗癌作用，在酱油、沙司等调味品加入核酸，可以减少这类食品用于制作烧烤食品中的食用危害性。

知识链接

剪接体

剪接体（spliceosome）是由小分子的核RNA和蛋白质因子动态组成、识别RNA前体的剪接位点并催化剪接反应的核糖核蛋白复合体。剪接体本身需要一些小核RNA参与，这些小核RNA不会翻译出任何蛋白，但对于调控遗传活动起到重要作用。中国科学院院士、清华大学生命科学学院教授施一公率领团队在剪接体的分子结构和分子机制研究方面做出了突出贡献，突破性地得到了世界上首个剪接体近原子分辨率的三维空间结构，一步步完成了剪接体的完整拼图，极大地推动了这个领域的发展，获陈嘉庚科学奖中的生命科学奖。施一公说成功最大诀窍是工作刻苦，任何人不付出时间，就一定不会成功。科学需要“沉潜之心”，沉静下来，潜入进去，潜入生命的最深处、历史的最深处、学术的最深处。

知识拓展

转基因食品的是与非

转基因食品是指以转基因生物为原料加工、生产的食品。转基因生物是指通过基因工程技术将一种或几种外源性基因（目的基因）转移到生物体中，并使外源性基因在生物体内表达，这种移植了外源基因的生物称为转基因生物。

1. 转基因食品的优点

（1）可以改变食物的某些性状，从而提高食物的品质。转基因技术可以把不同植物的优良基因进行组合，比如抗虫性、抗旱性、抗病性等多种性状组合；也可以把动物的某些优良基因转到农作物中，比如鱼的抗冻基因转到番茄中；还可以使得作物具有比原作物更多的营养成分、更好的口感等。

（2）解决粮食短缺问题，提高作物产量。这也是转基因食品最开始的初衷所在。转基因作物经过基因改良后，能更好地适应周围的环境，抵御各种灾害能力提高，使得单位面积的产量大大提高。

（3）减少农药的使用，有利于保护环境。转基因技术培育出的作物新品种，可以减少病虫害的风险，减少对农药化肥和水的依赖，一定程度减少环境污染。

(4) 通过转基因技术，可以将优良性状基因转入动物体内。如将高泌乳基因、瘦肉型基因、抗寄生虫基因等转入乳牛、乳羊、猪、鸡等牲畜、家禽体内。

2. 转基因食品潜在的风险

(1) 对于基因的人工提炼，可能增加食物中原有的微量毒素，甚至可以致癌或导致遗传性疾病。

(2) 影响农业和生态环境。比如推广抗除草剂的转基因食品在一定程度上会助长更多使用除草剂，这样会危害其他的非转基因作物，让非转基因作物受到伤害甚至灭绝。

(3) 大量的转基因生物如果进入自然界，很可能与野生物种杂交，造成基因的污染，影响生物多样性，对生态系统造成严重的危害等。

关于转基因食品的是与非，同学们可以进一步研究和讨论。

实训 4 酵母 RNA 的提取及检测

一、实训目的

1. 掌握 酵母 RNA 提取及检测的基本方法。

2. 了解 酵母 RNA 的提取原理。

二、原理

酵母核酸中含 RNA 2.67% ~10.0%，DNA 很少，而且菌体容易收集，RNA 也易于分离，是提取 RNA 的理想原料。

提取 RNA 的方法很多，本实验采用浓盐法。在加热条件下，利用高浓度的盐改变细胞膜的透性，使 RNA 释放出来，再根据核酸在等电点时溶解度最小的性质，将 pH 值调至 2.0~2.5，使 RNA 沉淀，进行离心收集。然后运用 RNA 不溶于有机溶剂乙醇的特性，以乙醇洗涤 RNA 沉淀。

三、材料与设备

(一) 设备及器皿

离心机、天平、称量纸、恒温水浴箱、电炉、电热恒温鼓风干燥箱、分光光度计、布氏漏斗。

(二) 试剂及配制

(1) NaCl。

(2) 6mol/L HCl。取 250ml 的 12mol/L 的浓 HCl，稀释两倍后，贮于棕色试剂瓶中，常温下放置一周后使用。

(3) 95% 乙醇。

(三) 实验材料

干酵母粉。

四、操作步骤

(1) 称取干燥酵母粉 5g，倒入 100ml 的烧杯中。加入 NaCl 5g，水 50ml，搅拌均匀，置于沸水浴中提取 1 小时。

（2）将上述提取液取出，立即用自来水冷却，装入大离心管内，以 3500r/min 离心 10 分钟，使提取液与菌体残渣分离。

（3）将离心得到的上清液倾于 50ml 烧杯中，并置于放有冰块的 250ml 烧杯中冷却，待冷至 10℃以下时，用 6mol/L HCl 小心地调节溶液的 pH 值至 2.0～2.5。随着 pH 值下降溶液中白色沉淀逐渐增加，到等电点时沉淀量最多，调好后继续于冰水中静置 10 分钟，使沉淀充分，颗粒变大。

（4）上述悬浮液以 3000r/min 离心 10 分钟，得到 RNA 沉淀。将沉淀物放在 10ml 小烧杯内，用 95% 乙醇 5～10ml 充分搅拌洗涤，然后在铺有已称重滤纸的布氏漏斗上真空抽滤，再用 95% 乙醇 5～10ml 淋洗 3 次。

（5）取下有沉淀物的滤纸，放在表面皿上，置于电热恒温鼓风干燥箱内 80℃干燥。

（6）将干燥后的 RNA 制品称重。

（7）称取一定量干燥后的 RNA 产品配制成浓度为 10～50μg/ml 的溶液，用 1cm 石英比色皿，在 260nm 波长处测其吸光度。

（8）结果计算：

$$\text{RNA 含量}=\frac{A}{0.024}\times\frac{\text{RNA 溶液总体积（ml）}}{\text{RNA 称取量（μg）}}\times 100\%$$

式中，A 为 260nm 处的吸光度；0.024 为 1ml 溶液中含有 1μg RNA 的吸光度值。

根据含量测定结果按下式计算提取率：

$$\text{RNA 提取率}=\frac{\text{RNA 含量}\times\text{RNA 称取量（μg）}}{\text{酵母质量（g）}}\times 100\%$$

五、注意事项与说明

（1）提取 RNA 时避免在 20～70℃之间停留时间过长，以免因 RNA 降解而降低提取率。

（2）取样和称重一定要准确。

（3）利用等电点控制核蛋白析出时，应严格控制 pH 值。

六、思考题

1. 浓盐法提取的原理是什么？有什么优缺点？
2. 提取 RNA 过程中，为什么要严格控制温度和 pH 值？

七、实训评价

实训评价表

专业：　　　　班级：　　　　组别：　　　　姓名：

序号	评价内容	评价标准	应得分	实得分
1	（1）试剂配制 （2）仪器准备	（1）正确称量配制 （2）仪器选择正确，摆放合理有序	20 分	
2	实训操作步骤	按测定步骤正确操作 （每操作错一步扣 5 分）	40 分	
3	结果计算	准确计算样品 RNA 含量及提取率	20 分	
4	实训报告	完成实训报告	20 分	
		合计	100 分	

时间：　　　　考评教师：

答案解析

练 习 题

一、选择题

A 型题（最佳选择题）

1. 组成核酸分子的碱基主要有（ ）。

A. 2 种　B. 3 种　C. 4 种　D. 5 种

2. 核酸中核苷酸之间的连接方式是（ ）。

A. 糖苷键　B. 3′,5′-磷酸二酯键　C. 2′,5′-磷酸二酯键　D. 肽键

3. 维系 DNA 双螺旋稳定的最主要的力是（ ）。

A. 氢键　B. 离子键　C. 碱基堆积力　D. 范德华力

4. 热变性的 DNA 分子在适当条件下可以复性，条件之一是（ ）。

A. 骤然冷却　B. 缓慢冷却　C. 浓缩　D. 加入浓的无机盐

5. 双链 DNA 的解链温度的增加，提示其中含量高的是（ ）。

A. C 和 G　B. C 和 T　C. A 和 T　D. A 和 G

B 型题（配伍选择题）

A. 尿嘧啶　B. 胸腺嘧啶　C. 腺嘌呤　D. 鸟嘌呤　E. 胞嘧啶

1. 上述存在 DNA 中的碱基是（ ）。
2. 上述存在 RNA 中的碱基是（ ）。

二、综合问答题

1. 请说出核苷酸及核酸在食品生产中的应用。
2. 请说出 DNA 二级结构的特点有哪些？

书网融合……

本章小结　微课 1　微课 2　题库

项目5

水和矿物质

PPT　导引视频

学习目标

知识目标

1. **掌握**　水分活度的概念；碱性食物和酸性食物的概念。
2. **熟悉**　食品中水分存在状态分类；矿物质的种类及生理功能。
3. **了解**　水在生物体内的生理功能；矿物质在食品加工中的变化。

能力目标

1. 能将水分活度与食品稳定性的关系运用于生产生活实际。
2. 能运用影响矿物质生物有效性的因素改进食品加工工艺。

素质目标

通过本项目的学习，树立科学的平衡膳食观，培养学生健康的生活方式，弘扬传统饮食文化，增强文化自信。

任务5.1　食品中的水

情境导入

情境　小玲是大二的食品专业大学生，她在吃某品牌雪饼时，发现包装袋内有一个装有白色颗粒固体的小纸袋。

思考　1. 小纸袋里装的是什么物质？有什么作用？

2. 为什么打开包装的雪饼时间长了会变得发软而不脆了？

一、食品的水分含量

水是食品中的重要成分，也是大多数食品的主要成分。水分含量分布和状态对食品的结构、外观、质地、风味、新鲜程度和腐败变质等方面产生极大影响；水分含量是引起食品化学变化及微生物作用的重要原因。如在脱水蔬菜、奶粉中水分含量可以直接影响产品质量的稳定性；在果酱或果冻中的水分含量会直接影响糖结晶的状态，因此，水分含量是评价许多食品原料及其成品质量的重要指标。

各种食品都有特定的水分含量。一些常见食品的水分含量见表5-1。

表5-1 常见食品的水分含量

食品名称	水分含量/%	食品名称	水分含量/%
蔬菜	85～97	蛋类	67～77
蘑菇类	88～95	鱼类	67～81
果实	80～90	贝类	72～86
薯类	60～80	乳类	87～89
豆类	12～16	牛肉	75～77
谷类	12～16	猪肉	70～75
油性种子	3～4	鸡肉	72～74

二、水的生理功能

水存在于细胞的各个部位，是化学能传递和营养物质在体内运输的介质，是维持生理活性和进行新陈代谢不可缺少的物质。一切生命活动都离不开水，水在生物体内具有多种重要的生理功能，如细胞和体液的重要组成部分、参与新陈代谢的全过程、调节机体温度等。

1. 构成细胞和体液的重要组成部分 水是细胞组织的组成成分，生物体内的水大部分与蛋白质结合形成胶体，这种结合使组织细胞具有一定的形态、硬度和弹性。水是维持体液平衡的重要物质，广泛地存在于细胞内外，构成内环境。

2. 参与新陈代谢的全过程 水是促进代谢反应的物质，一切生物的氧化和酶促反应都有水参加，是生物体内生化反应的原料，又是生化反应的产物；体内的消化、吸收、分解、合成、氧化还原以及细胞呼吸过程等都有水的参与；作为体内各种物质的载体，对各种营养素的运输和吸收、气体的运输和交换、代谢产物的运输与排泄起到了极其重要的作用。

3. 调节体温 水的比热容高，因此具有调节体温的作用。高温时可以通过出汗散发大量热量维持体温恒定。

4. 润滑作用 在人体关节、胸腹腔和胃肠道等部位，均存在一定量水分，对关节器官组织和肌肉起到缓冲和润滑的保护作用。同时，水还具有滋润肌肤、维持腺体器官正常分泌等功能。

人体对水的需求量随个体年龄、性别、体重、活动强度以及气候而变化。人的年龄越小，体内含水量越高，胎儿体内含水量约为90%，婴儿体内含水量约为80%，成年人体内含水量为50%～70%，一般成年女性体内含水量大于成年男性。水在人体内的分布不均匀，骨骼的含水量最低，约为22%，血液中的含水量最高，约为85%。人体主要通过日常饮食获取水分，体内自身经氧化或代谢过程也会产生少量的水。成年人每日需水量为1450～2800ml，当体内缺水时，人就会感到口渴，这时就需要通过饮水来补充体内水分，维持人体健康。

三、食品中水分存在状态

各种食品都是多组分体系，其中水分与非水组分间的相互作用使食品中的水分以不同的形式存在，性质也不尽相同，对食品的耐藏性、加工特性也产生不同的影响。根据水与食品结合力的不同，可分为结合水和自由水两类。

（一）结合水

结合水又称束缚水，是指存在于食品中的非水组分通过氢键结合的水，是食品中与非水组分结合得最牢固的水。大部分的结合水是和蛋白质、糖类（淀粉、纤维素、果胶等）等相结合的。与纯水的性质不同，结合水不易结冰，不能作为溶质的溶剂，也不能被微生物所利用。根据被结合的牢固程度不同，结合水可分为化合水、单分子层结合水和多分子层结合水。

1. 化合水 也称构成水，是指与非水组分结合的最牢固的水，已成为非水组分的整体部分，它占高水分食品中很小的一部分。

2. 单分子层结合水 也称邻近水，是指亲水物质的强亲水基团（如羧基、氨基、羟基等）周围缔合的单层水分子膜，处在非水组分亲水性最强的基团周围的第一层位置，结合牢固，约占食品中总水分含量的0.5%。

3. 多分子层结合水 也称多层水，是指水与非水组分中的弱极性基团以氢键结合及水分子之间的氢键结合形成，且呈多分子层。尽管多分子层结合水不像单分子层结合水那样牢固地结合，但仍然与非水组分结合得非常紧密，以至于性质也和纯水大不相同。

（二）自由水

自由水又称游离水，是指没有被非水物质化学结合的水。具有和纯水相似的性质，如可正常结冰、具有溶剂能力、能够被微生物所利用。自由水可分为滞化水、毛细管水和自由流动水。

1. 滞化水 又称不移动水，是指被组织中的显微和亚显微结构或膜滞留的水分。其特点是不能自由流动。食品中的水分大部分属于滞化水。

2. 毛细管水 是指在生物组织的细胞间隙和制成食品的结构组织中存在的一种由毛细管力所截留的水分，在生物组织中又称为细胞间水。它在物理和化学性质上与滞化水是相同的。

3. 自由流动水 指存在于动物的血浆、淋巴、尿液和植物的导管、细胞内液泡中的可以自由流动的水分，也称游离水。

四、结合水与自由水的区别 微课1

实际上，结合水和自由水之间的界限很难截然区分，只能根据物理、化学性质做定性的区分。二者的区别主要在于以下几个方面。

（1）结合水在食品中不能作为可溶性成分的溶剂，而自由水可作为溶剂。

（2）结合水在-40℃时不结冰，而自由水易结冰。由于这种性质，植物的种子和微生物的孢子（其中几乎不含自由水）能在很低的温度下保持其生命力，而多汁的组织（含有大量自由水的新鲜水果、蔬菜、肉等）在冻结时细胞结构容易被冰晶所破坏，解冻时组织容易崩溃。

（3）结合水比自由水难蒸发去除。一般认为，自由水是以物理吸附力与食品中非水组分相结合，在食品中会因蒸发而散失，因吸潮而增加，容易发生增减的变化；结合水通过氢键与食品中非水组分相结合，其蒸气压比自由水低得多，所以在一定温度（100℃）下结合水不能从食品中分离出来，其含量也不容易发生变化。

（4）结合水不能被微生物利用，自由水易被微生物利用。因此，自由水也称为可利用水。在一定条件下，食品是否容易被微生物所感染，并不取决于食品中水分的总含量，而取决于食品中自由水的含量，自由水的含量直接关系着食品的贮存和腐败。因此，从食品中除去自由水或者束缚度低的多层结合水，而仅剩束缚度强的结合水，可使微生物在食品中难以生长繁殖。

知识链接

水与人体健康

水是一切生命之源，是人类赖以生存必不可缺少的重要物质。水也是人体的构成成分，在人体所有成分中水的含量最多，占成人体重的60%～70%，在人体的细胞内、细胞外、血液、淋巴系统、组织器官等部位都存在，构成了一个非常复杂的水分散体系。在人体中，水的摄取和消耗是相互平衡的，因此它的稳定平衡对于人体健康至关重要。我们要用心珍爱生命之水，节约用水，更好地保护和利用水资源，维护我们共同的生存环境。

任务 5.2　水分活度

情境导入

情境　小玲是大一的食品专业大学生，她在超市买了饼干和面包，放置几天后发现面包长了霉菌，而饼干没有。

思考　1. 为什么面包这么容易发霉而饼干不容易呢?

2. 怎么能防止面包长霉菌，延长食品保藏期呢?

食品在潮湿时容易腐败变质，而在干燥状态时则不容易，说明食品腐败与食品中水分含量具有一定的关系。但有些食品在低水分含量时也容易变质，如水分含量为0.6%的花生油；有些食品在相对较高的水分含量时却是稳定的，如淀粉的水分含量为20%也不易变质；还有些食品基本上具有相同的水分含量，但腐败变质的情况却明显不同，如鲜肉与咸肉、鲜菜与咸菜，水分含量相差不多，但保藏期却明显不同。这就存在一个食品中水能否被引起食品腐败的因素（即微生物、酶和化学反应）所利用的问题，这里引入水分活度的概念。

一、水分活度的概念 微课2

水分活度A_w是指食品的水分蒸汽压和相同温度下纯水的饱和蒸气压之比。

$$A_w = \frac{p}{p_0}$$

式中，A_w为水分活度；p为食品的水分蒸气压；p_0为相同温度下纯水的饱和蒸气压。

对纯水来说，因p和p_0相等，故A_w为1，而食品中的水溶解有食品成分，如糖、氨基酸、无机盐以及一些可溶性的高分子化合物等，因而总会有一部分水分是以结合水的形式存在，而结合水的蒸气压远比纯水的饱和蒸气压低，因此，食品的A_w总是小于1。食品中结合水的含量越高，水分活度就越低，可被微生物利用的水分就越少，因而水分活度反映了食品中水分存在形式和被微生物利用的程度。

水分活度也可用平衡相对湿度（ERH）这一概念来表示，即食品的水分活度在数值上等于平衡相对湿度除以100。平衡相对湿度是指在相同温度下，物料吸湿与散湿达到平衡时的大气相对湿度。

$$A_w = \frac{ERH}{100}$$

二、水分活度与食品的稳定性

各种食品在一定条件下各有其一定的水分活度，各种微生物及各种生物化学反应也需要在一定的水分活度范围内才能进行。因此，了解微生物、生物化学反应所需要的水分活度值，对于控制食品加工的条件和稳定性有重要的指导作用，有利于食品稳定性的研究。

1. 水分活度对微生物生长繁殖的影响 食品在贮存和销售过程中，微生物可能在食品中生长繁殖，影响食品质量，甚至产生有害物质。食品中各种微生物的生长繁殖，是由其水分活度而不是由其含水量所决定的。当 A_w 低于某种微生物生长所需的最低 A_w 时，这种微生物就不能生长。不同的微生物在食品中生长繁殖时，对水分活度的要求不同，食品中水分活度与微生物生长的关系见表 5－2。一般来说，细菌对低水分活度最敏感，酵母菌次之，霉菌的敏感性最差。通常 $A_w<0.90$ 时，细菌不能生长；$A_w<0.87$ 时，大多数酵母菌受到抑制；$A_w<0.80$ 时，大多数霉菌不能生长；除一些耐渗透压微生物外，$A_w<0.60$ 时，任何微生物都不生长。

表 5－2 食品中水分活度与微生物生长的关系

A_w范围	在此 A_w范围内所能抑制的微生物种类	在此 A_w范围内的食品
0.95～1.00	假单胞菌、大肠埃希菌、变形杆菌、芽孢杆菌、志贺菌属、克雷伯菌属、产气荚膜梭状芽孢杆菌、一些酵母等	极易腐败变质（新鲜）的食品、罐头水果、蔬菜、肉、鱼、牛奶、熟香肠、面包，含有质量分数约 40% 蔗糖或 7% 食盐的食品
0.91～0.95	沙门杆菌属、溶副血红蛋白弧菌、肉毒梭状芽孢杆菌、沙雷杆菌、乳酸杆菌属、足球菌、一些霉菌、酵母	一些干酪、腌制肉、一些水果汁浓缩物，含有 55% 蔗糖（饱和）或 12% 食盐的食品
0.87～0.91	大多数酵母、小球菌	发酵香肠、松蛋糕、干酪、人造奶油、含 65% 蔗糖（饱和或 15% 食盐的食品）
0.80～0.87	大多数霉菌、金黄色葡萄球菌、大多数酵母菌属	大多数浓缩果汁、甜炼乳、巧克力糖浆、水果糖浆、面粉、米、水果蛋糕、家庭自制火腿、含有 15%～17% 水分的豆类食品等
0.75～0.80	大多数嗜盐细菌、产真菌毒素的曲霉	果酱、加柑橘皮丝的果冻、杏仁酥糖、糖渍水果、一些棉花糖
0.65～0.75	嗜旱霉菌、二孢酵母	含 10% 水分的燕麦片、砂性软糖、棉花糖等
0.6～0.65	耐高渗透压酵母、少数霉菌	含 15%～20% 水分的果干、蜂蜜等
小于 0.6	微生物不增殖	含 12% 水分的酱、含 10% 水分的调味料、含 5% 水分的脱水蔬菜、含 3%～5% 水分的曲奇饼、含 2%～3% 水分的全脂乳粉等

2. 水分活度对食品质构的影响 食品质构也称为食品质地，是食品的一个重要属性。食品质构取决于食品的组分以及各组分之间的相互作用，然而水分活度对干燥和半干燥食品的质构有较大影响。要保持干燥食品的理想性质，A_w 不能超过 0.3～0.5。例如 A_w 为 0.4～0.5 时，肉干的硬度及耐嚼性最大，增加水分含量，肉干的硬度及耐嚼性都降低。另外，A_w 从 0.2～0.3 增加到 0.65 时，大多数半干或干燥食品的硬度及黏性增加，故饼干、爆米花等市售的各种脆性食品必须在较低的 A_w 下才能保持其酥脆。

3. 水分活度对酶促反应的影响 食品体系中大多数的酶类物质在 $A_w<0.80$ 时，酶的活性大幅度降低或失去，如淀粉酶、酚氧化酶和多酚氧化酶等。但也有一些酶例外，即使在 0.1～0.3 这样的低 A_w 下仍能保持较强活力，如酯酶在 A_w 为 0.3 甚至 0.1 时也能引起甘油三酯或甘油二酯的水解。

4. 水分活度对食品化学变化的影响 食品中存在着氧化，褐变等化学变化，这些化学反应的速率与水分活度的关系是随着食品的组成、物理状态及其结构而改变的，也受大气组成（特别是氧的浓度）、温度等因素的影响。例如 A_w 在 0.7～0.9 时，美拉德反应、维生素 B_1 降解反应以及微生物生长显示出最大反应速度。但在有的情况下，中等至高含水量食品随着水分活度增大，反应速率反而降低。

食品水分活度是决定食品腐败变质和保质期的重要参数，对食品的色、香、味、组织结构以及稳定性都有着重要影响。各种微生物的生命活动及化学、生物化学变化都要求一定的水分活度值，在含有水分的食物中，由于其水分活度不同，其贮藏期的稳定性也不同。利用水分活度原理控制水分活度，从而提高产品质量、延长食品贮藏期，在食品工业生产中已得到越来越广泛的应用。

知识链接

胡 饼

忆往昔丝绸之路，自西汉张骞出使西域，新疆逐渐成为文化交融枢纽，饮食文明成果得以传播。胡饼作为丝绸之路商人最受欢迎的干粮之一，是以小麦粉为主要原料，经烤制后水分蒸发制得，水分活度降低抑制微生物生长，故不易变质且方便携带。《后汉书》有“灵帝好胡饼，京师皆食胡饼”的记载；唐朝胡饼文化发展至鼎盛；明代杰出地理学家徐霞客在旅途中亦常“出胡饼啖之”。尽管后期名称有变更，但其制作方法自汉代开始一直在发展中不断创新，带着丝绸之路的历史印记，飘香至今，制作经验留传千年。现在新疆的“馕”已有百余种产品，丰富着人们的生活，作为具有代表性的“一带一路”民族特色产品，已伴随着产业结构升级远销国外市场。

任务 5.3 矿物质

情境导入

情境 小玲是大一学生，她最近身体逐渐变得虚弱、视力减退、睡眠不好、认知能力衰减，医生说：小玲偏食，导致身体内矿物质不平衡。

思考 1. 为什么小玲偏食导致身体内矿物质不平衡？

2. 什么样的饮食才能保持体内矿物质平衡呢？

一、矿物质的概念

人体组织中含有自然界存在的各种元素，而且与地球表层元素组成基本一致，这些元素中，除去碳、氢、氧、氮四种元素以外的其他元素统称矿物质。这些矿物质元素以无机态或有机盐类的形式存在，或与有机物质结合而存在。在人和动物体内，矿物质总量虽只有体重的4%～5%，但却是不可缺少的成分，在新陈代谢中起着重要作用。食品中的矿物质含量通常以灰分的多少来衡量。食品经过高温灼烧后，发生一系列变化，有机成分挥发逸去，而无机物大部分为不挥发性的残渣被留在灰中，故矿物质又称灰分。

矿物质营养素的特点是：①不能在体内合成；②不能在体内代谢过程中消失，除非排出体外；③人体必须从食物和饮水中摄取。

二、食品中矿物质元素的分类

（一）根据在人体内的含量分类

根据在人体内的含量可将矿物质分为两大类：常量元素和微量元素。

1. 常量元素 在人体中含量超过0.01%，或人体日需要量大于100mg/d的元素，称为常量元素或大量元素。包括钙（Ca）、磷（P）、硫（S）、钾（K）、钠（Na）、氯（Cl）和镁（Mg）七种元素。

2. 微量元素 在人体中含量小于0.01%，或人体日需要量小于100mg/d的元素，称为微量元素或痕量元素。如铁（Fe）、锌（Zn）、碘（I）、锰（Mn）等。

（二）根据对人体健康的影响分类

根据对人体健康的影响可将矿物质分为三类：必需元素、非必需元素和有毒元素。

1. 必需元素 是指这类元素正常存在于机体的健康组织中，对机体自身的稳定起着重要作用，缺乏它可使机体的组织或功能出现异常，补充后可恢复正常。世界卫生组织专家委员会认为必需微量元素有14种，即铁（Fe）、锌（Zn）、铜（Cu）、碘（I）、锰（Mn）、钼（Mo）、钴（Co）、硒（Se）、铬（Cr）、镍（Ni）、锡（Sn）、硅（Si）、氟（F）、钒（V）。

2. 非必需元素 是指对人体代谢无影响，或目前尚未发现影响的元素。如铝（Al）、溴（Br）、硼（B）、钡（Ba）等。

3. 有毒元素 指在正常情况下，人体只需要极少的数量，或人体可以耐受极小的数量，剂量高时即可呈现毒性作用，妨碍及破坏人体正常代谢功能。在食品中有毒元素以汞（Hg）、镉（Cd）、铅（Pb）最常见。

应当说明的是，机体对各种矿物元素的需要量都有参考摄入量（表5-3）。某些元素，尤其是微量元素，即便是必需的，当摄入过量时也会对机体产生危害。而某些有毒元素，在其远小于中毒剂量范围之内对人体才是安全的。

表5-3 中国居民膳食常量、微量元素参考摄入量（DRIs）

年龄/岁	钙(Ca) AI /mg	磷(P) AI /mg	钾(K) AI /mg	钠(Na) AI /mg	镁(Mg) AI /mg	铁(Fe) AI /mg	碘(I) RNI /μg	锌(Zn) RNI /mg	硒(Se) RNI /μg	铜(Cu) AI /mg	氟(F) AI /μg	铬(Cr) AI /μg	锰(Mn) AI /mg	钼(Mo) AI /μg
0~	300	150	500	200	30	0.3	50	1.5	15（AI）	0.4	0.1	10		
0.5~	400	300	700	500	70	10	50	8.0	20（AI）	0.6	0.4	15		
1~	600	450	1000	650	100	12	50	9.0	20	0.8	0.6	20		15
4~	800	500	1500	900	150	12	90	12.0	25	1.0	0.8	30		20
7~	800	700	1500	1000	250	12	90	13.5	35	1.2	1.0	30		30
						男 女		男 女						
11~	1000	1000	1500	1200	350	16 18	120	18.0 15.0	45	1.8	1.2	40		50
14~	1000	1000	2000	1800	350	20 25	150	19.0 15.5	50	2.0	1.4	40		50
18~	800	700	2000	2200	350	15 20	150	15.0 11.5	50	2.0	1.5	50	3.5	60
50~	1000	700	2000	2200	350	15	150	11.5	50	2.0	1.5	50	3.5	60
孕妇														
早期	800	700	2500	2200	400	15	200	11.5	50					
中期	1000	700	2500	2200	400	25	200	16.5	50					
晚期	1200	700	2500	2200	400	35	200	16.5	50					
乳母	1200	700	2500	2200	400	25	200	21.5	65					

膳食营养素参考摄入量（DRIs）是指为满足人群健康个体基本营养所需的能量和特定营养素的摄入量，其中包括四项内容：平均需要量（EAR）、推荐摄入量（RNI）、适宜摄入量（AI）和可耐受最高摄入量（UL）。

平均需要量（EAR）是根据个体需要量的研究资料制订的，是根据某些指标判断可以满足某一特定性别、年龄及生理状况群体中50%个体需要量的摄入水平。这一摄入水平不能满足群体中另外50%个体对该营养素的需要。EAR是制定RNI的基础。

推荐摄入量（RNI）是可以满足某一特定性别、年龄及生理状况群体中绝大多数（97%～98%）个体需要量的摄入水平。长期摄入RNI水平，可以满足身体对该营养素的需要，保持健康和维持组织中有适当的储备。RNI的主要用途是作为个体每日摄入该营养素的目标值。RNI是以EAR为基础制订的。

适宜摄入量（AI）是在个体需要量的研究资料不足而不能计算EAR，因而不能求得RNI时，可设定AI来代替RNI。AI是通过观察或实验获得的健康人群某种营养素的摄入量。AI的主要用途是作为个体营养素摄入量的目标。

可耐受最高摄入量（UL）是平均每日摄入营养素的最高限量。这个量对一般人群中的几乎所有个体似不致引起不利于健康的作用。当摄入量超过UL而进一步增加时，损害健康的危险性随之增大。

（三）根据代谢后的酸碱性分类 微课3

食品中的矿物质元素在体内经过代谢后生成氧化物，按其酸碱性可分为酸性矿物质元素（如氯、硫、磷、碘等）和碱性矿物质元素（如钾、钙、钠、镁等）。

各种食物含有的矿物质元素不同，根据其在人体内代谢后的酸碱性，可分为酸性食物和碱性食物两类。

1. 酸性食物 含非金属元素较多，如氯、硫、磷等。在体内代谢后可形成带阴离子的酸根，所以称之为酸性食物。通常富含蛋白质、脂肪及糖类的食物为酸性食物，如谷类、肉类、鱼贝类、蛋类、黄油及干酪等。

2. 碱性食物 含金属元素较多，如钠、钾、钙、镁等，在人体内代谢后可形成带阳离子的碱性氧化物，所以称之为碱性食物。碱性食物主要有蔬菜、水果、薯类、大豆、牛奶等。值得指出的是，水果等食物虽然带有酸味，但其酸味物质（有机酸）在体内代谢后生成二氧化碳和水排出体外，留下带阳离子的碱性元素，所以水果应属碱性食物。

三、矿物质的生理功能

矿物质是生物体的必需组成成分，其生理作用主要表现在以下7个方面。

1. 构成机体组织的重要材料 如骨骼、牙齿的主要成分是钙和磷，肌肉中含有硫，血红蛋白中含有铁等。另外，无机盐也是某些具有重要生理功能的酶和激素的成分，如细胞色素、过氧化氢酶及过氧化物酶都含有铁，胰岛素含有锌，甲状腺素中含有碘等。

2. 维持体内的酸碱平衡 酸性、碱性无机离子的适当配合，维持着体液的酸碱平衡。钙、镁、钾等金属元素是体内碱性矿物质，磷、氯、硫等非金属元素是体内酸性矿物质。

3. 维持体液的渗透压 钾、钠、氯等正负离子在细胞内外和血浆中分布不同，其与蛋白质协同，维持组织细胞的渗透压，使得组织保留一定水分，维持机体水的平衡。

4. 维持水、电解质平衡 钠和钾是维持机体电解质和体液平衡的重要阳离子。体内钠正常含量的维持，对于渗透平衡、酸碱平衡以及水、盐平衡有非常重要的作用。

5. 作为多种酶的激活剂 无机离子是很多酶系的激活剂或组成成分，例如细胞色素氧化酶系中的铁，酚氧化酶中的铜，以及氯离子对唾液淀粉酶、镁离子对氧化磷酸化的多种酶类的激活作用。

6. 维持神经和肌肉正常功能 各种无机离子，特别是一定比例的钾、钠、钙、镁等，是维持神经肌肉兴奋性和细胞膜通透性的必要条件。钙对血液凝固、肌肉收缩和神经细胞调节有重要作用。

7. 参与人体代谢 磷是能量代谢不可缺少的物质，它参与蛋白质、脂肪和糖类的代谢过程。碘是构成甲状腺素的重要成分，而甲状腺素有促进新陈代谢的作用。

四、矿物质的生物有效性

矿物质的生物有效性也称矿物质的生物利用率，是指食品中矿物质被机体吸收、利用的比例。通过物理化学方法只能测定食品中的矿物质元素的含量，对于矿物质，生物有效性主要通过从肠道到血液的吸收效率来确定。评价一种食品的营养质量时，不仅要考虑其中营养素的含量，而且要考虑这些成分被生物体利用的实际可能性，即生物有效性问题。在研究食品的营养以及食品加工中运用矿物质强化工艺时，对生物有效性的考虑尤为重要。影响生物有效性的因素主要有食物的可消化性、矿物质的化学和物理形态、与其他营养素的相互作用、食品加工方法、人体的生理状态、螯合作用等。

五、食品中重要的矿物质

（一）钙

钙是人体含量最丰富的矿物质元素，其量仅次于氧、碳、氢、氮，居机体元素的第五位，成人体内含钙总量约1200g，占体重的1.5%～2.0%，其中99%以羟基磷灰石的形式存在于骨骼和牙齿等组织中，其余1%以游离或结合态存在于软组织和体液中，与骨骼中的钙保持动态平衡，这部分钙统称为混溶钙池。

钙的生理功能主要有形成骨架；促进凝血；降低神经、肌肉的兴奋性；激活多种酶（如ATP酶、脂酶和蛋白质水解酶等）。

钙的缺乏会导致生长缓慢、新骨骼结构异常、小儿佝偻病、老年人骨质疏松。钙过量可引起骨垢过早形成，形成小脑儿；高钙血症，与其他矿物质相互拮抗，如降低锌、镁的利用等。

食物中钙的较好来源是乳及乳制品，不仅钙含量高，吸收率也高。小虾、发菜、海带等含钙丰富。谷类、肉类、水果等食物的含钙量较少，且谷类含植酸较多，钙不易吸收。蛋类的钙主要在蛋黄中，因卵黄磷蛋白的存在，而使钙的吸收率较低。

（二）磷

磷在成人体内的总量约600g，约占体重的1%。大约85%的磷与钙一起构成骨骼和牙齿的主要部分，其余主要分布于软组织结构中，磷脂、DNA和RNA皆含磷。

磷在机体的能量代谢中具有重要作用，参与酶的组成，是很多酶的辅酶或辅基的组成成分；参与物质的活化，利于机体代谢反应的进行；构成多种形式的磷酸盐，参与体液酸碱平衡的调节。

磷广泛存在于所有动植物食品中，以豆类、花生、肉类、核桃、蛋黄中磷的含量比较丰富，故膳食中一般不缺乏磷。但谷类及大豆中的磷主要以植酸盐形式存在，不易被人体消化吸收，若能预先通过发酵或将谷粒、豆粒浸泡在热水中，使植酸被酶水解成肌醇与磷酸盐，可提高磷的吸收率。

（三）铁

铁是人体的必需微量元素，也是体内含量最多的微量元素。人体内的铁都与蛋白质结合，无游离态，这是生物体内铁的特点。铁是血红蛋白、肌红蛋白和许多酶的构成成分，成人体内含铁量为4～5g，其中72%的铁结合在能携带氧分子的血红蛋白和运铁蛋白中，以血液形式流经全身；3%的铁以肌红蛋白的形式存在，又叫功能铁；其余则为储备铁，以铁蛋白和含铁血黄素的形式存在于肝、脾、骨髓、骨骼肌、肠黏膜、肾等组织中。

铁在食物中的存在形式有两种，一种是非血色素型铁或无机铁，主要以 $Fe(OH)_3$ 配合物的形式存在于植物性食物中，这种形式的铁必须先与有机物部分分开，并且还原成 Fe^{2+} 后才能被吸收。谷物中含铁虽多，但可利用性差，主要原因可能就是谷物中含有较多的植酸盐或者磷酸盐，与铁形成不溶性盐而降低了吸收率。另一种是血色素型铁或有机铁，此种类型的铁不受植酸以及磷酸的影响，其吸收率比无机铁高。这也是来源于动物性食物中的铁比来源于植物性食物中的铁容易吸收的原因之一。应该指出，蛋黄虽然也属于动物性食品，铁含量也高，但由于蛋黄磷蛋白含量高，而显著抑制其铁的吸收，故蛋类铁的吸收率并不高。

铁的良好食物来源是动物肝脏、肾、心、瘦肉，其次是木耳，红枣中铁含量也很高。

（四）锌

人体含锌总量约为铁含量的一半，是含量仅次于铁的微量元素。人体的各种组织均含痕量的锌，主要集中于肝脏、肌肉、骨骼、皮肤（包括头发，头发中含锌量可以反映膳食中锌的长期供应情况）和血液中，其中有25% ~85% 在红细胞中。

锌是某些酶（如碳酸酐酶）的辅助因子；参与蛋白和核酸的合成；存在于胰岛素分子中；与唾液蛋白和转铁蛋白相结合。

锌缺乏时，常见症状是自发性味觉减退、食欲不振、厌食、异食癖、生长发育迟缓以及免疫功能下降，严重时可表现出智力低下。但锌过量也不可，会损害味觉系统，如吃食物如同咀嚼蜡或吃锯末感，停止补锌即可恢复。

锌的食物来源很广，普遍存在于动植物的各种组织中。动物性食品是锌的良好来源，例如猪肉、牛肉、羊肉，鱼类和其他海产品。许多植物性食品，如豆类、小麦含锌量很高，但因植酸的存在而不易吸收，可经发酵破坏植酸，因此提倡食用发酵食品。

（五）碘

碘是人体必需微量元素之一，在人体内含量很少，健康成人体内含碘 20 ~ 50mg，其中约 20% 集中于甲状腺，用于甲状腺素的合成。

碘的生理功能体现于甲状腺素。甲状腺素是一种激素，可促进幼小动物的生长、发育，调节基础代谢。特别是通过能量代谢对蛋白质、脂肪、糖类代谢的影响，促进个体的体力和智力发育，影响神经、肌肉组织的活动。机体缺碘可出现甲状腺肿；幼儿期缺碘可引起先天性心理和生理变化，导致呆小症。

含碘最丰富的食物是海产品，膳食补充碘的最简便办法是食用碘盐。

（六）硒

硒在人体中的含量为 14 ~ 21mg，分布于肾脏、肝脏、指甲、头发，肌肉和血液中含硒甚少。过去一直认为硒是有毒物质，到 20 世纪 50 ~ 60 年代，才确认硒是动物体的必需微量元素。研究显示，硒是谷胱甘肽过氧化物酶的重要组成部分，其生理功能主要是通过谷胱甘肽过氧化物酶发挥抗氧化作用，能保护细胞膜和血红蛋白免遭过氧化物自由基的氧化破坏；硒能加强维生素 E 的抗氧化作用，维生素 E 主要防止不饱和脂肪酸氧化生成氢过氧化物，而硒可使氢过氧化物迅速分解成醇和水；硒还具有促进免疫球蛋白生成、保护吞噬细胞完整及解毒排毒的功能，并且可以防止糖尿病、白内障、心血管疾病。

硒主要在小肠吸收，人体对食物中硒的吸收良好，吸收率为 50% ~100%。硒的生物利用率与硒在食物中的存在形式有关。硒缺乏是引起克山病、大骨节病的一个重要原因。过量的硒可引起中毒，主要表现为头发变干变脆、易脱落，指甲变脆、有白斑及纵纹、易脱落，少数患者有神经症状，严重时可致死亡。

硒的食物来源受地球化学因素的影响，沿海地区食物的含硒量较高，其他地区则随土壤和水中硒含量的不同而差异显著。硒的食物来源主要是动物内脏如肝、肾等，其次是海产品、淡水鱼、肉类，而蔬菜和水果中含量最低。在食品加工时，硒可因精制或烧煮而有所损失，越是精制或长时间烧煮过的食品，硒含量就越低。

（七）铬

铬是人体必需的微量元素之一，是正常生长发育和调节血糖的重要元素。铬有三价和六价两种形态，六价铬有毒，机体不能利用，食品中的铬大多为三价。成人体内三价铬总量为5～10mg，主要分布于骨骼、皮肤、肾上腺、大脑和肌肉之中。

铬是使胰岛素起作用的重要元素，有激活胰岛素、提高胰岛素含量以及降低血糖的作用，是重要的血糖调节剂。因此，足够的铬对糖尿病患者尤其重要。铬还有助于控制血液中的脂肪和胆固醇的水平，缺乏时可能会导致心血管疾病。

铬的良好食物来源是啤酒酵母、蛋黄、红糖、乳酪和全谷，蔬菜中铬的利用率较低。食品加工和精制可使某些食品的铬含量大幅度下降。例如，红糖的铬含量比白砂糖高3～12倍；精面粉的铬含量较全麦低得多。

六、食品加工对矿物质的影响

食品中的矿物质总得来说比较稳定，它们对热、光、氧化剂、酸碱的影响不像维生素和氨基酸那样敏感，一般加工也不会因这些因素而大量损失，但各种加工方法对食品中矿物质的含量、组成和生物可利用性均有一定的影响。例如在加工精白米和精白粉时将浓集矿物质的胚芽和麸皮除去，导致矿物质的严重损失，加工精度越高，损失的矿物质也越多；某些鱼类罐头，由于加热杀菌时间长以致鱼骨酥软，反而提高了鱼骨中钙、磷等矿物质的利用率；沥滤或物理分离会损失部分矿物质，如在乳酪加工中，钙也随着乳清的分离而流失，且生产条件对钙的保留影响较大；由于许多矿物质能溶于水，因此水煮食物时会有一些矿物质流失，蒸煮可减轻这方面的损失；食品加工中矿物质也可能增加，也许由于加工用水、设备、食品添加剂的加入而导致，或是接触金属容器和包装材料所造成。

总之，食品加工对矿物质含量的影响与多种因素有关。它不但与加工的手段（工艺）有关，而且也和食品中矿物质的组成和分布密切相关。

知识链接

防治碘缺乏病日

我国从1994年起，将每年的5月5日定为防治碘缺乏病日。防治碘缺乏病日是提高群众对碘缺乏病危害的认识，让群众掌握防治知识，使防治碘缺乏病活动成为群众的主动要求和自觉行为。根据我国碘缺乏病消除的进程以及群众对碘缺乏的认识程度，每年防治碘缺乏病日开展多种形式的宣传教育活动，保护和增进人民健康，提高人口健康素质。推进健康中国战略，广泛开展全民共建共享的健康行动，倡导文明健康绿色环保的生活方式，推动营养健康科普宣教活动常态化是食品专业学生的责任担当和价值使命。

知识拓展

水在食品中的作用

食品中水的含量、分布、状态等对食品的结构、外观、质地、风味、色泽、流动性等具有极大的影响，此外水对生物组织的生命过程也起着重要的作用。

1. 水是食品中的溶剂 水是自然界中最丰富的溶剂之一，食品中的水起着溶解和分散营养物质、风味物质、异味及有害物质等水溶性成分的作用，使它们形成溶液或凝胶。例如，肉类在加热过程中，其细胞破裂，结构松散，水溶性成分溶出，与加热过程中产生的水溶性风味物质和调味品中的水溶性物质混合在一起，构成肉类特有的肉香味。

2. 水是食品中的反应物和反应介质 在食品加工过程中，水作为食品中的溶剂具有物理作用和化学作用。水通过与蛋白质、多糖、脂类和调味料等作用，影响食品的结构、外观、质地、风味和营养。例如，小麦粉在调制面团的过程中，蛋白质发生水化作用形成了面筋，感官上表现为面团逐渐由松变硬、体积增大、弹性不断增强。水还能参与导致食品腐败的化学反应，它是微生物繁殖的重要条件，能够影响食品的贮藏期和安全性。

3. 水能去除食品中的有害物质 有些食品中含有异味物质和有害物质，它们可通过溶解在水中而除去，或被水分解而破坏。常用的去除食品中异味和有害物质的方法有浸泡、热烫、焯水等。例如，果蔬干制前首先要用水浸泡，清洗除去新鲜果蔬表面的灰尘、泥土、农药和微生物等；杏、桃等植物性食品的核仁中含有对人体有毒的氰苷，但氰苷具有较好的水溶性，因而可通过用水浸泡、漂洗的方法除去。

4. 水是食品的浸胀剂 水是食品加工中的重要原料，具有膨润、浸透、均匀化等功能。干制品中的淀粉、蛋白质、果胶、琼脂等都可以吸水发生浸胀，被吸收的水分存在于凝胶结构网络中，使其体积膨大。浸胀后的物质比其在浸胀前更易受热、酸、碱和酶的作用，所以更容易被人体消化吸收，但也容易被细菌或其他不正常环境因素破坏而变质。例如，香菇、木耳的胀发就是将其浸泡在水中，让它们重新吸收充足的水分，最大限度地恢复原有鲜嫩、松软的状态，同时有利于去除杂质和异味。

5. 水是食品的传热介质 水在加热时，水分子剧烈运动并通过与食品原料的碰撞传递热能，即以对流的形式进行热传导。在食品加工过程中，水量、水质、水温直接影响食品加工工艺。例如，谷物颗粒不溶于水，消化液难以渗入植物细胞壁，不易被人体消化吸收，而人们利用水的传热作用，把谷物颗粒放入水中加热熬煮，颗粒在热水中慢慢溶胀、分裂、崩溃，形成糊状进入溶液，最终成为营养丰富、易被人体消化吸收的香喷喷的米粥。食物烹饪中的煮、炖、蒸、烤、涮等都是利用水的传热进行的。

实训5 食品中水分活度的测定

一、实训目的

1. 掌握 水分活度测定的基本方法。

2. 了解 水分活度的意义和原理。

二、原理

水分活度反映了食品中水分的存在状态，它可以作为衡量微生物对食品中所含水分的可利用性指标。控制水分活度对食品的保藏具有重要意义。无论已经过干燥或新鲜食品中的水分，都会随环境条件件的变动和贮存时间的长短而变化。如果环境空气干燥，湿度低，食品中的水分会蒸发，食品质量减轻；反之，若空气潮湿，食品因吸收空气水分而受潮，质量增加。但不管是蒸发还是吸收水分，最终是食品中水分与环境平衡为止。根据这一原理，在密封、恒温的康卫皿中，试样中的自由水与水分活度（A_w）较高和较低的标准饱和溶液相互扩散，达到平衡后，根据试样质量的变化量，求得样品的水分活度。

三、材料与设备

（一）设备及器皿

康卫皿（带磨砂玻璃盖）、天平、称量皿、恒温培养箱、电热恒温鼓风干燥箱。

（二）试剂及配制

1. 氯化镁饱和溶液 在易于溶解的温度下，准确称取 150g 氯化镁，加入热水 200ml，冷却至形成固液两相的饱和溶液，贮于棕色试剂瓶中，常温下放置一周后使用。

2. 碳酸钾饱和溶液 在易于溶解的温度下，准确称取 300g 碳酸钾，加入热水 200ml，冷却至形成固液两相的饱和溶液，贮于棕色试剂瓶中，常温下放置一周后使用。

3. 硝酸镁饱和溶液 在易于溶解的温度下，准确称取 200g 硝酸镁，加入热水 200ml，冷却至形成固液两相的饱和溶液，贮于棕色试剂瓶中，常温下放置一周后使用。

4. 氯化钠饱和溶液 在易于溶解的温度下，准确称取 100g 氯化钠，加入热水 200ml，冷却至形成固液两相的饱和溶液，贮于棕色试剂瓶中，常温下放置一周后使用。

5. 氯化钾饱和溶液 在易于溶解的温度下，准确称取 100g 氯化钾，加入热水 200ml，冷却至形成固液两相的饱和溶液，贮于棕色试剂瓶中，常温下放置一周后使用。

6. 氯化钡饱和溶液 在易于溶解的温度下，准确称取 100g 氯化钡，加入热水 200ml，冷却至形成固液两相的饱和溶液，贮于棕色试剂瓶中，常温下放置一周后使用。

（三）实验材料

面粉。

四、操作步骤

（1）分别取氯化镁、碳酸钾、硝酸镁、氯化钠、氯化钾和氯化钡的饱和盐溶液 12.0ml，注入康卫皿的外室。

（2）在预先干燥并称量（精确至 0.0001g）的恒温称量皿中，迅速称取与标准饱和盐溶液相等份数的同一试样约 1.5g（精确至 0.0001g），放入盛有标准饱和盐溶液的康卫皿的内室。

（3）沿康卫皿上口平行移动盖好涂有凡士林的磨砂玻璃片，放入（25 ± 1）℃的恒温培养箱内，恒温 24 小时。

（4）取出盛有试样的称量皿，立即称量（精确至 0.0001g）。

（5）结果计算 以饱和溶液的 A_w 值为横坐标，样品重量增减数为纵坐标，在方格坐标纸上作图，将各点连成直线，直线与横轴的交点为样品的 A_w 值。

五、注意事项与说明

（1）本实验方法采用 GB 5009.238《食品安全国家标准 食品水分活度的测定》第一法：康卫皿扩散法。

（2）康卫皿密封要严。

（3）取样和称重一定要准确。

（4）在测样品的 A_w 前，应先估计一下试样的 A_w，然后选择高于和低于样品 A_w 的饱和溶液各三种。本实验，估计面粉 A_w 值在0.6左右，所以选氯化镁、碳酸钾、硝酸镁、氯化钠、氯化钾和氯化钡等六种标准饱和溶液。

表5-4 25℃时部分饱和溶液的 A_w 值

试剂名称	A_w	试剂名称	A_w	试剂名称	A_w
KNO_3	0.936	$NaNO_3$	0.743	$K_2CO_3 \cdot 2H_2O$	0.432
$BaCl_2 \cdot H_2O$	0.902	$SrCl \cdot 6H_2O$	0.709	$MgCl_2 \cdot 6H_2O$	0.328
KCl	0.843	$NaBr \cdot 2H_2O$	0.576	$KAc \cdot H_2O$	0.224
KBr	0.809	$Mg(NO_3)_2 \cdot 6H_2O$	0.529	$LiCl \cdot H_2O$	0.113
NaCl	0.753	$LiNO_3 \cdot 3H_2O$	0.476	NaOH	0.070

六、思考题

1. 本实验为什么能测出样品的水分活度？

2. 本实验是在25℃条件下测定 A_w，做此实验时，环境温度高于或低于此温度时，饱和溶液的水分活度值是否仍然相同，为什么？

七、实训评价

实训评价表

专业：　　班级：　　组别：　　姓名：

序号	评价内容	评价标准	应得分	实得分
1	（1）试剂配制 （2）仪器准备	（1）正确称量配制 （2）仪器选择正确，摆放合理有序	20分	
2	实训操作步骤	按测定步骤正确操作 （每操作错一步扣5分）	40分	
3	方格坐标纸绘图	准确绘图	20分	
4	结果计算	准确计算样品水分活度值	20分	
		合计	100分	

时间：　　考评教师：

练习题

答案解析

一、选择题

A型题（最佳选择题）

1. 根据水与食品结合力的不同，可分为（　）两类。

A. 自由水和离子水　　B. 离子水和流动水

C. 流动水和结合水　　D. 结合水和自由水

2. 除一些耐渗透压微生物外，水分活度低于（　）时，任何微生物都不生长。

A. 0.60　　B. 0.90

C. 0.55　　D. 0.80

3.（　）是人体含量最丰富的矿物质元素。

A. 铁　　B. 钙

C. 碘　　D. 锌

4. 人体含量在0.01%以上或人体的日需要量大于100mg/d的元素，称为（　）。

A. 常量元素　　B. 必需元素

C. 微量元素　　D. 非必需元素

B型题（配伍选择题）

A. 锌　B. 磷　C. 碘　D. 钙　E. 铁　F. 镁

1. 上述矿物质属于常量元素的是（　）。
2. 上述矿物质属于微量元素的是（　）。

二、综合问答题

1. 食品中的水分活度与食品的稳定性有何关系？
2. 微量元素按其对人体健康的影响可以分为几种？各包括什么？

书网融合……

本章小结　微课1　微课2　微课3　题库

项目 6

维生素

PPT　　导引视频

学习目标

知识目标

1. **掌握**　各类维生素的主要生理功能及其性质。
2. **熟悉**　维生素的分类与特点。
3. **了解**　维生素在人体生理中的重要性及缺乏症状和危害。

能力目标

1. 能初步判断维生素缺乏症，科学设计膳食搭配。
2. 能运用食品加工对维生素的影响因素合理设计加工工艺。

素质目标

通过本项目的学习，培养学生去伪存真、独立思辨和追求真理的能力，引导学生自主学习、独立思考，认识维生素在促进人类健康方面的重要作用。

任务 6.1　维生素的概述

情境导入

情境　小雪是个小航海迷，近来阅读了大量古今中外的航海故事后，发现了一个很有趣的现象：大航海时期，坏血病是困扰国外许多探险家的大难题。可是同一时期，我国的航海家郑和率领的过万人的船队却没有出现坏血病。

思考　1. 什么是坏血病？坏血病的发病原因是什么呢？

2. 为什么郑和率领的船队没有出现坏血病？

一、维生素的概念与特点

维生素是维持机体正常生命活动所必需的一类小分子有机化合物。维生素的种类较多，化学结构与生理功能各异，彼此之间没有内在的关系，它们并不是化学性质和结构相似的一类化合物，但由于生理功能和营养学意义有类似之处所以归为一类。维生素既不是构成组织的原料，也不是供应能量的物质，但作为辅酶成分在物质代谢中起重要作用，为人体正常组织发育以及健康和生长所必需的一种营养物质。其拉丁原文是“Vitamin”，意思是“维持生命”，所以维生素也称“维他命”。维生素长期缺乏时会引起机体代谢紊乱，产生相应的缺乏症。

各类维生素虽然化学结构不同、生理功能各异，但它们却有着以下共同点。

（1）维生素或其前体都在天然食物中存在，但是没有一种天然食物含有人体所需的全部维生素。

（2）大多数的维生素，机体不能合成或合成量不足，不能满足机体的需要，必须通过食物获得。

（3）维生素不是构成机体组织和细胞的组成成分，也不会产生能量，常以辅酶或辅基的形式参与机体的代谢。

（4）人体对维生素的需要量很小，日需要量常以毫克（mg）或微克（μg）计算，但一旦缺乏就会引发相应的维生素缺乏症，对人体健康造成损害。

二、维生素的命名与分类

（一）维生素的命名

（1）维生素的发现是一个漫长的过程，在科学家尚未完全确定维生素的化学结构前，习惯上采用拉丁字母A、B、C、D……来命名。这些字母并不表示发现该种维生素的历史次序（维生素A除外），也不说明相邻维生素之间存在什么关系。有的维生素在发现时以为是一种，后来证明是多种维生素混合存在，便又在拉丁字母下方注1、2、3等数字加以区别。

（2）根据维生素特有的生理和治疗作用来命名。如维生素B_1，有防治神经炎的功能，所以也称为神经炎维生素，维生素C能防治坏血病，化学结构上又是有机酸，所以称为抗坏血酸。

（3）根据其化学结构来命名。如维生素B_1，因分子中含有硫和氨基，又称为硫胺素。

（二）维生素的分类 微课

目前已知的维生素有30多种，尽管它们都是小分子有机化合物，但结构差异很大，有酚类、醇类、醛类、胺类等，不能按照一般有机化合物的分类方法来分类。通常根据维生素的溶解性质分为脂溶性维生素和水溶性维生素两大类。

1. 脂溶性维生素 不溶于水而溶于脂肪和脂肪溶剂的维生素称为脂溶性维生素。包括维生素A、维生素D、维生素E和维生素K等。由于在生物体内常与脂类共存，所以它们的消化与吸收都和脂类有关。

2. 水溶性维生素 溶于水而不溶于有机溶剂的维生素称为水溶性维生素。包括B族维生素、维生素C，属于B族维生素的主要有维生素B_1、维生素B_2、维生素PP、维生素B_6、泛酸、生物素、叶酸、维生素B_{12}等。水溶性维生素特别是B族维生素，在生物体内通过构成辅酶而发挥对物质代谢的影响。这类辅酶在肝脏内含量最丰富。与脂溶性维生素不同，进入人体的多余的水溶性维生素及其代谢产物均自尿中排出，体内不能过多贮存，不易发生中毒。

三、维生素缺乏的原因

人体所需维生素主要由食物供给，无论何种原因造成缺乏都会导致代谢异常，常见的引起维生素缺乏的原因如下。

1. 摄取量不足 食物原有的维生素含量虽不少，但由于膳食调配不合理，或因食物贮存及烹调方法不当，造成维生素大量破坏或丢失。

2. 吸收障碍 常见于胃肠疾病和肝胆疾病，如长期慢性腹泻、消化道梗阻等，都会造成维生素缺乏。

3. 需要量增加 生长期的儿童、妊娠期及哺乳期的妇女，对维生素A、维生素D、维生素C等的需要量增加；重体力劳动、长期高热和慢性消耗性疾病患者对维生素A、维生素B_1、维生素B_2、维生素C、维生素D及维生素PP等的需要量增加，此类人群如仍按常量供给，就会造成供给不足而导致维生素缺乏。

4. 长期服用某种药物 长期服用抗菌药物抑制了细菌的生长期，可造成某些由肠道细菌合成的维生素（如维生素K）的缺乏。

知识链接

坏血病

坏血病是一种古老的疾病，其历史可以追溯到几个世纪前，当时被称为“坏血病”或“坏血症”，患者会出现身体疲乏、肌肉疼痛、关节肿胀、牙龈出血等症状，严重时会导致死亡。在航海时代，坏血病是困扰水手们的主要疾病之一，主要是长期缺乏维生素C所导致的，但是，在当时的情况下，人们并不了解坏血病的原因和治疗方法。后来一些医生发现坏血病与饮食有关，如果船员在长途航行中没有摄入足够的蔬菜和水果，就容易患上坏血病，发现饮用橘子汁或柠檬汁可以预防和治疗坏血病，这一发现为维生素C的发现奠定了重要的基础。维生素C是人体必需的营养物质之一，它参与人体多种生理过程，包括胶原蛋白的合成、铁的吸收等。缺乏维生素C会导致免疫力下降、疲劳等症状，长期缺乏则会引起坏血病等疾病。因此，科学合理的膳食搭配对人体健康非常重要，我们要合理安排饮食，树立正确的营养观念，积极探索健康的生活方式。

任务6.2 水溶性维生素

情境导入

情境 小雪是大一学生，她最近了解了维生素C的各项功能后，兴致勃勃地买回了维生素C泡腾片。当她准备用刚烧开的水冲泡维生素C泡腾片时，好友小美制止了她。

思考 1. 为什么制止小雪用开水冲泡维生素C泡腾片？

2. 如果不及时制止小雪，会有什么后果呢？

一、维生素B_1

维生素B_1又称为抗脚气病维生素、抗神经炎因子，因为它是由含硫的嘧啶环和含氨基的噻唑环组成，故又称硫胺素。焦磷酸硫胺素（TPP）是体内维生素B_1的活性形式（图6－1）。

维生素B_1纯品为白色结晶或结晶性粉末，临床上使用的维生素B_1一般都是化学合成的硫胺素盐酸盐，呈白色针状结晶。维生素B_1溶于水，在酸性溶液中稳定，但在中性和碱性条件下遇热易破坏，紫外线可使硫胺素降解而失活，铜离子、亚硫酸盐和亚硝酸盐都可使之分解破坏。

在消化和吸收以后，维生素B_1经磷酸化作用生成TPP，然后发挥生理作用。它主要是参与糖的代谢过程中的酮酸氧化脱羧反应，为机体提供能量。若机体缺乏维生素B_1，糖代谢作用受阻，导致体内能量供应发生障碍，尤其是神经组织。同时，丙酮酸、乳酸等在神经组织堆积，表现为多发性神经炎，患者出现健忘、易怒、心悸、四肢无力、肌肉萎缩、心力衰竭、下肢浮肿等症状，临床上称为脚气病，故维生素B_1又称为抗脚气病维生素。

此外，TPP能抑制胆碱酯酶的活性，减少乙酰胆碱的水解，维持正常的消化腺分泌和肠道蠕动，从

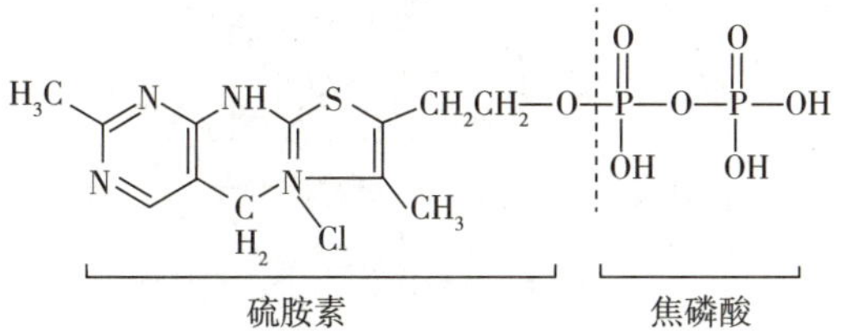

图6-1　焦磷酸硫胺素

而促进消化。维生素 B_1轻度缺乏时，可出现食欲不振、消化不良等症状。

维生素 B_1主要存在于种子外皮及胚芽中，米糠、麦麸、黄豆、瘦肉等含量丰富，因此，在未经研磨的大米和全麦粒制作的食物中，维生素 B_1的含量较高。

二、维生素 B_2

维生素 B_2又称核黄素，因化学结构中含有 D-核糖及黄素而得名（图6-2）。黄素单核苷酸（FMN）和黄素腺嘌呤二核苷酸（FAD）是体内维生素 B_2的活性形式。

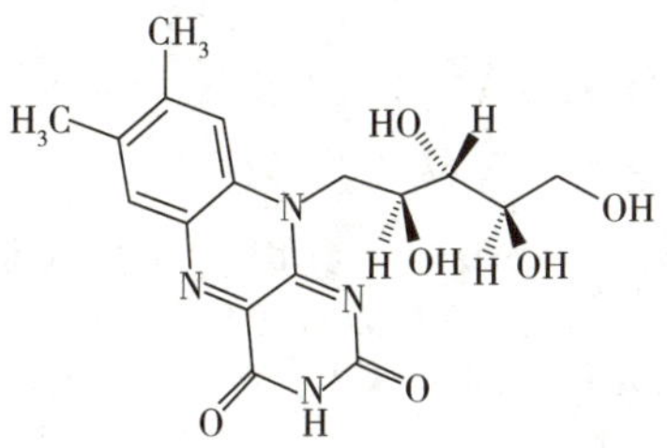

图6-2　维生素 B_2

维生素 B_2是橙黄色结晶性粉末，溶于水，在酸性或中性溶液中对热稳定，在碱性溶液中不耐热，对光敏感，易被日光所破坏。例如，牛奶瓶中的奶在日光照射2小时后，50%以上核黄素被破坏，破坏程度随着温度及 pH 值的升高而增大。结晶的维生素 B_2避光保存时很稳定，其水溶液不稳定。

维生素 B_2在体内以 FAD 和 FMN 两种辅酶形式参与氧化还原反应，是生物氧化与能量代谢过程中传递氢的重要物质。维生素 B_2缺乏时，可引起眼睑炎、唇炎、口角炎、舌炎和阴囊炎等。维生素 B_2缺乏常与其他 B 族维生素缺乏症同时发生。

维生素 B_2广泛分布于自然界，在酵母中含量最高，动物的肝脏、心脏、肾脏含量也丰富，其次是奶、蛋类食品等。植物性食物以干豆类、花生和绿色蔬菜含量较多。

三、维生素 B_3

维生素 B_3即维生素 PP，又称抗癞皮病维生素，包括烟酸（尼克酸）和烟酰胺（尼克酰胺）两种类型。烟酰胺腺嘌呤二核苷酸（NAD^+，辅酶Ⅰ）和烟酰胺腺嘌呤二核苷酸磷酸（$NADP^+$，辅酶Ⅱ）是体内维生素 B_3的活性形式，二者在体内可相互转变（图6-3）。维生素 B_3为白色针状结晶，化学性质稳定，不易被酸、碱、光和热破坏，是各种维生素中最稳定的一种。

维生素 B_3在体内以辅酶Ⅰ和辅酶Ⅱ形式作为脱氢酶的辅酶，参与呼吸链组成，在氧化还原反应中作为氢的受体或供体，起传递氢的作用。维生素 B_3缺乏可引起癞皮病，本病的特征是出现对称性皮炎、胃肠炎及神经炎，严重者可出现腹泻与痴呆，即“三 D”症。这种情况常发生在以玉米为主食的地区，

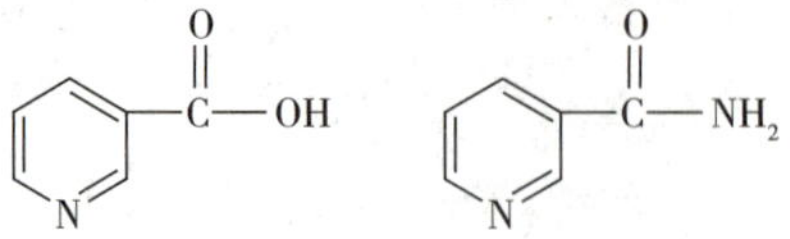

图 6-3　维生素 B_3

因为玉米中的烟酸与糖形成了复合物，从而阻碍了人体的吸收及利用，通过碱处理可以使烟酸游离出来。

维生素 B_3存在于多种食物中，以酵母、动物肝脏、花生、豆类和瘦肉中含量丰富。谷物中的维生素 B_3主要存在于米糠、麸皮中，故精碾的大米、面粉可失去谷粒中维生素 PP 总量的 80% ~90%。

四、维生素 B_5

维生素 B_5即泛酸，又名遍多酸，为浅黄色的黏性油状物，具酸性，易溶于水，在中性溶液中耐热，在酸或碱性溶液中加热则易被分解破坏，对氧化剂及还原剂极为稳定。

维生素 B_5在体内参与辅酶 A（CoA 或 CoASH）的构成，在代谢过程中起转移酰基的作用。广泛参与糖、脂类、蛋白质代谢及肝的生物转化作用。维生素 B_5缺乏易引起食欲丧失、胃酸缺乏、还会导致口疮、舌炎、记忆衰退、失眠、头发泛白，容易疲劳晕倒等。

维生素 B_5广泛存在于生物界，尤以动物组织、谷物及豆类中含量丰富，很少出现缺乏症。

五、维生素 B_6

维生素 B_6有吡哆醇、吡哆醛和吡哆胺三种形式，在体内可经磷酸化生成磷酸吡哆醛及磷酸吡哆胺，二者是维生素 B_6的活性形式，可以互相转变。维生素 B_6为无色晶体，易溶于水和乙醇，对光和碱均敏感，高温下迅速破坏。

维生素 B_6是体内很多酶（如转氨酶、合成酶等）的辅酶，与蛋白质、脂肪的代谢关系密切，参与氨基酸的脱羧作用、转氨基作用和不饱和脂肪酸的代谢，还参与血红素合成。缺乏维生素 B_6可导致眼、鼻和口腔等周围皮肤脂溢性皮炎，长期缺乏可导致皮肤、中枢神经系统和造血系统的损害。婴儿缺乏维生素 B_6可引起易惊、腹胀、腹泻、呕吐等，但不常见。维生素 B_6过量会引起痉挛。

维生素 B_6广泛存在于各类食品中，在蛋黄、鱼类、肉类、肝、豆类、谷类及绿叶蔬菜中含量较多。其中，谷物中主要为吡哆醇，牛奶中主要是吡哆醛，动物产品中主要是吡哆醛和吡哆胺。人体肠道内微生物能合成维生素 B_6，一般认为人体不缺乏维生素 B_6。

六、生物素

生物素即维生素 B_7，又称维生素 H、辅酶 R。生物素的基本结构是脲和带有戊酸侧链噻吩组成的五元骈环，有八种异构体，天然存在的为具有活性的 D-生物素。

人体一般不缺乏生物素。生鸡蛋清中含有一种抗生物素蛋白，能与生物素结合生成无活性不易被人体吸收的结合蛋白，故长期食用生鸡蛋可引起生物素缺乏病，可导致疲劳、食欲不振、四肢皮炎、肌肉疼痛、毛发脱落、贫血等症状。鸡蛋煮熟后，抗生物素蛋白可被破坏而消除这种拮抗作用。

生物素广泛存在于动植物食品中，以肉、肝、肾、牛乳、蛋黄、酵母、蔬菜和蘑菇中含量丰富。生物素在牛乳、水果和蔬菜中呈游离态，在动物内脏和酵母中与蛋白质结合。人体肠道细菌可合成相当部分的生物素。

七、叶酸

叶酸即维生素 B_{11}，因1941年由菠菜中分离出来而命名的。四氢叶酸（FH_4）又称辅酶F（CoF），是体内叶酸的活性形式。叶酸为淡黄色结晶，微溶于水，在酸性溶液中不稳定，有氧时可被酸、碱水解、可被日光分解，在无氧条件下对碱稳定。食物中的叶酸经烹调加工后损失率可高达50%～90%，加工和储存中造成叶酸失活的主要原因是氧化。

叶酸在体内以 FH_4 的形式存在，是一碳基团（如甲基、亚甲基和甲酰基等）转移酶的辅酶，以一碳基团为载体参与一些生物活性物质的合成，如嘌呤、嘧啶等物质的合成，故叶酸在核酸的生物合成中起重要作用。叶酸缺乏时可导致DNA合成障碍，使骨髓幼红细胞分裂增殖速度下降、细胞体积增大、核内染色质疏松，造成巨幼细胞贫血；缺乏叶酸还可引起舌炎、胃肠道功能紊乱、动脉粥样硬化及心血管疾病；怀孕早期缺乏叶酸是引起胎儿神经管畸形的主要原因。

叶酸在自然界中广泛存在，主要存在于新鲜绿叶蔬菜、肝脏、肾脏和酵母中，其次为乳类、肉类和鱼类。肠道细菌也能合成叶酸，故人体一般不缺乏叶酸。

八、维生素 B_{12}

维生素 B_{12} 是唯一含金属元素（钴）的维生素，故又称钴胺素。维生素 B_{12} 为粉红色针状结晶，无臭、无味，溶于水和乙醇，在pH值为4.5～5.0的弱酸条件下很稳定，对日光、氧化剂和还原剂敏感，易被破坏。

维生素 B_{12} 以辅酶形式参与体内一碳基团的代谢，起转移甲基的作用，它与四氢叶酸的作用常常是相互联系的。因此，维生素 B_{12} 缺乏时，四氢叶酸的利用率下降，导致核酸合成与细胞分裂障碍，影响红细胞的分裂与成熟，引起巨幼细胞贫血，即恶性贫血。维生素 B_{12} 还参与胆碱的合成，缺少胆碱会影响脂肪代谢，产生脂肪肝。

维生素 B_{12} 主要来源于动物性食物，以肝脏中含量最丰富，其次为肾脏。植物性食物不含维生素 B_{12}。

九、维生素C

维生素C又称抗坏血酸，有L-抗坏血酸、D-抗坏血酸、L-异抗坏血酸、D-异抗坏血酸四种异构体。天然存在的是L-抗坏血酸，生物活性高，其余的则无生物活性。通常所称的维生素C，即指L-抗坏血酸（图6-4）。

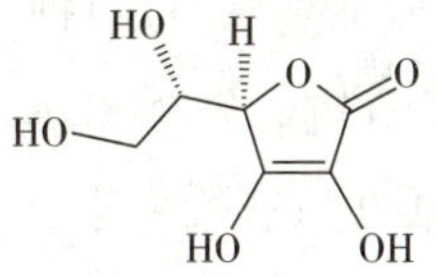

图6-4 L-抗坏血酸

维生素C为白色结晶或结晶性粉末，无臭，味酸，溶于水。固体维生素C较稳定，有耐热性。维生素C具有很强的还原性，易被热或氧化剂所破坏，在中性或碱性环境中极易被破坏，遇光、微量重金属离子（如 Fe^{2+}、Cu^{2+} 等）时更易被氧化分解。食品冷冻、冷藏或热加工均可造成维生素C的大量破坏。蔬菜烹调时损失可达30%～50%，如烹调中加碱会大大提高损失率，而加醋则会有利于食品中维生素C的保留。

体内的维生素C处于氧化型和还原型的动态平衡中，所以，维生素C既可作受氢体，又可作供氢体，在物质代谢中发挥作用。人体不能合成维生素C，维生素C缺乏可以引起坏血病，表现出毛细管脆弱、皮肤上出现小血斑、牙龈出血、牙齿松动等症状。

维生素C的良好来源是新鲜水果及绿叶蔬菜，尤以番茄、草莓、橘子、山楂、鲜枣等含量最丰富。植物中有维生素C氧化酶，能催化新鲜食物中维生素C氧化成二酮古洛糖酸，因此食物中的维生素C在久存、干燥或磨碎过程中易受破坏。

知识链接

维生素C二步发酵新工艺

1983年，中国科学院微生物研究所和北京制药厂联合，成功研发了用于维生素C生产的二步发酵法新技术，该技术是一条以生物氧化代替化学氧化的全新工艺路线：以第一步发酵所得的L-山梨糖为原料，采用一株氧化葡萄糖酸杆菌（“小菌”）和一株假单胞杆菌（“大菌”）形成的大小两种菌的自然组合进行第二步发酵，生成2-酮基-L-古龙酸，再进行转化精制得到维生素C。这个混合菌组合是整个技术的关键所在，它是在科研人员通过艰苦努力和顽强钻研，经过无数个不眠之夜，反复实验研究，最终从大量的土壤样品中获得的。这一成果是理论与实践相结合的范例，科技为第一生产力的体现，也是科技工作者勇于创新的丰硕成果。

任务6.3　脂溶性维生素

情境导入

情境　小雪是一位白领，她最近发现看手机、电视或电脑时间久了，就感觉到眼睛不舒服，常常发干，有烧灼感，怕光、流眼泪。就医后，医生对小雪的饮食情况进行调查后判断：小雪这种情况有可能是身体缺乏维生素A。

思考　1. 为什么缺乏维生素A会眼睛发干、有灼烧感、怕光、流眼泪？

2. 食用哪些富含维生素A的食品来补充呢？

一、维生素A

维生素A的天然存在形式有维生素A_1和维生素A_2两种（图6-5），是一种环状不饱和的一元醇。维生素A_2在化学结构上比维生素A_1多一个双键。维生素A_1也称视黄醇，维生素A_2称3-脱氢视黄醇，二者的生理功能相同，但维生素A_2的生理活性只有维生素A_1的一半。

维生素A纯品为黄色片状结晶，不溶于水，在乙醇中微溶，易溶于油脂等有机溶剂。维生素A对热、酸、碱稳定，但易被氧化，光和热可促进氧化。一般加工烹调过程中引起破坏比较少，当与食物中含有磷脂、维生素E、维生素C及其他抗氧化剂并存时较为稳定。

维生素A与眼睛各组织结构的正常分化和维持正常视觉有关，视觉细胞内由维生素A和视蛋白合成的感光物质——视紫红质，具有维持正常暗适应能力，能维持正常视觉。当维生素A缺乏时，视紫红质合成受阻，使视网膜不能很好地感受弱光，在暗处不能辨别物体，暗适应能力降低，严重时可出现夜盲症、干眼病，因此，维生素A又称为抗干眼病维生素。维生素A还参与调节机体多种组织细胞的生

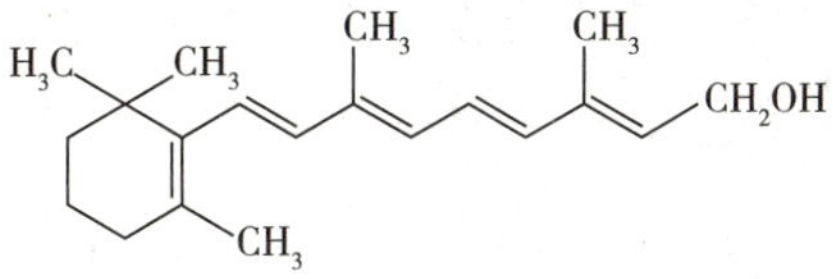

维生素A_1（视黄醇）

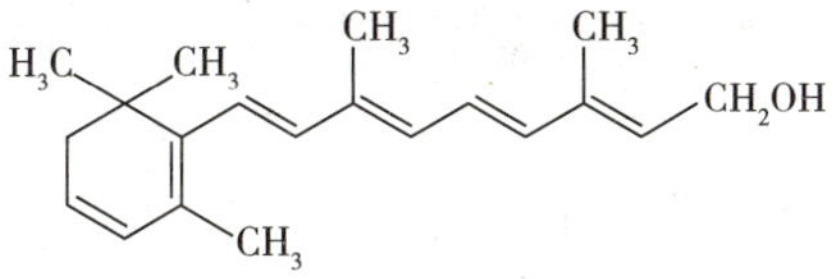

维生素A_2（3-脱氢视黄醇）

图 6－5　维生素 A

长和分化过程，缺乏维生素 A 常见症状有皮肤干燥、脱屑、毛囊角化等。儿童缺乏维生素 A 会导致生长停滞，发育不良。

维生素 A 仅存在于动物性食品中，在各种动物肝脏、鱼卵、全奶、奶油、禽蛋等含量较多，尤其以鱼肝油含量最为丰富。植物中虽不含维生素 A，但黄绿色植物（如胡萝卜、玉米、菠菜及辣椒等）富含类胡萝卜素，类胡萝卜素被吸收后，在小肠壁和肝脏中可转变为维生素 A。这种本来不具有维生素 A 活性，但在体内能转变成维生素 A 的物质，称为维生素 A 原。

二、维生素 D

维生素 D 为类固醇衍生物，称为钙化醇，具有抗佝偻病作用，故又称抗佝偻病维生素。维生素 D 于 1926 年由化学家卡尔首先从鱼肝油中提取。维生素 D 有很多种，其中以维生素 D_2和维生素 D_3最为重要（图 6－6）。

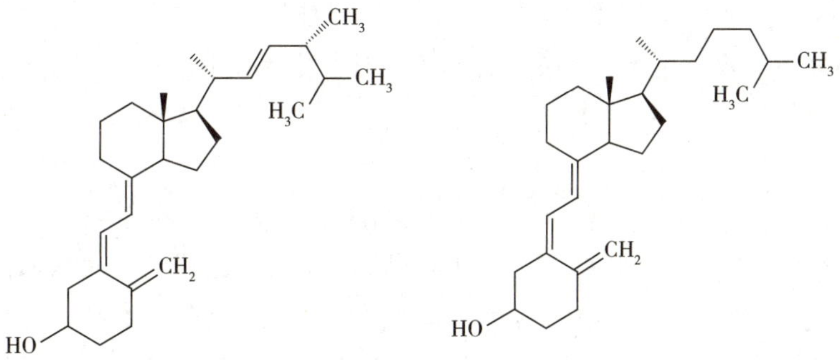

图 6－6　维生素 D

维生素 D_2和维生素 D_3都是无色晶体或白色结晶性粉末，在中性及碱性溶液中性质比较稳定，耐高温、耐氧化，故一般的加工、贮存不会引起维生素 D 的损失。

维生素 D 尤其是维生素 D_3的生理功能是促进钙、磷的吸收，维持正常血钙水平和磷酸盐水平；促进骨骼和牙齿的生长发育。当人体缺乏维生素 D 时，儿童易发生佝偻病，成人特别是孕妇和哺乳期妇女，则易发生软骨症、骨质疏松症。维生素 D 有防治佝偻病、软骨症的作用，但长期过量服用维生素 D，可能引起维生素 D 过多症，出现中毒症状，如倦怠、恶心、呕吐、血钙过高、肾脏钙化等。

维生素 D_3主要存在于海鱼、肝脏、蛋黄中，鱼肝油中的含量最丰富。植物和酵母中的麦角固醇是维生素 D_2的前体，食用后不被人体吸收，在紫外线照射下，变成能为人体吸收的麦角钙化醇，即维生素 D_2。人体皮肤在日光照射下由胆固醇脱氢生成的 7-脱氢胆固醇，是维生素 D_3的前体，经紫外线照射后，可转变为胆钙化醇，即维生素 D_3，因此日光浴是预防维生素 D 缺乏的主要方法之一。故将麦角固醇和 7-脱氢胆固醇统称为维生素 D 原。

三、维生素 E

维生素 E 又称生育酚。天然的维生素 E 有多种，其中 α-生育酚的生物活性最高，故通常以 α-生育酚作为维生素 E 的代表。

维生素 E 为橙黄色或淡黄色油状物质，对热和酸较稳定，对碱不稳定，易被紫外线破坏，对氧十分敏感，在空气中极易被氧化，油脂酸败加速维生素 E 的破坏。在食品加工储藏过程中常会造成维生素 E 的大量损失，如油炸食品、油脂精练、谷物机械加工去胚等。

因维生素 E 极易被氧化而保护其他物质不被氧化，故它是一种极有效的抗氧化剂，可清除体内的氧自由基；同时，维生素 E 与发育和预防衰老有密切关系，可减少细胞中脂褐质（俗称老年斑）的形成，改善皮肤弹性。

维生素 E 在自然界中分布甚广，一般情况下不会缺乏。麦胚、种子、谷物、豆类中含量丰富，蛋类、绿叶蔬菜中含量次之，肉、鱼类动物性食品和水果及其他蔬菜中含量很少。

四、维生素 K

维生素 K 是凝血酶原形成所必需的因子，故又称凝血维生素。天然存在的有维生素 K_1 和维生素 K_2，其余均为人工合成。

维生素 K_1 为黄色油状物，维生素 K_2 为黄色结晶，二者不溶于水，对热、空气、水分都很稳定，在一般烹调加工中损失不大。对光和碱很敏感，故需避光保存。

维生素 K 是凝血酶原的主要成分，有助于某些凝血因子在肝脏的合成，从而促进血液的凝固，缺乏时可以延长凝血时间。维生素 K 在绿色蔬菜中含量丰富，鱼肉也是其良好来源，动物肝中含量也很多。人体肠道中的大肠埃希菌可以合成维生素 K，故人体一般不会缺乏维生素 K。

知识链接

佝偻病

佝偻病即维生素 D 缺乏性佝偻病，是由于婴幼儿、儿童、青少年体内维生素 D 不足，引起钙、磷代谢紊乱，产生的一种以骨骼病变为特征的全身、慢性、营养性疾病。这一疾病的高危人群是 2 岁以内（尤其是 3 ~ 18 个月的）婴幼儿，可以通过摄入充足的维生素 D 得以预防。自 1934 年起朱宪彝教授和刘士豪教授率先开始对佝偻病、软骨病及其他代谢性骨病进行系统研究。通过长期的观察和研究，他们发现软骨病的基本病因是钙和维生素 D 的缺乏，并首次用钙磷平衡法在人体中证实了紫外线与日光浴对纠正负钙平衡的治疗作用。为解决当时软骨病患病人数多且病情严重的问题做出了重要的贡献。朱宪彝教授一生心系患者，潜心科研，在钙磷代谢研究中所取得了卓越成就，赢得了国际权威专家的推崇与尊敬。评判一位科学家成功与否，不在于他发表了多少论文，而在于他为人民做了多少贡献。我们在未来的学习和工作中，也要刻苦钻研，在自己的领域发光发热。

知识拓展

如何减少维生素损失

大多数维生素不稳定，在贮藏或烹调的过程中容易氧化、分解、破坏或流失。如水溶性维生素在食物洗涤时会溶于水而流失；维生素C、维生素B_2、维生素A、维生素E等遇光不稳定，可迅速破坏；维生素B_1、叶酸等遇碱分解。因此，在贮藏和家庭烹调过程中要特别小心和注意，尽量防止维生素的过多损失。

（1）将水果、蔬菜和果汁冷藏，可以减缓维生素的分解。

（2）将牛奶和强化谷物食品储藏在不透明的容器中，以保护维生素B_2。

（3）将切好的水果、蔬菜和打开的果汁密封包装后冷藏，以隔绝氧气。

（4）将水果和蔬菜在切或削皮之前洗净，以防止切后再洗造成的维生素损失。

（5）淘米时应采用“两少一快”的方法，即淘洗次数少（一般2~3次即可），用水量少（浸没米粒为宜），快速淘洗，以减少水溶性维生素的损失。

（6）煮饭、熬粥或剩粥回锅时，千万不要加碱，否则维生素C和B族维生素几乎破坏殆尽。

（7）焯菜时应尽量缩短时间，焯后迅速在冷水中降温，以减少维生素的损失。

（8）炒菜时尽量做到旺火快炒，可更多地保存维生素。

实训6 维生素C的测定

一、实训目的

1. 掌握 2,6-二氯靛酚法测定维生素C的原理。

2. 熟悉 蔬菜、水果中维生素C含量测定的操作步骤。

二、原理

维生素C具有很强的还原性，在碱性溶液中加热并有氧化剂存在时，维生素C易被氧化而破坏。在中性和微酸性环境中，维生素C能将染料2,6-二氯靛酚还原成无色的还原型的2,6-二氯靛酚，同时自身氧化成脱氢维生素C。氧化型的2,6-二氯靛酚在酸性溶液中呈现红色，在中性或碱性溶液中呈蓝色。当用2,6-二氯靛酚滴定含有维生素C的酸性溶液时，在维生素C尚未全被氧化时，滴下的2,6-二氯靛酚立即被还原成无色。但当溶液中的维生素C刚好全部被氧化时，滴下的2,6-二氯靛酚立即使溶液呈红色。所以，当溶液由无色变为微红色时即表示溶液中的维生素C刚好全部被氧化，此时即为滴定终点，从滴定时2,6-二氯靛酚溶液的消耗量，可以计算出被检物质中还原型维生素C的含量。

三、材料与设备

（一）设备及器皿

吸管、微量滴定管、容量瓶、电子分析天平、锥形瓶、研钵、漏斗。

（二）试剂及配制

1. 碳酸氢钠 称取碳酸氢钠52mg溶解在200ml蒸馏水中。

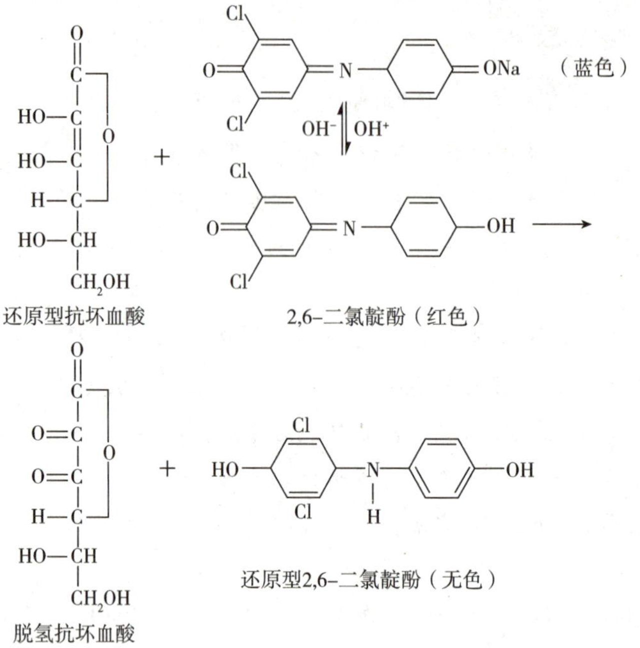

2. 白陶土或高岭土 对抗坏血酸无吸附性。

3. 偏磷酸溶液（20g/L） 称取20g偏磷酸，用水溶解并定容至1000ml。

4. 草酸溶液（20g/L） 称取20g草酸，用水溶解并定容至1000ml。

5. 标准品抗坏血酸溶液（1.000mg/ml） 准确称取100mg（精确至0.1mg）L(+)-抗坏血酸标准品，溶于偏磷酸溶液或草酸溶液并定容至100ml。贮于棕色瓶中，2~8℃可保存一周。

6. 2,6-二氯靛酚溶液 称取碳酸氢钠52mg溶解在200ml热蒸馏水中，称取2,6-二氯靛酚50mg溶解在上述碳酸氢钠溶液中，冷却并用水定容至250ml，过滤至棕色瓶内，于4~8℃环境中保存。每次使用前，用标准抗坏血酸溶液标定其滴定度。

标定方法：准确吸取1ml抗坏血酸标准溶液于50ml锥形瓶中，加入10ml偏磷酸溶液或草酸溶液，摇匀，用2,6-二氯靛酚溶液滴定至粉红色，保持15秒不褪色为止。同时另取10ml草酸溶液做空白试验。2,6-二氯靛酚溶液的滴定度按下列公式计算：

$$T=\frac{c\times V}{V_1-V_0}$$

式中，T为2,6-二氯靛酚溶液的滴定度，即每毫升2,6-二氯靛酚溶液相当于抗坏血酸的毫克数，mg/ml；c为抗坏血酸标准溶液的质量浓度，mg/ml；V为吸取抗坏血酸标准溶液的体积，ml；V_1为滴定抗坏血酸标准溶液所消耗2,6-二氯靛酚溶液的体积，ml；V_0为滴定空白所消耗2,6-二氯靛酚溶液的体积，ml。

（三）实验材料

新鲜蔬菜、新鲜水果。

四、操作步骤

（1）称取具有代表性样品的可食部分100g，放入粉碎机中，加入偏磷酸溶液或草酸溶液100ml，迅速捣成匀浆。

（2）准确称取10~40g（精确至0.01g）匀浆样品于烧杯中，用偏磷酸溶液或草酸溶液将样品转移至100ml容量瓶并稀释至刻度，摇匀后过滤。若滤液有颜色，可按每克样品加0.4g白陶土脱色后再过滤。

（3）准确吸取10ml滤液于50ml锥形瓶中，用标定过的2,6-二氯靛酚溶液滴定，直至溶液呈粉红色15秒不褪色为止。同时做空白试验。

（4）结果计算

$$X=\frac{(V-V_0)\times T\times A}{m}\times 100$$

式中，X为试样中L(+)-抗坏血酸含量，mg/100g；V为滴定试样所消耗2,6-二氯靛酚溶液的体积，ml；V_0为滴定空白所消耗2,6-二氯靛酚溶液的体积，ml；T为2,6-二氯靛酚溶液的滴定度，即每毫升2,6-二氯靛酚溶液相当于抗坏血酸的毫克数，mg/ml；A为稀释倍数；m为试样质量，g。

计算结果以重复性条件下获得的两次独立测试结果的算数平均值表示，结果保留三位有效数字。

五、注意事项与说明

（1）本试验方法参照GB 5009.86—2016《食品安全国家标准　食品中抗坏血酸的测定》第三法。

（2）研磨时要尽量磨成浆状物。

（3）样品中某些杂质亦能还原2,6-二氯靛酚，但速度较抗坏血酸慢，故终点以淡红色存在15秒内为准。

（4）滴定过程宜迅速，一般不超过2分钟，因为在实验条件下，一些非维生素C的还原物质还原速度较慢，快速滴定可以避免或减少它们的干扰。

（5）样品的提取液制备和滴定过程，要避免阳光照射和与铜、铁器具接触，以免抗坏血酸被破坏。

六、思考题

1. 为什么在滴定过程中要迅速？
2. 为什么滴定终点是以淡红色存在15秒内为准？

七、实训评价

实训评价表

专业：　　　　班级：　　　　组别：　　　　姓名：

序号	评价内容	评价标准	应得分	实得分
1	（1）试剂配制 （2）仪器准备	（1）正确称量配制 （2）仪器选择正确，摆放合理有序	20分	
2	实训操作步骤	按测定步骤正确操作 （每操作错一步扣5分）	40分	
3	结果计算	准确计算样品中维生素C的含量	20分	
4	实训报告	完成实训报告	20分	
		合计	100分	

时间：　　　　　　　　考评教师：

答案解析

练习题

一、选择题

A型题（最佳选择题）

1. 缺乏会导致佝偻病的维生素是（　）。

A. 维生素A　　B. 维生素C　　C. 维生素D　　D. 维生素E

2. 大米在碾磨中维生素 B_1 损失随着碾磨精度的增加而（　）。

A. 增加　B. 减少　C. 不变　D. 不一定

3. 存在于人和动物表皮下的（　）在紫外线照射下能转化成维生素 D。

A. 黑色素　B. 类黑色素　C. 7-脱氢胆固醇　D. 油脂

4. 结构中含有金属元素的维生素是（　）。

A. 维生素 B_1　B. 维生素 E　C. 维生素 B_{12}　D. 维生素 D

B 型题（配伍选择题）

A. 抗坏血酸　B. 维生素 E　C. 维生素 B_1　D. 维生素 D　E. 维生素 A　F. 维生素 B_2

1. 上述属于脂溶性维生素是（　）。
2. 上述属于水溶性维生素是（　）。

二、综合问答题

1. 叶酸和维生素 B_{12} 的缺乏与巨幼细胞贫血有何关系？
2. 在食品加工过程中，热处理如何影响维生素的生化特性？

书网融合……

本章小结　微课　题库

项目 7

酶

PPT　　导引视频

学习目标

知识目标

1. **掌握**　酶的分类、命名及化学组成。
2. **熟悉**　酶的作用特点及影响酶促反应速率的因素。
3. **了解**　酶的作用机制及食加工中重要的酶。

能力目标

1. 能运用酶的特性及食品加工特点对酶进行合理筛选。
2. 能运用酶的知识解决食品加工过程中涉及的酶学问题。

素质目标

通过本项目的学习，引导学生坚持唯物辩证法，运用联系和发展的观点分析解决问题，勤于思考，勇于创新。培养学生精益求精的工匠精神。

任务 7.1　酶的概述

情境导入

情境　小军发现有许多洗涤衣物的洗衣粉里面添加了碱性蛋白酶类，这些洗衣粉更易洗去衣物上血渍、奶渍等污渍。

思考　1. 为什么洗衣粉里加了蛋白酶去污力更强？

2. 加酶的洗涤剂还有哪些呢？

一、酶的概念

酶（enzyme，E）是由活细胞产生的、对其底物具有高度特异性和高度催化效能的蛋白质或 RNA。按本质来说，绝大多数的酶是蛋白质，少数是 RNA，被称为核酶。酶属生物大分子，分子质量至少在 1 万以上，大的可达百万。生物体内的一切生命活动几乎都离不开酶的催化，它是非常重要的生物催化剂。人体内有成千上万种酶，构成一个庞大的酶系统，控制着整个机体的新陈代谢、营养和能量转换等许多催化过程，与生命过程关系密切的反应大多是酶催化反应。由于酶的作用，生物体内的化学反应在极为温和的条件下也能高效和特异地进行。

酶所催化的化学反应称为酶促反应，在酶促反应中被酶催化的物质称底物（substrate，S），反应的生成物称为产物（product，P）。酶所具有的催化能力称为酶活性，酶丧失催化能力称为酶失活。

在食品加工过程中，酶的应用相当广泛，加入酶的目的通常是为了改良风味、制造合成食品、增加提取食品成分的速度与产量、提高副产物的利用率、控制食品原料的贮藏性与品质等。

二、酶的催化特点

酶作为生物催化剂，具有非生物催化剂所没有的特点。

1. 高效性 酶的催化效率通常比非催化反应高 $10^8 \sim 10^{20}$ 倍，比一般催化剂高 $10^7 \sim 10^{13}$ 倍。酶催化效率高的原因是酶能够大幅度降低反应所需的活化能，使底物分子中活化分子的比例大大地增加，反应速率加快。

2. 专一性 一种酶只能催化一种或一类底物，发生一定的化学反应，并产生一定的产物，称酶的专一性或特异性。如淀粉酶只能催化淀粉水解，对脂肪和蛋白质则无催化作用。根据酶对底物专一性的程度，可以把酶的专一性分为绝对专一性、相对专一性（键专一性和基团专一性）和立体结构专一性。

3. 活性可调节性 酶促反应受多种因素的调控，如底物浓度、产物浓度及环境条件等的改变都可能影响酶催化活性，从而控制生化反应的进行。

4. 活性不稳定性 酶的活性易受理化因素的影响。酶促反应要求一定的温度、pH 等适宜的条件，高温、强酸、强碱、重金属盐、紫外线等一切能使蛋白质发生变性的因素，都可使酶变性而失活。

5. 作用条件温和 酶的催化作用条件一般比较温和，如常压、中性 pH 值、温和的温度等。例如，用盐酸水解淀粉生产葡萄糖，需在 0.15MPa 和 140℃ 左右的操作条件下进行，需要耐酸、耐高温的设备；而用 α-淀粉酶和糖化酶水解，则可用一般设备在常压下进行。

三、酶的化学组成

目前，纯化和结晶的酶已超过 2000 多种。按照酶的化学组成不同可将酶分为单纯蛋白酶和结合蛋白酶。

（一）单纯蛋白酶

单纯蛋白酶又称单成分酶，是仅由氨基酸残基构成的单纯蛋白质，所以，单纯蛋白酶水解的终产物是氨基酸，再无其他物质。大多数水解酶和合成酶都是单纯蛋白酶，如胃蛋白酶、谷氨酰胺合成酶等。

（二）结合蛋白酶 微课 1

结合蛋白酶由蛋白质和非蛋白质两部分组成。蛋白质部分称为酶蛋白，非蛋白质部分称为辅助因子，酶蛋白与辅助因子结合形成的复合物为结合蛋白酶，又称全酶。生物体内多数酶属于结合蛋白酶。酶的催化作用有赖于全酶的完整性，酶蛋白或辅助因子单独存在时均无催化活性，只有两者结合组成全酶才有催化活性。酶蛋白决定反应的专一性，辅助因子决定反应的种类与性质。一种酶蛋白只能与一种辅助因子结合成为一种特定的全酶，而一种辅助因子可以与多种酶蛋白结合成为多种特定的全酶。

结合酶（全酶）= 酶蛋白 + 辅助因子

辅助因子包括金属离子、B 族维生素及其衍生物等（表 7-1）。金属离子是最常见的辅助因子，约 2/3 的酶含有金属离子。常见的金属离子有 K^+、Na^+、Mg^{2+}、Cu^{2+}、Zn^{2+}、Fe^{2+}、Fe^{3+} 等。它们的作用是多方面的，主要包括：作为酶活性中心的催化基团参与催化反应、传递电子；作为连接酶和底物的桥梁，便于酶和底物密切接触；稳定酶的构象；中和阴离子，降低反应中的静电斥力等。B 族维生素及其衍生物主要参与酶的催化过程，在反应中传递电子、质子或一些基团。

根据辅助因子与酶蛋白结合的牢固程度，可把辅助因子分为辅酶和辅基。与酶蛋白结合牢固，不能用透析等方法使之与酶蛋白分开的辅助因子称为辅基；与酶蛋白结合疏松，能用透析等方法使之与酶蛋白分开的辅助因子称为辅酶。

表7-1　某些重要B族维生素及其参与构成的辅助因子

转移的基团	辅酶或辅基	所含的维生素
氢原子	NAD^+（烟酰胺腺嘌呤二核苷酸、CoⅠ）	维生素PP
质子	$NADP^+$（烟酰胺腺嘌呤二核苷酸磷酸、CoⅡ）	维生素PP
	FMN（黄素单核苷酸）	维生素B_2
	FAD（黄素腺嘌呤二核苷酸）	维生素B_2
酰基	TPP（焦磷酸硫胺素）	维生素B_1
烷基	辅酶A（CoA）	泛酸
	钴胺素辅酶类	维生素B_{12}
氨基	磷酸吡哆醛、磷酸吡哆胺	维生素B_6
二氧化碳	生物素	生物素
一氧化碳	FH_4（四氢叶酸，CoF）	叶酸

四、酶的分类

酶的种类很多，为了研究，学习和进行学术交流的方便，1961年国际酶学委员会（International Enzyme Commission，缩写EC）提出了酶的系统分类法。该系统按酶催化反应的类型将酶分成六个大类。2018年国际生物化学与分子生物学联合会（IUBMB）更改了酶的分类规则，在原有六大酶类之外又增加了一种新的酶类——转位酶，也称为易位酶，系统编号为EC 7（表7-2）。

表7-2　酶的分类

编号	名称	催化反应类型与通式	实例
EC_1	氧化还原酶	催化生物氧化还原反应（电子的转移） $AH_2 + B \longleftrightarrow A + BH_2$	脱氢酶、氧化酶
EC_2	转移酶	催化不同物质分子间功能基团交换或转移 $AR + B \longleftrightarrow A + BR$	转氨基酶、磷酸化酶
EC_3	水解酶	催化水解反应 $AB + H_2O \longleftrightarrow AOH + BH$	淀粉酶、蛋白酶、脂肪酶
EC_4	裂解酶（裂合酶）	催化一个化合物分解为几个化合物或其逆反应 $AB \longleftrightarrow A + B$	脱羧酶、醛缩酶
EC_5	异构酶	催化同分异构体互相转变 $A \longleftrightarrow B$	顺反异构酶、消旋酶
EC_6	合成酶（连接酶）	催化两个分子合成一个分子的反应，合成过程中伴有ATP分解 $A + B + ATP \longleftrightarrow AB + ADP + Pi$	谷氨酰胺合成酶、谷胱甘肽合成酶
EC_7	转位酶	催化离子或分子穿越膜结构的酶或其膜内组分 A（side 1）$\longleftrightarrow$A（side 2）	线粒体外膜转位酶

五、酶的命名

酶的命名有两种：习惯命名法和系统命名法。习惯命名法比较简单、直观，但缺乏系统性，易产生"一酶多名"或"一名多酶"的现象。系统命名法比较繁琐，但可确保一个酶只有一个系统名称，更明确。

（一）习惯命名法

（1）以酶催化的底物名称直接命名，如淀粉酶、蛋白酶等。

（2）以酶催化的底物加反应的类型来命名，如乳酸脱氢酸、磷酸己糖异构酶等。

（3）以酶催化的底物加上酶的来源来命名，如唾液淀粉酶、胰蛋白酶、胃蛋白酶等。

（二）系统命名法及编号

酶的系统名称标明了酶的作用底物与催化反应性质（表7－3）。底物之间用“：”隔开，如果底物是水，则可省略。如天冬氨酸转氨酶其系统名称为L-天冬氨酸：α-酮戊二酸氨基转移酶，编号为EC 2.6.1.1。酶催化反应两种底物为L-天冬氨酸和α-酮戊二酸，催化反应性质为转移反应。第一个数字前冠以EC，第一个数字“2”表示该酶属于六大类中的第二类转移酶类，第二个数字表示该酶属于哪一亚类，第三个数字表示亚－亚类，第四个数字表示在亚－亚类中的排序，每个数字之间用“.”分隔。

表7－3 酶的系统命名及编号

反应类型	习惯名称	系统名称	催化的反应	编号
氧化还原酶类	乙醇脱氢酶	乙醇：NAD＋氧化还原酶	乙醇 ＋ NAD＋⇌乙醛 ＋ NADH＋H^+	EC 1.1.1.1
转移酶类	天冬氨酸氨基转移酶	L-天冬氨酸：α-酮戊二酸氨基转移酶	L-天冬氨酸 ＋ α-酮戊二酸⇌草酰乙酸 ＋ L-谷氨酸	EC 2.6.1.1
水解酶类	脂肪酶	脂肪：水解酶	脂肪 ＋ H_2O⇌脂肪酸 ＋ 甘油	EC 3.1.1.3
裂解酶类	果糖二磷酸醛缩酶	D-果糖-1,6-二磷酸：D-甘油醛-3-磷酸裂解酶	D-果糖-1,6-二磷酸⇌磷酸二羟丙酮 ＋ D-甘油醛-3-磷酸	EC 4.1.2.13
异构酶类	磷酸己糖异构酶	D-葡萄糖-6-磷酸：磷酸己糖异构酶	D-葡萄糖-6-磷酸⇌D-果糖-6-磷酸	EC 5.3.1.9
合成酶类	谷氨酰胺合成酶	L-谷氨酸：氨合成酶	L-谷氨酸 ＋ ATP ＋ NH_3⇌ L-谷氨酰胺＋ADP ＋ Pi	EC 6.3.1.2
转位酶类	ATP合酶	ATP：转位酶	ATP＋H_2O＋H^+（一侧）⇌ADP＋H_3PO_4＋H^+（另一侧）	EC 7.1.2.2

六、酶活力与比活力

酶的生物活性不能直接用质量或体积来衡量。酶蛋白的含量与其催化活性并没有因果关系，酶的催化能力只能通过催化反应速率来表达。

酶活力也称酶活性，是指酶催化一定化学反应的能力。酶活力的大小可以用在一定条件下所催化的某一化学反应的转化速率来表示。酶催化的转化速率越快，酶的活力就越高；反之，速率越慢，酶的活力就越低。所以，测定酶的活力就是测定酶促转化速率。酶转化速率可以用单位时间内单位体积中底物的减少量或产物的增加量来表示。

酶活力有两种标准单位，即酶活力单位（IU）和开特（Kat）。

1961年，国际酶学会议规定，酶活力单位是指在特定条件（25℃，其他为最适条件）下，1分钟内催化1μmol底物转化为产物所需的酶量，称为一个酶活力单位（IU，又称U）。

1972年，国际酶学委员会又推荐一个新的酶活力国际单位是Katal（Kat）。一个“Kat”单位是指在最适条件下，1秒内催化1mol底物转化为产物所需的酶量。

两种国际单位的换算关系如下：$1Kat = 6 \times 10^7 U$，$1U = 16.67 \times 10^{-9} Kat$

无论哪种国际单位，都不能表示酶的绝对数量，它们只不过是一种相对比较的依据。在酶学中，还引入了一种酶单位，叫比活力。

酶的比活力是每毫克酶蛋白所具有的酶活力，单位是U/mg。比活力是评价酶纯度高低的一个指标，是生产和酶学研究中经常使用的基本数据。对同一种酶来讲，比活力愈高则表示酶的纯度越高（含杂质越少）。

$$比活力 = \frac{酶活力（U）}{酶蛋白质量（mg）}$$

知识链接

核酶

核酶又叫核酸类酶、酶RNA、类酶RNA，是具有催化功能的小分子RNA，属于生物催化剂，可降解特异的mRNA序列。核酶的功能很多，有的能够切割RNA，有的能够切割DNA，有些还具有RNA连接酶、磷酸酶等活性。核酶的发现，打破了“酶的化学本质是蛋白质”的传统概念，克服了原有认识中的片面性。由此可见，要用发展的眼光看问题，不断更新观念，勇于创新，大胆实践，不必害怕失败。每一次失败就为我们通往成功搭上一层阶梯。

任务7.2 酶的作用机制

情境导入

情境 小军发现酶作为生物催化剂比无机催化剂的催化速率大许多倍。例如，蔗糖酶催化蔗糖水解的速率是无机催化剂 H^+ 的 2.5×10^{12} 倍。而且酶的作用不需要较高的反应温度。

思考 1. 酶的催化速率为什么如此之快？

2. 酶与无机催化剂催化作用机制有何不同呢？

一、酶催化作用与活化能

在一个化学反应中，并不是所有底物分子都能参加反应。只有具备足够能量而成为活化分子的底物，才能参加化学反应。

要使化学反应迅速进行，就需增加活化分子数量，有两条途径：第一，加外能量，例如对化学反应加热或者光照，增加底物分子的能量；第二，降低活化能，相同的能量能使更多的分子活化，活化分子的数量越多，反应速度越快。酶之所以具有很高的催化效率，一般认为是酶促反应降低了化学反应所需的活化能的原因（图7－1）。

二、中间产物理论

酶是如何使反应的活化能降低而体现出极为强大催化效率呢？生物化学家Michaelis和Menten提出了酶中间产物理论：酶降低活化能的原因是酶参加了反应，即酶分子（E）与底物分子（S）先结合形成不稳定的中间产物（ES），这个中间产物不但容易生成，而且容易分解出产物（P），释放出原来的酶，这样就把原来能阈较高的一步反应变成了能阈较低的两步反应（图7－2）。由于活化能降低，所以活化分子大大增加，反应速率因此而迅速提高。这一过程可用反应式表示为：$E + S \underset{K_2}{\overset{K_1}{\rightleftharpoons}} ES \xrightarrow{K_3} P + E$。

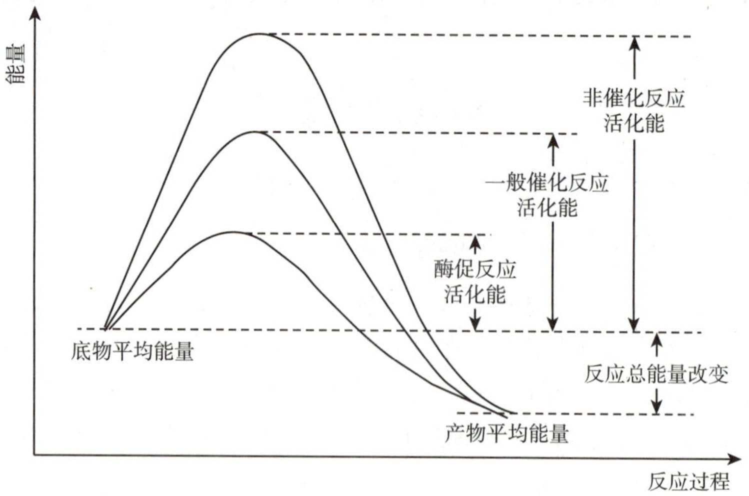

图7-1 化学反应与活化能

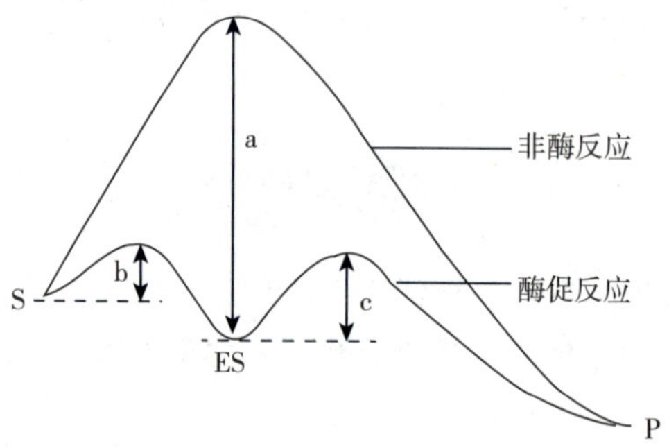

图7-2 酶促反应的活化能变化

三、诱导契合学说

针对酶的催化作用具有高度专一性的特点，科学家提出过“锁钥学说”，即酶和底物结合时，底物的结构和酶的活性中心结构十分吻合，就好像一把钥匙配一把锁一样。酶的这种形状是刚性的、固定的，使酶只能与对应的化合物契合，从而排斥了那些形状、大小不适合的化合物。后来科学家研究发现，当底物与酶结合时，酶分子上的某些基团常常发生明显的变化。另外，酶常常能够催化同一个生化反应中正逆两个方向的反应。因此，“锁钥学说”把酶的结构看成是固定不变的，这是不符合实际的。

于是，科学家又提出“诱导契合学说”（图7-3），这个学说已被许多研究证实，即当底物与酶相遇时，可诱导酶活性中心的构象发生相应的变化，有关的各个基团达到正确的排列和定向，从而使酶和底物契合形成酶-底物中间络合物，并引起底物发生反应，反应结束当产物从酶上脱落下来后，酶的活性中心又恢复了原来的构象。

四、酶的活性中心 微课2

酶分子中能够与底物特异性的结合并催化底物转变为产物的具有特定空间的区域，称为酶的活性中心。酶分子中存在有许多化学基团，例如，$—NH_2$、—COOH、—SH、—OH 等，这些基团不是都与酶活性有关。一般将参与构成酶的活性中心和维持酶的特定构象所必需的基团称为酶的必需基团。

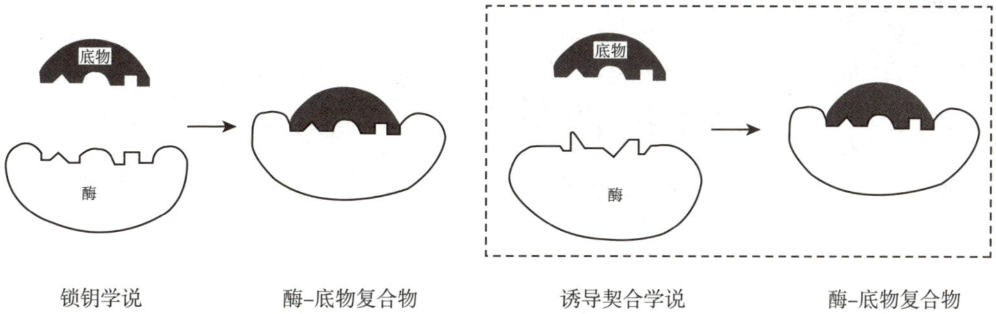

图7-3 锁钥学说和诱导契合学说

构成酶活性中心的必需基团可按其作用分为两种：一种是结合基团，能与底物相结合，形成底物与酶的复合物；另一种是催化基团，催化底物发生化学变化，并将其转化为产物。活性中心的有些必需基团可同时具有这两方面的功能。还有一些必需基团，虽然不参加活性中心的组成，但却是维持酶活性中心空间构象所必需的，这些基团称为酶活性中心以外的必需基团（图7-4）。

酶活性中心构象是动态结构，存在一定的可塑性，当酶发挥催化作用时，酶活性中心具有精确的构象，酶活性中心一旦被其他物质占据或某些理化因素使其空间构象破坏，酶的活性就会丧失。

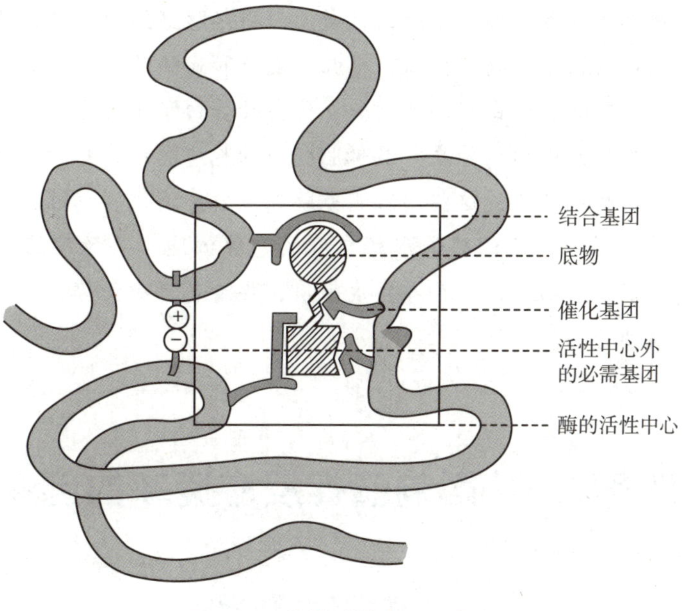

图7-4 酶的活性中心示意图

五、酶原与酶原的激活

有些酶在细胞内合成和初分泌时，并无催化活性，这种无活性的酶的前体称为酶原。机体内一些与消化作用、凝血作用、补体作用有关的酶在分泌时是以酶原形式存在的。这些酶在某些特定的部位或时间段必须以酶原形式存在。在一定的条件下，无活性的酶原可转变为有活性的酶，此过程称为酶原激活。酶原激活的实质是酶的活性中心形成或暴露的过程。

例如，胰蛋白酶、胰凝乳蛋白酶和弹性蛋白酶是一类消化食物的酶，胰蛋白酶由胰腺以酶原的形式分泌进入小肠，再被肠道产生的肠激酶裂解而活化，从N末端切去六肽后被激活为胰蛋白酶（图7-5）。活化的胰蛋白酶不仅能水解食物中的蛋白质，还能催化胰蛋白酶原的自身激活和小肠中其他蛋白酶原的激活，从而形成一系列高效的酶促反应。

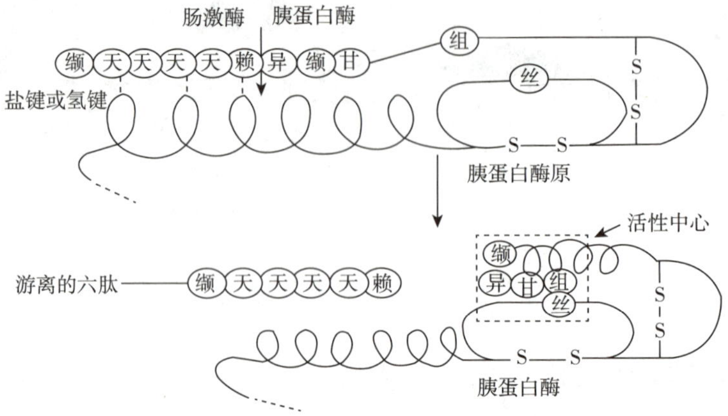

图 7－5 胰蛋白酶原的激活过程

知识链接

急性胰腺炎

急性胰腺炎是多种病因导致胰酶在胰腺内被激活后引起胰腺组织自身消化、水肿、出血甚至坏死的炎症反应。临床以急性上腹痛、恶心、呕吐、发热和血胰酶增高等为特点。正常胰腺能分泌十几种酶，其中以胰淀粉酶、蛋白酶、脂肪酶、弹性硬蛋白酶等为主。这些酶平时多以无活性的胰酶原的形式存在于腺泡细胞内，外裹一层磷脂膜与细胞质隔绝。同时，胰腺还产生胰蛋白酶抑制物质，可抑制胰蛋白酶的活性，这些均可避免胰腺被自身消化。急性胰腺炎的发生是由于胰酶原在未进入小肠时被激活，激活的胰酶水解自身的胰腺细胞，导致胰腺出血、肿胀。由此可见，定位正确，工作才能事半功倍，从个人角度来看，要清楚自身优势，确定好目标和承担的角色，扬长避短，才能有所作为。

任务 7.3 影响酶促反应速率的因素

情境导入

情境 又到采摘玉米的时节了，小军发现农户在采摘后将带皮的玉米浸泡在沸水中几分钟，然后在冷水中冷却，再储存在冰箱中。

思考 1. 沸水浸泡一段时间后再保存的原因是什么呢？

2. 这样保存的玉米有什么好处呢？

酶促反应速率受多种因素影响，主要有六大因素：温度、酸碱度、激活剂、抑制剂、酶浓度和底物浓度。在酶的实际应用中，必须控制好各种影响因素，以充分发挥酶的催化功能。

一、温度的影响

不同的温度会影响酶的活性，进而影响酶促反应的速率。酶是蛋白质或RNA，低温一般只会降低酶的活性，而不会使酶丧失活性。在一定范围内，伴随着温度的升高，酶的活性越来越高，当达到一定的温度后，高温会使蛋白质发生变性，当温度升高到60℃以上时，大多数酶已经发生变性，酶活性丧失，酶促反应速率降低。能使酶促反应速率达到最快时反应体系的温度称为该酶促反应的最适温度（图7－6）。一般来说，人体内酶的最适温度是37℃左右；动物组织中各种酶的最适温度为37～40℃；植物组织中各种酶的最适温度为40～50℃；大部分微生物体内各种酶的最适温度为25～60℃。每种酶在一定条件下都有其最适温度，高于或低于此温度，酶的活性都降低。

最适温度不是酶的特征物理常数，它受到其他各种因素如底物种类、作用时间、pH值等的影响。另外，最适温度随酶促反应时间的长短而改变，酶可以在短时间内耐受较高的温度，然而当酶促反应时间较长时，最适温度向温度降低的方向移动，所以只有在规定的酶促反应时间内才可确定酶的最适温度。

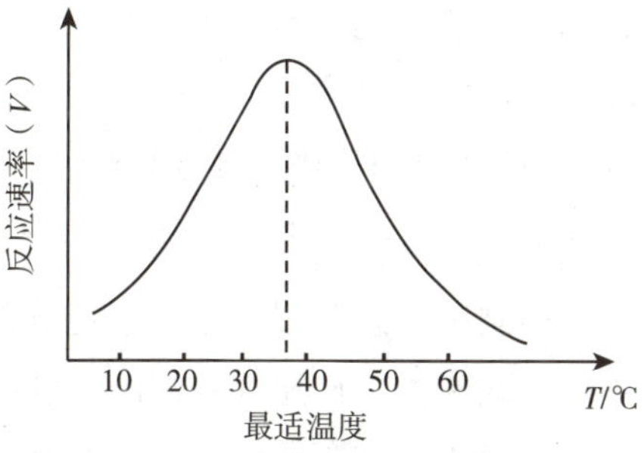

图7－6　温度对酶促反应的影响

在生活中，常利用低温降低酶活性来保藏食品。例如，果蔬采摘后，通过冷水降温，降低酶活性，从而降低呼吸强度，延长果蔬保鲜期；高温可以使大多数酶变性失活，食品加工中的漂烫、巴氏杀菌、煮沸、高压等，就是利用高温使食品或微生物中的酶发生热变性，从而达到防止食品腐败变质的目的。

二、pH值的影响

pH值可影响酶活性中心的空间构象，从而使酶蛋白中活性部位的结合基团和催化基团的功能受到影响，进而影响酶促反应速率。一种酶在不同pH值条件下活性不同，酶促反应速率最大时的pH值称为该酶的最适pH值（图7－7）。各种酶在一定条件下都有其特定的最适pH值，与酶的最适温度一样，酶的最适pH值也不是酶的特征物理常数，它受到许多因素的影响，如底物种类和浓度、缓冲液种类和浓度等，因此只有在一定条件下最适pH值才有意义。

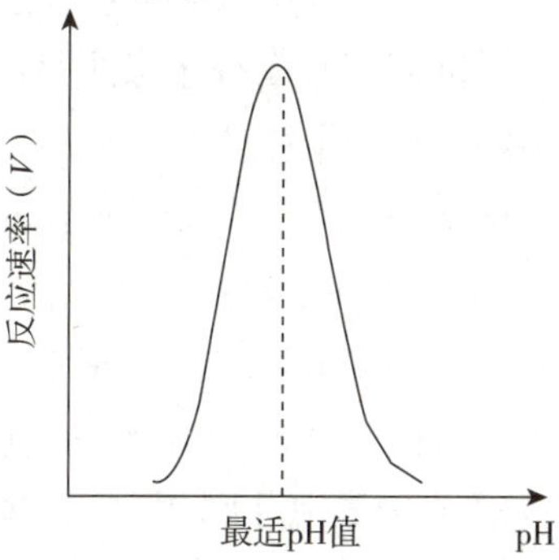

图7－7　pH值对酶促反应的影响

多数植物和微生物来源的酶，最适pH值在4.5～6.5左右；动物酶的最适pH值在6.5～8.0左右。也有例外，如胃蛋白酶最适pH值为1.5～2.5，精氨酸酶的最适pH值在9.8～10.0。

三、激活剂的影响

凡是能提高酶活性的物质，都称为激活剂。激活剂包括无机离子、小分子有机物及某些蛋白质类的生物大分子。无机离子有金属离子Mg^{2+}、K^{+}、Ca^{2+}等，阴离子如Cl^{-}等。其中，大多数金属离子激活剂对酶促反应是不可缺少的，否则酶将失去催化活性，这类激活剂称为必需激活剂，如Mg^{2+}是激酶的必需激活剂；有些激活剂不存在时，酶仍有一定的催化活性，但催化效率较低，加入激活剂后，酶的催化活性显著提高，这类激活剂称为非必需激活剂，如Cl^{-}是淀粉酶的非必需激活剂。人们认为，在酶的制备过程中可能丢失了某些离子，因而添加这些离子时可提高酶活性。

一些含巯基的酶，在分离纯化过程中，其巯基常被氧化而活性下降，加入某些还原性的小分子有机物（如抗坏血酸、半胱氨酸、谷胱甘肽等），可使巯基还原而恢复活性。添加激活剂时要注意其浓度，浓度过高或过低的激活剂浓度有时非但不能起到激活作用，甚至还起抑制作用，这是添加时应注意的。

四、抑制剂的影响

酶的抑制剂是指特异性作用于酶的某些基团，降低酶的活性甚至使酶完全丧失活性的物质。抑制剂多与酶活性中心或必需基团特异结合而导致酶活性降低或丧失。没有特异性作用使酶活性下降或丧失的物质不能称为酶的抑制剂，如强酸、强碱。

酶的抑制剂多种多样，如重金属离子（Ag^{+}、Hg^{2+}、Cu^{2+}）、一氧化碳、硫化氢、氰化物、碘乙酸、砷化物、氟化物、生物碱、燃料、有机磷农药以及麻醉剂等。另外，某些动物组织（如胰脏、肺等）和某些植物（如大麦、燕麦、大豆、蚕豆等）都能产生蛋白酶的抑制剂。

根据抑制剂与酶的作用方式可将抑制作用分为不可逆抑制作用与可逆抑制作用。

（一）不可逆抑制作用

抑制剂与酶分子以共价键相结合，使酶失活，这类抑制剂不能用透析、超滤等物理方法去除，此种抑制方式称为不可逆抑制作用。例如，农药有机磷杀虫剂敌百虫、敌敌畏、乐果等有机磷化合物，能特异性地与胆碱酯酶的活性中心丝氨酸残基的羟基结合，使酶失活。这类抑制作用随着抑制剂浓度的增加而逐渐增加，当抑制剂的量达到足以和所有的酶结合时，酶的活性就完全被抑制。如有机磷、有机汞、有机砷、重金属离子、烷化剂、氰化物等，都是酶的不可逆抑制剂。

（二）可逆抑制作用 微课3

抑制剂与酶分子以非共价键相结合，使酶活性降低或丧失，这类抑制剂能用透析、超滤等物理方法去除，使酶活性恢复，此种抑制方式称为可逆抑制作用。可逆性抑制作用可分成竞争性抑制作用、非竞争性抑制作用和反竞争性抑制作用。

1. 竞争性抑制作用 有些抑制剂（I）与底物（S）结构相似，与底物竞争酶（E）的结合部位，从而影响了底物与酶的正常结合。因为酶的活性中心不能同时既与底物结合又与抑制剂结合，所以在底物和抑制剂之间产生竞争，形成一定的平衡关系，抑制剂与酶形成可逆的 EI 复合物，但 EI 复合物不能分解成 P 产物（图 7-8），这类抑制作用称为竞争性抑制作用。由于抑制剂和酶的结合是可逆的，抑制程度取决于抑制剂与酶的相对亲和力，还取决于与底物浓度的相对比例。这种抑制作用可以通过增加底物浓度来解除。

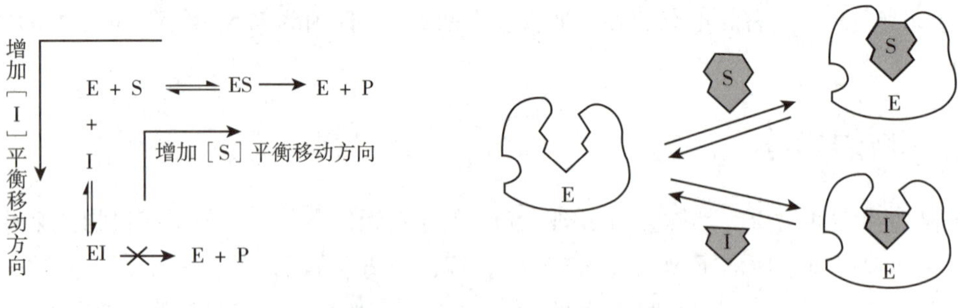

图 7-8 竞争性抑制作用

例如丙二酸和戊二酸的结构与琥珀酸（即丁二酸）很相似，都是琥珀酸脱氢酶的竞争性抑制剂。

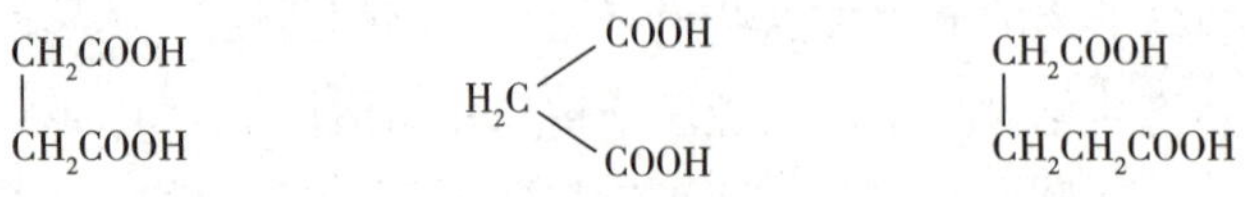

琥珀酸　　丙二酸　　戊二酸

2. 非竞争性抑制作用 这类抑制作用的特点是抑制剂和底物都可以与酶结合，两者没有竞争关系，酶与抑制剂结合后还可以与底物结合，或酶与底物结合后还可以与抑制剂结合，但形成的三元复合物EIS较稳定，不能进一步分解为产物，从而抑制了酶的活性，这类抑制作用称为非竞争性抑制（图7－9）。底物和这种抑制剂在与酶结合时，不互相排斥，无竞争性，因而这种抑制作用不能通过增加底物浓度来解除。

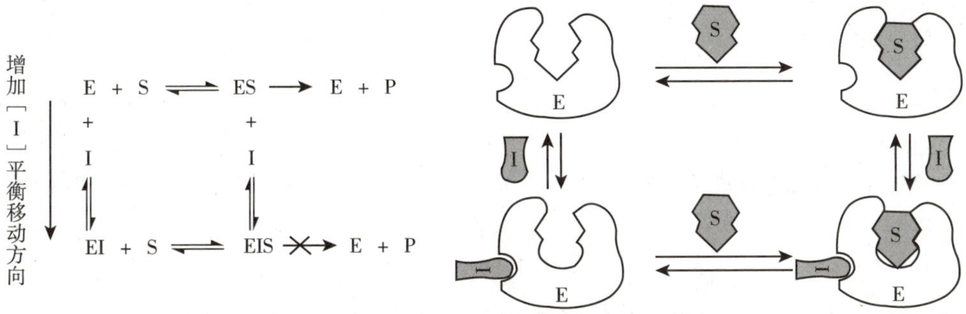

图7－9　非竞争性抑制作用

3. 反竞争性抑制作用　此类抑制作用与上述两种不同，抑制剂不能与游离的酶结合，而只能与酶-底物复合物ES结合，生成不能分解成产物的EIS，使中间复合物ES的量下降，这类抑制作用称为反竞争性抑制作用（图7－10）。此类抑制作用程度取决于抑制剂的浓度及底物的浓度。

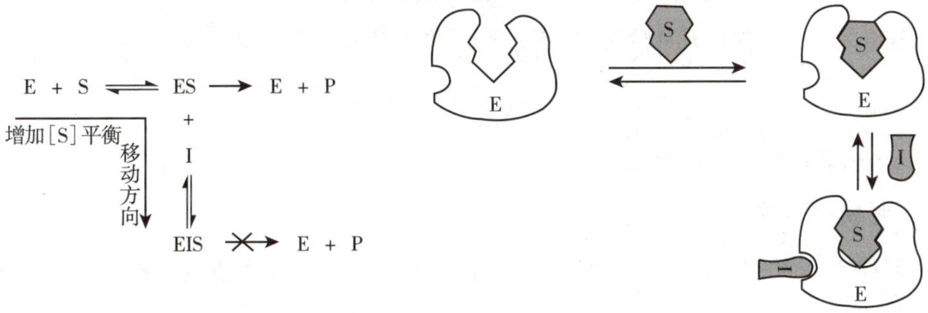

图7－10　反竞争性抑制作用

五、酶浓度的影响

在最适条件下，当底物浓度足够大时，酶促反应速率（V）与酶浓度（E）成正比（图7－11）。即酶浓度越高，酶促反应速率越快。

六、底物浓度的影响

对于简单的酶促反应，在酶浓度及其他条件不变的情况下，底物浓度［S］对酶促反应速率（V）的影响呈矩形双曲线（图7－12）。

在底物浓度很低时，反应速率随底物浓度的增加而增加，两者呈近似正比关系，表现为一级反应（OA段）；随着底物浓度的继续升高，反应速率不再呈正比关系，其增加的幅度不断，表现为混合级反应（AB段）；当底物增加到一定值时，反应速率趋于恒定，此时增加底物浓度反应速率也不再加快，表现为零级反应（BC段），说明酶已经被底物所饱和。所有酶都有饱和现象，只是达到饱和状态时所需的底物浓度各不相同。

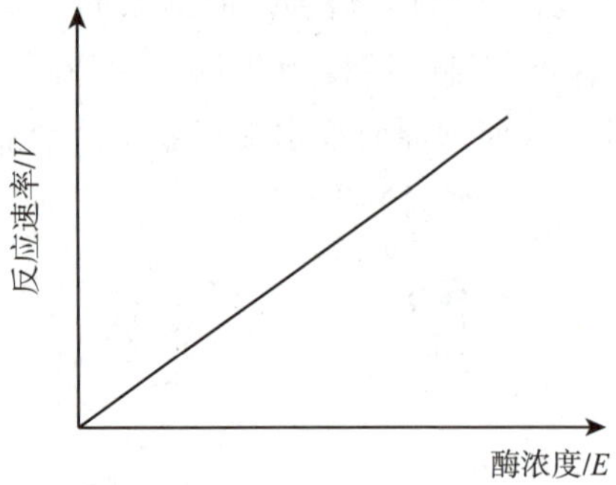

图 7-11 酶浓度对酶促反应的影响

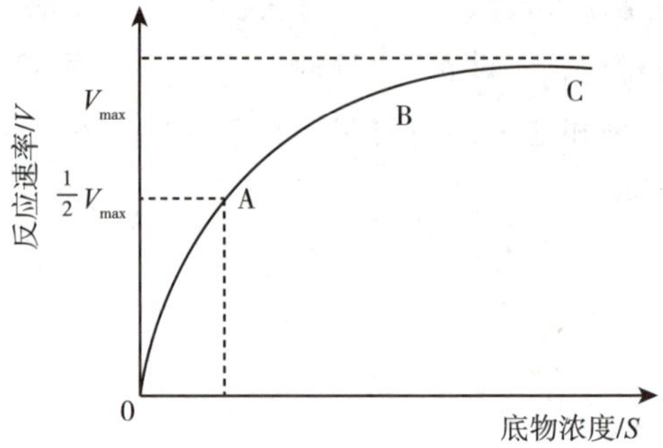

图 7-12 底物浓度对酶促反应的影响

（一）米氏方程

1913 年 Michaelis 和 Menten 用化学平衡原理研究出了一个表示底物浓度与反应速率之间相互关系的方程式，称为米-曼方程（常简称米氏方程）。

$$V=\frac{V_{max}[S]}{K_m+[S]}$$

式中，V 为酶促反应速率，V_{max}为最大反应速率，K_m为米氏常数，[S] 为底物浓度。在米氏方程中，若 V_{max}和 K_m已知，便能确定酶促反应速率和底物浓度之间的定量关系。

在一些特殊情况下，当反应速率 $V=1/2\ V_{max}$时，米氏方程可变换成下式：

$$\frac{V_{max}}{2}=\frac{V_{max}[S]}{K_m+[S]}$$

若以 V_{max}除以等式两边，则得 $K_m=[S]$。

（二）米氏常数的意义

（1）米氏常数 K_m是酶促反应速率达到最大反应速率一半时的底物浓度，单位为 mol/L，与底物浓度的单位一样。

（2）K_m值是酶的特征常数之一。K_m一般只与酶的性质有关，而与酶浓度无关，不同的酶，K_m值不同，可通过测定 K_m值鉴定不同的酶类。如果一种酶有几种底物，则对每一种底物各有一个特定的 K_m值。K_m还受 pH 值和温度的影响。

（3）K_m值可反映酶对底物的亲和力，两者成反比。K_m值越大，表示酶和底物的亲和力越小，酶的催化活性低；K_m值越小，表示酶和底物的亲和力越大，酶的催化活性高。同一种酶有几种底物就有几种 K_m值，其中 K_m值最小的底物一般称为该酶的最适底物或天然底物。

（4）K_m值不仅可体现酶的性质，在酶的研究和实际应用中也有着重要的作用。如在使用酶制剂时，可由所要求的反应速率（可用 V_{max}的百分数表示），求出应当加入底物的合理浓度，反过来，也可根据已知的底物浓度，求出该条件下的反应速率。

如要求反应速率为 V_{max}的 99%，则底物浓度应为：$[S]=99K_m$。

（三）米氏常数的确定

测定米氏常数的方法有许多，最常用的是双倒数作图法（Lineweaver-Burk 法）。将米氏方程式变为其倒数，即为：

$$\frac{1}{V}=\frac{K_m}{V_{max}}\times\frac{1}{[S]}+\frac{1}{V_{max}}$$

此公式相当于 y = ax + b，以 $1/V$ 为纵坐标、以 $1/[S]$ 为横坐标作图，即得一条直线，其斜率为

K_m/V_{max}，在纵轴上的截距为 $1/V_{max}$，在横轴上的截距为 $1/K_m$，据此可求出 K_m值（图7－13）。

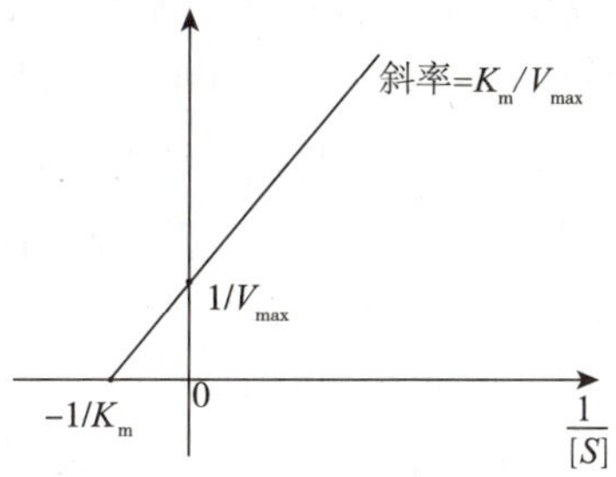

图7－13　计算 K_m 的双倒数作图法

知识链接

茅台酒

茅台酒是中国的传统特产酒，与苏格兰威士忌、法国科涅克白兰地齐名的世界三大蒸馏名酒之一，也是大曲酱香型白酒的鼻祖，已有800多年的历史。茅台酒的风格特点是“酱香突出、幽雅细腻、酒体醇厚、回味悠长、空杯留香持久”，其特殊的风格来自于历经岁月积淀而形成的独特传统酿造技艺。2006年，国务院批准将“茅台酒传统酿造工艺”列入首批国家级非物质文化遗产名录。茅台酒独一无二的“一二九八七”工艺，一锨、一铲、一篼、一撮的精心酿造，造就了茅台酒无与伦比的品质。由此可见，一瓶好酒就是一件艺术品，蕴含着精益求精的工匠精神。对我们来说要干一行、爱一行、专一行、精一行，践行务实肯干、坚持不懈、精雕细琢的工匠精神。

任务7.4　食品中重要的酶及其应用

情境导入

情境　老动物肌肉、牛肉等多含耐热的肌肉结缔组织，熟制后很硬，难咀嚼，不易消化，小军发现市面上出售的嫩肉粉能促进肉的嫩化。

思考　1. 为什么嫩肉粉能使肉变嫩呢?

2. 嫩肉粉的成分是什么呢?

酶在食品工业中应用越来越广泛，涉及葡萄糖、饴糖、果葡糖浆、蛋白质制品、果蔬、肉类的加工及食品保鲜、食品品质与风味的改善等方面，取得了很好的效益。下面介绍几种食品工程中常用的酶。

一、淀粉酶

淀粉酶是水解淀粉、糖原和多糖衍生物酶类的总称，它广泛存在于自然界，是一类用途十分广泛的酶类。根据水解淀粉的方式不同可将淀粉酶分成四类：α-淀粉酶、β-淀粉酶、葡萄糖淀粉酶和脱支酶（图7－13）。

α-淀粉酶是一种内切酶，以随机方式在淀粉分子内部水解α-1,4-糖苷键，但不能水解α-1,6-糖苷键。经此酶作用后，淀粉被水解成短链的糊精分子，溶液的黏度迅速降低，故此酶又称为液化淀粉酶。新产大米的α-淀粉酶活性较陈米高，故质量好，煮的饭风味好。α-淀粉酶广泛存在于动植物组织及微生物中，发芽的种子、人的唾液、动物的胰脏内α-淀粉酶的含量尤其多。在工业上是利用枯草杆菌、地衣芽孢杆菌、米根霉、米曲霉、黑曲霉等微生物制备高纯度的α-淀粉酶。

β-淀粉酶是一种外切酶，它只能水解淀粉的α-1,4-糖苷键，不能水解淀粉的α-1,6-糖苷键。当催化淀粉水解时，是从淀粉分子的非还原性末端开始，依次切下一个个麦芽糖单位，并将切下的α-麦芽糖转变成β-麦芽糖。β-淀粉酶主要存在于高等植物的种子中，大麦芽中含量较丰富，某些细菌和霉菌也含有此酶。β-淀粉酶常用于饴糖、高麦芽糖浆、烤面包、发酵馒头、啤酒等食品的生产。

葡萄糖淀粉酶是一种外切酶，它水解淀粉时，是从非还原端开始逐次切下一个个葡萄糖单位，并将切下的α-葡萄糖转变为β-葡萄糖。葡萄糖淀粉酶不仅能水解淀粉分子的α-1,4-糖苷键，而且能水解淀粉分子的α-1,6-糖苷键和α-1,3-糖苷键，只是水解这两种键的速度很慢。因此，葡萄糖淀粉酶作用于直链淀粉或支链淀粉时，终产物均是葡萄糖。葡萄糖淀粉酶单独作用支链淀粉时，水解α-1,6-糖苷键的速度只有水解α-1,4-糖苷键速度的4%～10%，很难将支链淀粉完全水解，只有当α-淀粉酶存在时，葡萄糖淀粉酶才可将支链淀粉较快地完全水解。所以，工业上糖化淀粉同时添加α-淀粉酶。

脱支酶是水解支链淀粉或糖原分子中α-1,6-糖苷键的酶，又称支切酶。它切开分支点的α-1,6-糖苷键，而使整个侧支切下成为短直链糊精，以利于其他糖化酶类的作用。根据作用方式不同，可分为直接脱支酶和间接脱支酶两大类，前者可催化水解未改性支链淀粉或糖原中α-1,6-糖苷键，后者只能催化水解已被其他酶改性的支链淀粉或糖原。

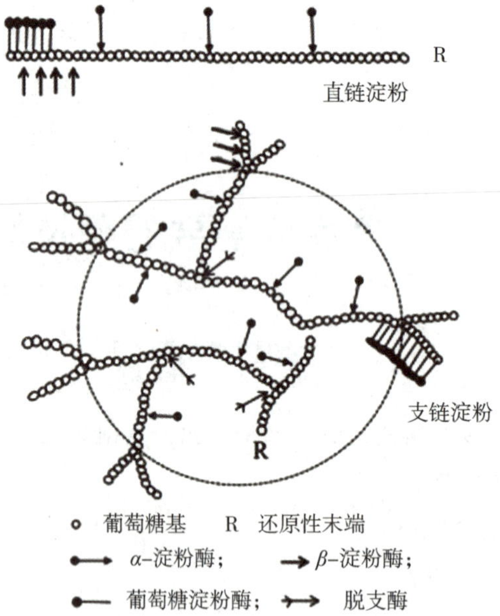

图7-14 几种淀粉酶作用模式示意图

二、纤维素酶

纤维素酶是降解纤维素生成葡萄糖的一组酶的总称，它不是一种单一的酶，而是起协同作用的多组分酶系，是一种复合酶，主要由外切β-葡聚糖酶、内切β-葡聚糖酶和β-葡萄糖苷酶等，还有很高活力的木聚糖酶组成。纤维素酶作用于纤维素以及从纤维素衍生出来的产物，广泛存在于自然界的生物体中，细菌、真菌、动物体内等都能产生纤维素酶。一般用于生产的纤维素酶来自于真菌，比较典型的有木霉属、曲霉属和青霉属。

纤维素酶在食品工业被广泛应用，如采用纤维素酶将不溶性纤维素转化为葡萄糖；在果汁生产中利用纤维素酶破坏细胞壁提高出汁率；用纤维素酶处理大豆，促使其快速脱皮，与此同时，由于它能破坏细胞壁，使包含在细胞中的蛋白质、油脂完全分离，增加了优质水溶性蛋白质和油脂的获得率，既降低了成本，缩短了时间，又提高了产品品质；速溶茶要求速溶后不留渣，若用沸水浸泡和酶法结合提取，既可缩短抽提时间，又可提高水溶性较差的茶单宁、咖啡因等的抽提率，并能保持茶叶原有的色、香、味；利用纤维素酶对新鲜的豆渣进行酶解，可获得其水溶性膳食纤维的提取液，添加辅料可混合调配成具有一定保健功能的膳食纤维类饮料；添加纤维素酶来酿酒，可缩短发酵时间，提高出酒率且酒的品质纯正，节约粮食。此外，利用纤维素酶水解木质素生产乙醇用于化工、能源等方面，可缓解资源短缺问题。

三、蛋白酶

能作用于蛋白质或多肽的肽键，使之发生水解反应的酶称为蛋白酶。蛋白酶按来源可分为植物蛋白酶、动物蛋白酶和微生物蛋白酶。

植物体内存在多种蛋白酶，在食品工业中应用较多的有菠萝汁中的菠萝蛋白酶、无花果乳汁中的无花果蛋白酶、木瓜中的木瓜蛋白酶等，这些酶被用于肉类嫩化、啤酒沉淀物消除等方面。

动物蛋白酶是蛋白制品常用的酶类。在动物中存在多种蛋白酶，如胃蛋白酶、胰蛋白酶、凝乳酶、氨肽酶、羧肽酶等。胃蛋白酶能水解蛋白质分子芳香氨基酸形成的肽键；胰蛋白酶在胰脏内合成，在小肠内激活，能水解由赖氨酸和精氨酸羧基形成的肽键；凝乳酶能分解乳中酪蛋白分子中特定的肽键而使之变性沉淀，因而应用凝乳酶生成干酪时，产率和质量都很高，是干酪生产的最佳酶种。

微生物是获得蛋白酶最有效的途径，不会破坏动物和植物资源，常年可生产，可从细菌、酵母菌和霉菌制取。用于生产食品用酶的菌种必须是非致病和不分泌毒素的。如枯草芽孢杆菌和栖土曲霉生产中性蛋白酶、地衣芽孢杆菌生产碱性蛋白酶等。蛋白酶已经应用于肉类加工、啤酒生产、面包与糕点的制作等方面，可以改善食品风味，提高生产质量。

四、脂肪酶

脂肪酶存在于动物的消化液、植物种子和多种微生物体内。脂肪酶能逐步水解脂肪分子中的酯键而生成脂肪酸和甘油。脂肪酶催化处于乳化状态的脂肪分子发生水解反应或采用乳化剂以增加脂肪与水界面的接触面，均能提高催化反应速率。来源于酵母或霉菌的脂肪酶可用于大豆的脱腥；在奶酪、奶油加工中，添加脂酶可将乳脂分解释放出风味化合物，改善产品风味。但含脂食品（如牛奶、奶油、干果等）发生水解酸败，产生的不良风味，也来自脂肪酶的水解；粮油的变质，酸度上升，常也是脂肪酶参与反应的结果。

五、葡萄糖氧化酶

葡萄糖氧化酶是一种需氧脱氢酶，在有氧条件下催化葡萄糖的氧化反应生成葡萄糖酸。葡萄糖氧化酶最初是从黑曲霉和灰绿曲霉中发现，现在米曲霉、青霉等霉菌都能产生。

食品加工中用该酶可进行氧化除糖、除氧。去除葡萄糖的应用有：①在蛋品生产中除去葡萄糖，防止引起产品变色的美拉德反应；②减少土豆片中的葡萄糖，从而使油炸土豆片产生黄金色而不是棕色。除去氧的应用有：①在罐装食品中，可采用此法除去食品和容器中的氧，防止食品变质；②光催化反应生成的过氧化物会破坏橘子汁、啤酒中的风味物质并产生异味，可以用该方法通过减少容器顶隙氧气而加以克服；③除去封闭包装系统中的氧气，以抑制脂肪的氧化和天然色素的降解；④螃蟹肉和虾肉浸渍在葡萄糖氧化酶和过氧化物酶的混合溶液中，可抑制其颜色从粉红色变成黄色。

六、过氧化氢酶

过氧化氢酶主要是从微生物中提取的一种含铁的结合酶，在麸皮、大豆及牛乳中均含有，能分解过氧化氢。过氧化氢具有强氧化性，会导致食品的品质不稳定，而且会降低食品的食用安全性，所以在食品中的含量越低越好。

过氧化氢酶应用于食品的意义就在于降低过氧化氢的含量。例如，用过氧化氢可对牛乳进行巴氏消毒，经过处理的牛乳比较稳定；某些受热易破坏的干酪制作过程过剩的过氧化氢可用过氧化氢酶消除。

七、风味酶

对风味物前体转化为风味物产生关键催化作用的专一性酶被称为风味酶。水果和蔬菜中的风味化合物，一部分是因为风味酶直接或间接地作用于风味前体转化生成的。例如，香蕉、苹果或梨在生长过程中并无风味，甚至在收获期也不存在，直到成熟初期，由于生成少量的乙烯的刺激而发生了一系列酶促变化，风味物质才逐渐形成。

知识链接

酒 曲

酒曲，在经过强烈蒸煮的白米中，移入曲霉的分生孢子，然后保温，米粒上便会茂盛地生长出菌丝，此即酒曲。曲霉产生的淀粉酶会糖化米里面的淀粉，因此，自古以来就有把它和麦芽同时作为原料糖，用来制造酒、甜酒和豆酱等。酒曲酿酒是中国酿酒的精华所在。我国劳动人民早在距今至少4000多年前的夏禹时期就会用“曲”酿酒，例如《齐民要术》中记载了“《造神曲并酒》篇、《白醪酒》篇、《笨曲并酒》篇和《法酒》篇专门论述了古代酿酒”，这比国外发现磨碎的酵母滤液中所包含的酶能使糖类变成酒，早了一千多年，中国古人从长期实践中认识到了酒曲的重要性，口口相传，代代延用，酒曲的利用可以说是酿酒史上最伟大的创造。

知识拓展

酶制剂在食品分析检测中的应用

酶工程技术在食品工业各个领域都得到了广泛的应用。近年来，将酶制剂应用于食品分析检测中，显著地提高了检测效率。如聚合酶链式反应技术（polymerase chain reaction，PCR）、酶联免疫吸附技术（enzyme - linked immunosorbent assay，ELISA）、酶生物传感器（enzyme biosensor）、酶抑制法等，可用于食品中农药残留、微生物、生物毒素的检测以及转基因食品的测定，具有准确、快速，特异性高和灵敏性强等特点。

1. 聚合酶链反应（PCR）技术 PCR技术是以特定的基因片段为模板，利用人工合成的一对寡核苷酸为引物，以四种脱氧核苷酸为底物，在热稳定DNA聚合酶作用下，通过DNA模板的变性，特异性扩增DNA片段的技术，又称基因体外扩增法。这种测定方法的优点是测定结果迅速、灵敏度高和特异性高，检测成本低。PCR技术采用DNA扩增和自动化程序对特定的致病菌进行检测，已经成功地对沙门菌、大肠埃希菌、产单核细胞李斯特菌、金黄色葡萄球菌等致病菌进行有效测定。此外，PCR技术也用于转基因食品的检测，已检测了如大豆、土豆、玉米和西红柿等许多种食物。

2. 酶联免疫吸附（ELISA）技术 ELISA技术是从酶标记抗体技术发展起来的，是把抗原抗体的免疫反应和酶的高效催化作用原理有机地结合起来的一种检测技术。主要有三种方法：即直接法、抗体夹心法和竞争法。此方法检测食品中生理活性物质具有灵敏性强，特异性高，重复性好，检测速度快的特点，尤其适用于大批量样本检测。ELISA可检测食品中农药残留、生物毒素、重金属污染以及动物食品兽药残留和转基因食品的测定，还可用于食品中其他成分的测定，如大豆及其制品中的胰蛋白酶抑制因子、牛初乳中乳铁蛋白含量以及食品加工过程中酶的含量的变化等。

3. 酶生物传感器 酶生物传感器是将酶作为生物敏感基元，通过各种物理、化学信号转换器捕捉目标物与敏感基元之间的反应所产生的与目标物浓度成比例关系的可测信号，实现对目标物定量测定的分析仪器。此方法具有操作方便，检测迅速，选择性好，灵敏度高的特定。酶生物传感器发展较快，现已有多酶传感器，可用在生产线上监控食品加工流程、发酵工艺过程及微生物浓度的控制，又可在包装材料上测知食品是否经过不当温度的贮存，冷冻时微生物含量及对食品贮存寿命的预警。此外，酶生物传感器还可用于食品气味及成熟度的检测。

4. 酶抑制法 酶抑制法是利用酶的功能基团受到某种物质的影响，而导致酶活力降低或丧失作用的现象进行检测的方法。该物质即称为酶抑制剂。酶抑制剂对酶有选择性，是研究酶作用机制的重要工具。很多药物、毒物和用于化学战争的毒剂都是酶抑制剂。此外，还有一些具有一定功能的存在于动植物体内的生物大分子也是酶抑制剂。酶抑制法主要用于农药残留检测。

实训7 酶的催化特性实验

一、实训目的

1. 掌握 温度、pH值、抑制剂、激活剂对酶活性的影响。

2. 了解 酶的催化特性。

二、原理

酶具有高度专一性，即一种酶只能对一种或一类化合物起一定的催化作用；酶在催化反应时，其活性受温度、pH值、酶浓度、底物浓度、激活剂、抑制剂等因素的影响；还原糖可以使班氏试剂呈红色沉淀；淀粉被酶分解的变化可借碘遇淀粉呈蓝色，遇各种糊精呈紫色、红色，遇麦芽糖不呈色等特定的颜色反应来观察。

三、材料与设备

（一）设备及器皿

试管、试管架及烧杯、吸量管、量筒、滴管、水浴锅。

（二）试剂及配制

1. 0.5%淀粉溶液 称取可溶性淀粉0.5g，先用少量0.3%氯化钠溶液调成糊状，再用0.3%氯化钠溶液稀释至100ml，煮沸2分钟以上，至溶液澄清透明。

2. 碘化钾-碘溶液 称取碘化钾2g和碘1.27g溶于200ml水中，用前稀释5倍。

3. 班氏试剂 溶解无水$CuSO_4$17.4g于100ml热蒸馏水中，冷却，稀释至150ml。取柠檬酸钠173g，无水$Na_2CO_3$100g，加水600ml，加热使之溶解，冷却，稀释至850ml。最后，与上述溶液混合，搅匀待用。

4. 缓冲液 缓冲液A：称取11.876g $Na_2HPO_4 \cdot 2H_2O$溶于1000ml水中。

缓冲液B：称取9.078g $K_2HPO_4 \cdot 2H_2O$溶于1000ml水中。

用缓冲液A和B分别配制pH3.0、pH8.0和pH6.6的溶液。

5. $CuSO_4$溶液 1% $CuSO_4$溶液。

6. 蔗糖溶液 0.5%蔗糖溶液。

7. NaCl溶液 0.5% NaCl溶液。

四、操作步骤

（一）唾液淀粉酶的制备

每人取一个干净的小烧杯，先用自来水漱口，将口腔内的食物残渣清除干净。然后取蒸馏水约20ml含入口中，做咀嚼动作30秒，以分泌较多的唾液。将口腔中的蒸馏水吐入干净的小烧杯中，此即为稀释的唾液淀粉酶液。

（二）酶活性的观察

1. 温度对酶促反应的影响 按表7-4取3支试管，编号，每管都加入稀释唾液1ml和0.5%淀粉溶液2ml，及时混匀且分别放入0℃冰箱、37℃恒温水浴箱和沸水浴中，5分钟后分别滴加碘液至颜色不再变，记录滴数，观察颜色，进行结果分析。

表7-4 不同温度对酶促反应的影响

管号	温度	0.5%淀粉溶液（ml）	唾液（ml）	滴加碘液至颜色不再变，记录滴数，观察颜色
1	0℃	2	1	
2	37℃	2	1	
3	沸水浴	2	1	
结果分析				

2. pH值对酶促反应的影响 按表7-5取3支试管，编号，每管都加入0.5%淀粉溶液2ml，再分别加入1ml pH6.6缓冲液、1ml pH3缓冲液、1ml pH8缓冲液，最后3支试管同时加入稀释唾液1ml，及时混匀并放入37℃恒温水浴箱5分钟，滴加碘液至颜色不再改变，记录滴数，观察颜色，进行结果分析。

表7-5 不同pH值对酶促反应的影响

管号	0.5%淀粉溶液（ml）	pH6.6缓冲液（ml）	pH3缓冲液（ml）	pH8缓冲液（ml）	唾液（ml）	滴加碘液至颜色不再变，记录滴数，观察颜色
1	2	1			1	
2	2		1		1	
3	2			1	1	
	结果分析					

3. 激活剂和抑制剂对酶活力的影响 按表7-6取3支试管，编号，每管都加入0.5%淀粉溶液2ml，再分别加入1ml $CuSO_4$溶液、1ml 0.5% NaCl溶液、1ml蒸馏水，最后3支试管同时加入稀释唾液

1ml，及时混匀并放入 37℃恒温水浴箱 5 分钟，滴加碘液至颜色不再改变，记录滴数，观察颜色，进行结果分析。

表 7－6　激活剂和抑制剂对酶活力的影响

管号	0.5%淀粉溶液（ml）	$CuSO_4$溶液（ml）	0.5%NaCl溶液（ml）	蒸馏水（ml）	唾液（ml）	滴加碘液至颜色不再变，记录滴数，观察颜色
1	2	1			1	
2	2		1		1	
3	2			1	1	
结果分析						

4. 酶的专一性　按表 7－7 取 2 支试管，编号，分别加入 0.5%淀粉溶液 2ml、0.5%蔗糖溶液 2ml、同时加入稀释唾液 1ml，及时混匀并放入 37℃恒温水浴箱 10 分钟，再各管中加入班氏试剂 1ml，放入沸水浴 1～2 分钟，记录，进行结果分析。

表 7－7　酶的特异性

管号	0.5%淀粉溶液（ml）	0.5%蔗糖溶液（ml）	唾液（ml）	37℃水浴 10 分钟，加班氏试剂 1ml，沸水浴 1～2 分钟观察颜色
1	2		1	
2		2	1	
结果分析				

五、注意事项与说明

（1）稀释唾液加入时应迅速，其中要放入沸水浴的实验管应于唾液加入后立即放入沸水浴。

（2）酶的最适 pH 值受缓冲液性质的影响。如唾液淀粉酶的最适 pH 值为 6.8，但在磷酸缓冲液中，其最适 pH 值为 6.4～6.6，

（3）$CuSO_4$溶液为唾液淀粉酶的抑制剂。NaCl 溶液为唾液淀粉酶的激活剂。激活剂和抑制剂不是绝对的，有些物质在低浓度时为激活剂，而在高浓度时则为该酶的抑制剂。例如 NaCl 到 1/3 饱和度时就抑制唾液淀粉酶的活性。

（4）每个人唾液中淀粉酶活力不同，因此实验时应随时检查反应进行的情况。如反应进行得太快，应适当稀释唾液；反之，则应减少唾液淀粉酶稀释倍数。

六、思考题

1. 酶的实验必须控制哪些条件？为什么？
2. 为什么向不同的试管中加入稀释唾液时应同时且要迅速？

七、实训评价

实训评价表

专业：　　班级：　　组别：　　姓名：

序号	评价内容	评价标准	应得分	实得分
1	（1）试剂配制 （2）仪器准备	（1）正确称量配制 （2）仪器选择正确，摆放合理有序	20 分	

续表

序号	评价内容	评价标准	应得分	实得分
2	实训操作步骤	按测定步骤正确操作 （每操作错一步扣5分）	40分	
3	实验结果	记录滴数和颜色判断准确	20分	
4	结果分析	结合理论知识准确的分析结果	20分	
		合计	100分	

时间：　　　　　　　　　考评教师：

答案解析

练习题

一、选择题

A型题（最佳选择题）

1. 酶具有高度催化能力的原因是（　）。
   A. 酶能降低反应的活化能　　B. 酶能提高反应体系的温度
   C. 酶能改变化学反应的平衡点　　D. 酶能提高反应的活化能
2. 关于K_m的意义下列叙述正确的是（　）。
   A. K_m越小，酶与底物亲和力越小
   B. K_m值是酶的特征性常数之一
   C. K_m的单位是 mmol/min
   D. K_m值与酶的浓度有关
3. 关于酶活性中心叙述正确的是（　）。
   A. 所有酶的活性中心都有金属离子
   B. 所有酶的活性中心都含有辅酶
   C. 所有的必需基团都位于酶的活性中心
   D. 所有的酶都有活性中心
4. 酶促反应中决定酶专一性的部分是（　）。
   A. 酶蛋白　　C. 辅酶或辅基
   B. 底物　　D. 催化基团
5. 竞争性抑制剂的特点是（　）。
   A. 抑制剂以共价键与酶结合
   B. 抑制剂和酶活性中心部位结合
   C. 当底物浓度增加时，抑制作用不减弱
   D. 抑制剂和酶活性中心外的部位结合

B型题（配伍选择题）

A. 竞争性抑制作用　　B. 不可逆抑制作用
C. 非竞争性抑制作用　　D. 反竞争性抑制作用

1. 上述抑制作用可通过增加底物浓度来解除的是（　）。
2. 上述抑制作用抑制程度与底物浓度成正比的是（　）。
3. 上述抑制作用不能通过增加底物浓度来解除的是（　）。

二、综合问答题

1. 什么是酶的活性中心？酶的活性中心有哪些部位？各有什么作用？
2. 淀粉酶主要有几种？在食品工业上有哪些应用？

书网融合……

本章小结　微课1　微课2　微课3　题库

项目 8

食品营养成分的代谢

PPT　导引视频

学习目标

知识目标

1. **掌握**　糖类、脂类、蛋白质三大类营养物质的代谢途径。
2. **熟悉**　糖酵解途径、三羧酸循环，脂肪酸 β-氧化及氨基酸的脱氨基、转氨基作用。
3. **了解**　动植物食品原料的组织代谢活动特点。

能力目标

1. 能运用糖类、脂类、蛋白质的代谢原理指导食品的加工与贮藏。
2. 能运用动植物食品原料的组织代谢特点指导食品的加工与贮藏。

素质目标

通过本项目的学习，培养学生运用物质代谢知识对食品生产、日常生活问题进行分析和解决的能力，具备严谨求实、坚持不懈的科学精神。

任务 8.1　生物氧化

情境导入

情境　小倩是食品专业的学生，她了解到为了维持生命和健康，人体必须从外界获取多种多样的食物，这些食物不仅要提供给人体能量，还要提供生长和维持健康所需的营养物质。

思考　1. 摄入的食物提供给人体哪些营养物质呢？

2. 这些营养物质是如何被分解代谢生成能量的呢？

物质代谢是指生物体内进行的物质转换，包括消化、吸收、运转、分解等与生理有关的化学过程。物质代谢是生命的基本特征，包括合成代谢和分解代谢。物质代谢过程十分复杂，即使在一个细胞内进行的物质代谢，也包含一系列相互联系的合成和分解的化学反应。一般来说，由小分子物质合成大分子物质的反应称合成代谢，如由氨基酸合成大分子蛋白质的反应；由大分子物质分解成小分子物质的反应称分解代谢，如大分子糖原分解为小分子葡萄糖的反应。物质代谢常伴有能量转化，分解代谢常释放能量，合成代谢常吸收能量，分解代谢中释放的能量可供合成代谢的需要。

一、生物氧化概述　微课 1

生物体在生命过程中需要能量，如生物合成、物质转运、运动、思维和信息传递等都需要消耗能量。这些能量的来源，主要依靠生物体内糖、脂肪、蛋白质等有机化合物在体内的氧化。有机物质在生物细胞内氧化分解，最终彻底氧化成二氧化碳和水，并释放能量的过程称为生物氧化。生物氧化是在细胞中进行的，所以生物氧化又称为细胞呼吸，真核生物细胞的生物氧化在线粒体中进行，原核生物细胞的生物氧化在细胞质膜上进行。

生物氧化过程中产生的二氧化碳和水绝大部分被排出体外，释放的能量有相当一部分转变成高能键形式贮存起来以供生命活动所需；另一部分用来维持生物体的体温或者排出体外。在这里要指出的是，生物氧化与体外燃烧是不同的，虽然终产物都是二氧化碳和水，但是生物氧化所产生的二氧化碳和水不是底物分子中的碳和氢直接与来自空气中的氧化合而成，而是在一系列酶的作用下经过复杂的生物化学反应所形成，所以生物氧化有它独特的方式。

二、生物氧化中 CO_2的生成

生物体内 CO_2的生成来源于有机物的脱羧作用。脱羧的方式主要有直接脱羧和氧化脱羧，还可根据脱去的羧基在有机酸中的位置不同，又分为 α-脱羧和 β-脱羧。

（一）直接脱羧

直接脱羧是指代谢过程中产生的有机羧酸，在脱羧酶的作用下，直接从分子中脱去羧基。

α-直接脱羧是指脱羧在 α-C 上，如丙酮酸脱羧酶、氨基酸脱羧酶催化的反应。例如：

α-氨基酸　　　　胺

β-直接脱羧是指脱羧在 β-C 上，如丙酮酸脱羧酶催化草酰乙酸脱羧生成丙酮酸。例如：

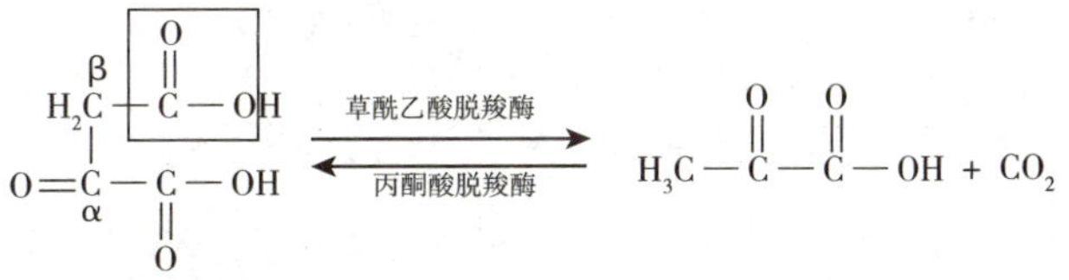

草酰乙酸　　　　丙酮酸

（二）氧化脱羧

氧化脱羧指代谢过程中产生的有机羧酸，在氧化脱羧酶的催化下，发生脱羧的同时发生氧化（脱氢）作用。

α-氧化脱羧是指脱羧在 α-C 上，伴随有脱氢，丙酮酸脱氢酶系、α-酮戊二酸脱氢酶系等催化的反应属于此类。例如：

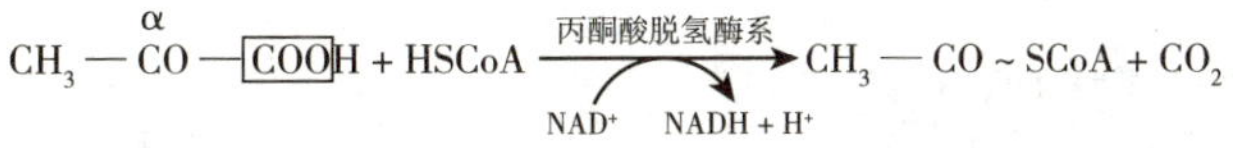

丙酮酸　　　　乙酰辅酶A

β-氧化脱羧是指脱羧在 β-C 上，伴随有脱氢，苹果酸酶、异柠檬酸脱氢酶催化的反应属于此类。例如：

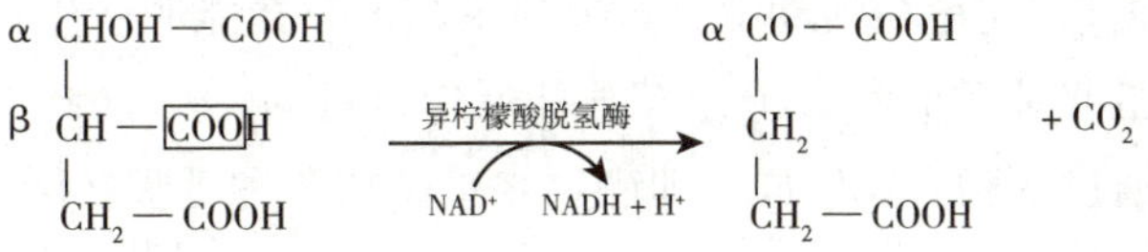

异柠檬酸　　　　α-酮戊二酸

三、生物氧化中 H_2O 的生成

在生物氧化过程中，代谢物上的氢原子被脱氢酶激活脱落后，经一系列传递体的传递，将电子传递到

细胞色素体系，最后将电子传递给氧，活化的氢（H^+）和活化的氧（O^{2-}）结合成水，在这个过程中构成的传递链称为呼吸链，又称电子传递链。在呼吸链中，酶和辅酶按一定顺序排列在线粒体内膜上，起着传递氢和传递电子的作用。传递氢的酶或辅酶称为氢传递体；传递电子的酶或辅酶称为电子传递体。

组成呼吸链的成分主要有四种复合体：NADH－泛醌还原酶（复合体Ⅰ），琥珀酸－泛醌还原酶（复合体Ⅱ）、泛醌－细胞色素 c 还原酶（复合体Ⅲ）、细胞色素 c 氧化酶（复合体Ⅳ）。在具有线粒体的生物中，典型的呼吸链有两种：NADH 呼吸链和琥珀酸（$FADH_2$）呼吸链。

1. NADH 呼吸链 生物氧化中大多数脱氢酶的辅酶都是 NAD^+。当代谢物脱下的氢由 NAD^+接受后生成 NADH＋H^+，后者又在酶的作用下将氢经 FMN 传递给 CoQ 生成 $CoQH_2$，$CoQH_2$脱下 2H 将电子（2e）传递给细胞色素（Cyt）体系，而质子（$2H^+$）则游离于介质中。电子首先由细胞色素 b 的 Fe^{3+}接受还原成 Fe^{2+}，并沿着 Cytb→$Cytc_1$→Cytc→$Cytaa_3$→O_2的顺序逐步传递给氧，生成 O^{2-}，O^{2-}与游离于介质中的 $2H^+$结合生成水（图 8－1）。

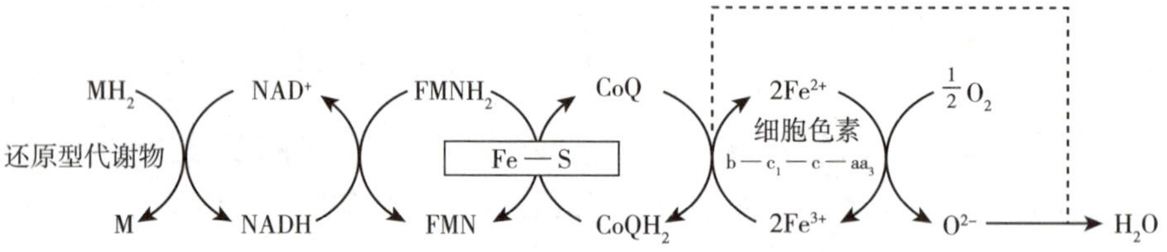

图 8－1 NADH 呼吸链

2. 琥珀酸（$FADH_2$）呼吸链 琥珀酸由琥珀酸脱氢酶催化脱氢，该酶的辅基为 FAD，接受氢后生成 $FADH_2$，再将 2H 经使 CoQ 生成 $CoQH_2$，再往下的传递与 NADH 氧化呼吸链相同（图 8－2）。

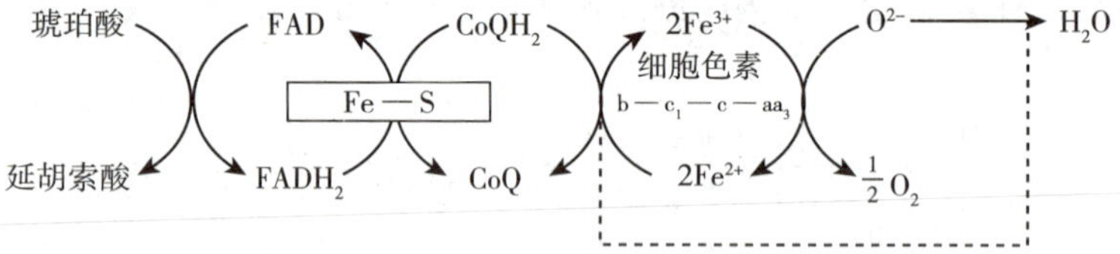

图 8－2 $FADH_2$呼吸链

根据两种呼吸链显示，呼吸摄入的氧与氢反应生成水。也就是说，代谢物脱下的氢（H^+），通过递氢体和递电子体最终使氧激活（O^{2-}），活化的氧与基质中的 2 个氢化合成水，完成呼吸链的一次全程传递，这种方式生成的水称代谢水。若无氧的存在，呼吸链也就无法进行。需氧生物在无氧条件下不能生存的主要原因就是呼吸链对氧的绝对需求，呼吸链的正常传递为机体提供了足够的能量。

四、生物氧化中 ATP 的生成

在生物氧化过程中，代谢物释放的能量有可能发生磷酸化而形成高能磷酸化合物，如三磷酸腺苷（ATP），具有两个高能磷酸键，是生命活动中最重要、最多的直接能源。生物体内能量的生成、贮存和利用总是围绕 ADP 磷酸化的吸能反应和 ATP 水解放能反应进行的。

在生物体内 ATP 主要通过两种方式生成，即底物水平磷酸化和呼吸链磷酸化。

（一）底物水平磷酸化

生物体内的代谢物在氧化过程中，分子内部能量重新分布而产生高能磷酸化合物的过程称底物水平磷酸化。生命活动所需的高能化合物，通过底物水平磷酸化生成的量是很少的。例如：

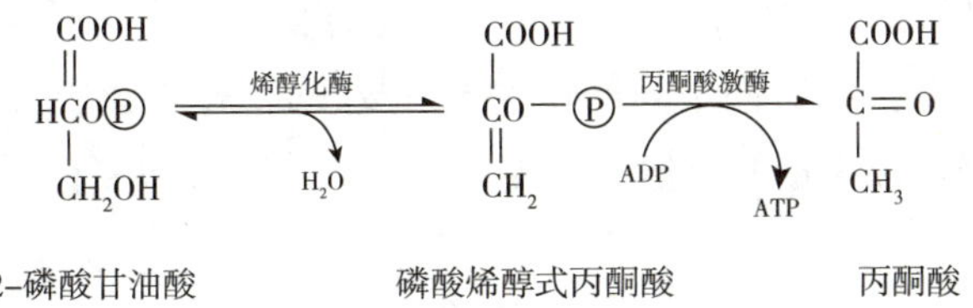

（二）呼吸链磷酸化

呼吸链磷酸化，又称氧化磷酸化或电子传递磷酸化，是指代谢物被氧化释放的氢或电子通过呼吸链中的一系列传递体传到氧并伴有 ATP 产生的过程（图 8－3）。无论是 NADH 呼吸链还是 $FADH_2$呼吸链，都可将代谢物上脱下的氢与氧结合生成水，同时为机体生命活动提供能量，这种方式是产生 ATP 的主要形式。经研究发现，代谢物脱下的氢经 NADH 呼吸链每生成 1 个 H_2O 就可产生 2.5 个 ATP；在 $FADH_2$呼吸链中，由于代谢物脱下的氢直接交给 FAD，所以每生成 1 个 H_2O 只能产生 1.5 个 ATP。

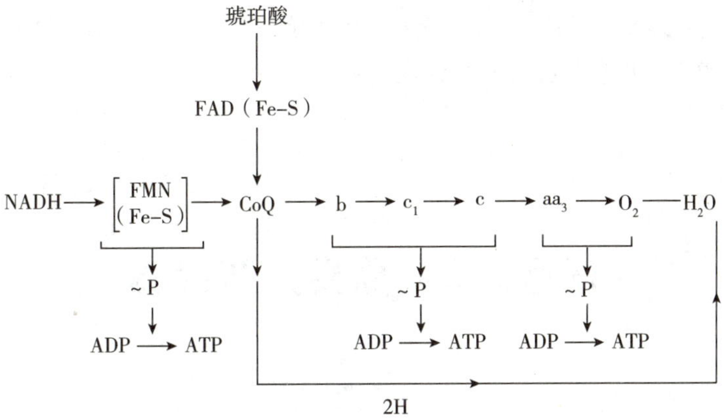

图 8－3 呼吸链磷酸化生成 ATP 过程图

五、生物氧化的一般过程

生物氧化的一般过程可以分为三个阶段，如图 8－4 所示。

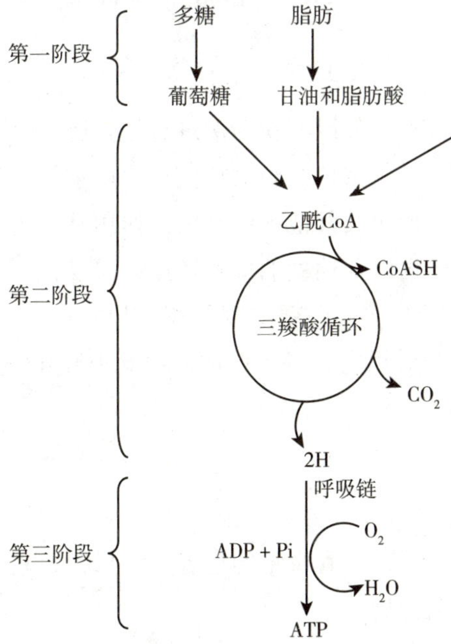

图 8－4 生物氧化的三个阶段

首先，大分子降解成基本结构单位；其次，小分子化合物分解成共同的中间产物（如丙酮酸、乙酰CoA等）、CO_2和少量能量；最后，共同中间产物进入三羧酸循环，脱羧生成CO_2，氧化脱下的氢由电子传递链传递生成H_2O，并释放出大量的能量，其中一部分通过磷酸化储存在ATP中。

知识链接

泛醌

泛醌，又称辅酶Q（CoQ），为一类脂溶性醌类化合物，带有由不同数目（6~10）异戊二烯单位组成的侧链。其苯醌结构能可逆地加氢还原成对苯二酚化合物，是呼吸链中的氢传递体，在呼吸链中传递一个或两个电子。哺乳动物细胞内的CoQ含有10个异戊二烯单位，故又称Q10。1957年科学家们研究细胞内代谢功能的催化剂，首次发现辅酶Q10。辅酶Q10在人体内生成，所有细胞都需要辅酶Q10来维持基本功能，它有助于保护心脏，促进能量转化，提升精力，提高免疫力，延缓衰老等。虽然辅酶Q10有很多好处，但不能随便吃，应遵医嘱服用，过量服用可能导致不良反应。由此可见，凡事都有两面性，我们要具有辩证思维能力，提升科学素养，传播科学知识。

任务8.2 糖类分解代谢

情境导入

情境 小倩是食品专业的学生，在做葡萄酒酿制实验的时候，她发现酿造葡萄酒需要加入适量的白砂糖，盖上盖子，但不要拧得太紧。

思考 1. 酿造葡萄酒时加入白砂糖的作用是什么呢？

2. 葡萄酒发酵过程中为什么要盖上盖子但不要拧得太紧？

一、多糖及低聚糖的降解

食物中的糖类主要为淀粉，因此，本任务以淀粉为例进行糖降解的介绍。

在人体中，淀粉不能被直接吸收，需先被口腔中的唾液淀粉酶水解一部分，生成少量的麦芽糖，进而经过胃进入肠道，在胰淀粉酶、肠淀粉酶及其他一些糖酶的作用下，生成葡萄糖（图8-5），再被小肠黏膜上皮细胞吸收，进入血液，在体内以葡萄糖的形式转运，参与代谢活动。

血液中的糖主要是葡萄糖。正常情况下，血糖浓度是相对恒定的，正常人空腹血浆葡萄糖浓度为3.9~6.1mmol/L。要维持血糖浓度的相对恒定，必须保持血糖的来源和去路的动态平衡（图8-6），血糖浓度过高或过低都对机体不利。

二、糖的分解代谢

进入人体细胞中的单糖主要是葡萄糖，还有少量的半乳糖和果糖，它们被吸收后几乎全部转变成葡萄糖，所以本任务以葡萄糖的分解代谢为例。

葡萄糖在不同的组织细胞内和有氧或无氧的条件下，可以进行不同的分解代谢，主要有4条途径：

①无氧条件下进行的糖酵解途径；②有氧条件下进行的有氧氧化；③生成磷酸戊糖的磷酸戊糖途径；④生成葡萄糖醛酸的糖醛酸代谢。

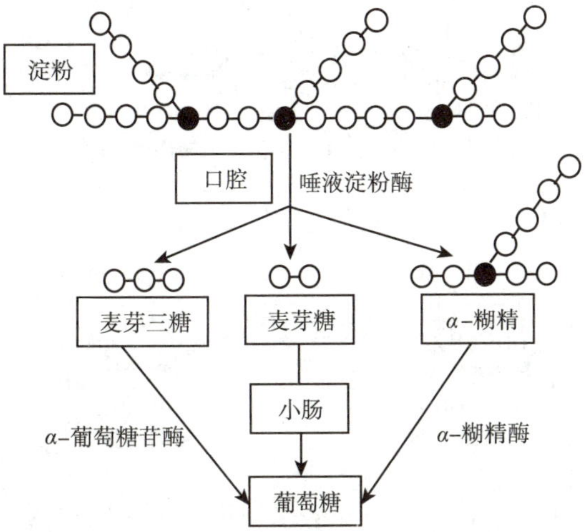

图8-5　淀粉水解示意图

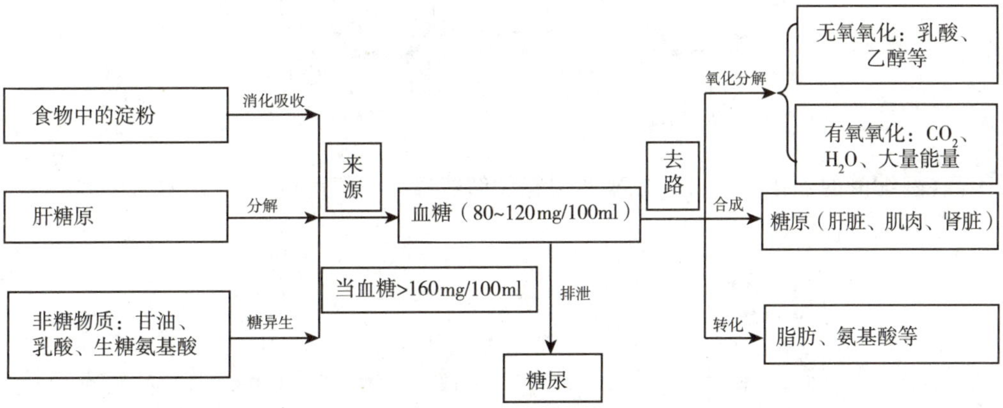

图8-6　血糖的来源与去路

有氧氧化是主要的分解途径，其中无氧酵解和有氧氧化共有从葡萄糖到丙酮酸的分解代谢阶段，这一阶段称为糖酵解阶段。本任务介绍此两条途径。

（一）糖的无氧酵解

在无氧或相对缺氧状态下，葡萄糖经一系列化学反应降解为丙酮酸并伴随ATP生成的过程，称为糖的无氧酵解，也称为糖酵解。糖酵解是动物、植物及微生物中普遍存在的葡萄糖分解代谢途径，简称EMP途径。

无氧分解：葡萄糖 → 丙酮酸 → 乳酸或乙醇。

1. 丙酮酸的生成　由10个酶催化的10步反应完成，可分成两个阶段。

第一阶段：葡萄糖裂解为2分子3-磷酸甘油醛，发生两次磷酸化作用消耗2分子ATP。

反应①：在己糖激酶的催化下，葡萄糖磷酸化转变为6-磷酸葡萄糖。此反应不可逆，消耗1分子ATP，己糖激酶是糖酵解过程的第一个限速酶或称关键酶。

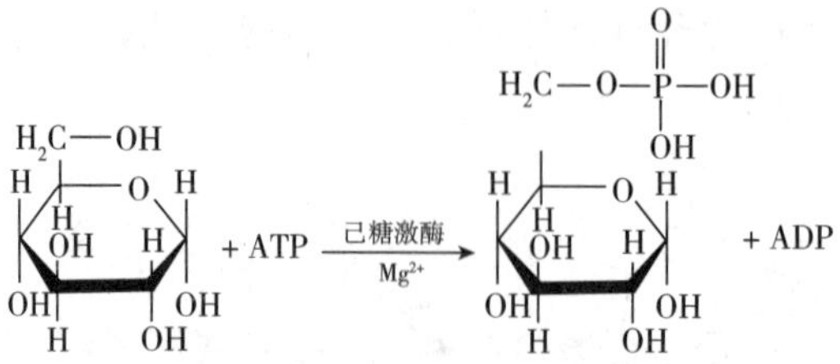

葡萄糖　　　　6-磷酸葡萄糖

反应②：在磷酸己糖异构酶的催化下，6-磷酸葡萄糖转化成6-磷酸果糖。

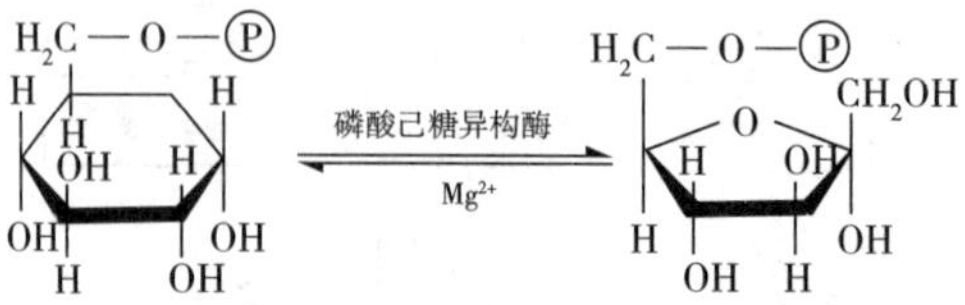

6-磷酸葡萄糖　　　　6-磷酸果糖

反应③：在磷酸果糖激酶-1的催化下，6-磷酸果糖进一步磷酸化为1,6-二磷酸果糖。此反应不可逆，消耗1分子ATP，磷酸果糖激酶-1是糖酵解过程的第二个关键酶。

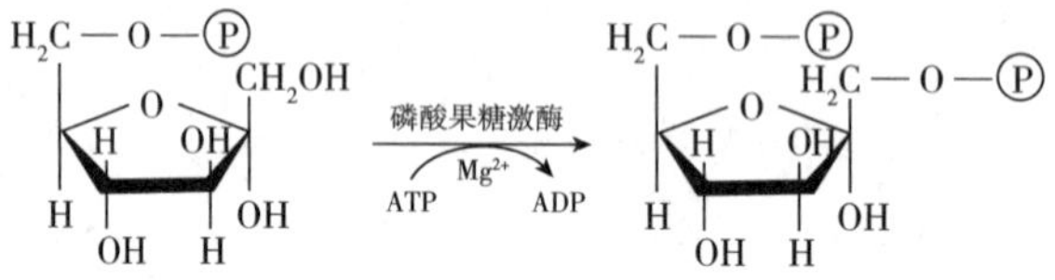

6-磷酸果糖　　　　1,6-二磷酸果糖

反应④：在醛缩酶的催化下，1,6-二磷酸果糖裂解成磷酸二羟丙酮和3-磷酸甘油醛。

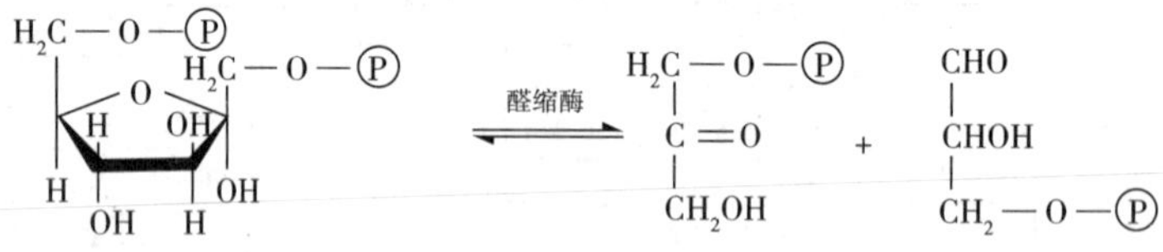

1,6-二磷酸果糖　　　　磷酸二羟丙酮　　　　3-磷酸甘油醛

反应⑤：在磷酸丙糖异构酶的催化下，磷酸二羟丙酮转化成3-磷酸甘油醛，因为只有3-磷酸甘油醛才能继续进行下一步反应。

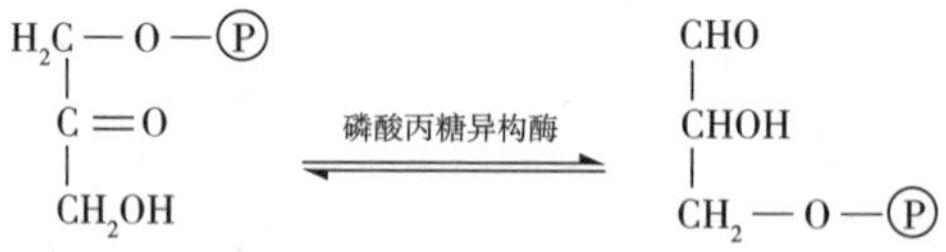

磷酸二羟丙酮　　　　3-磷酸甘油醛

第二阶段：3-磷酸甘油醛经一系列反应转变为丙酮酸，此阶段生成2分子ATP。

反应⑥：在3-磷酸甘油醛脱氢酶的催化下，3-磷酸甘油醛氧化成1,3-二磷酸甘油酸，形成1个高能磷酸键。

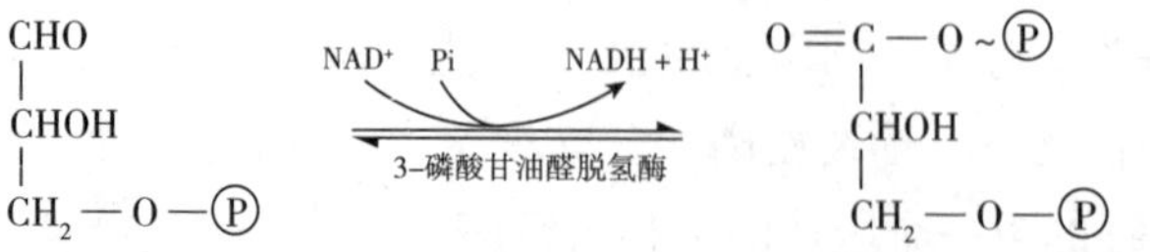

3-磷酸甘油醛　　　　1,3-二磷酸甘油酸

反应⑦：在磷酸甘油酸激酶的催化下，1,3-二磷酸甘油酸转化成3-磷酸甘油酸，并将高能磷酸基团转移给ADP，生成一分子ATP。

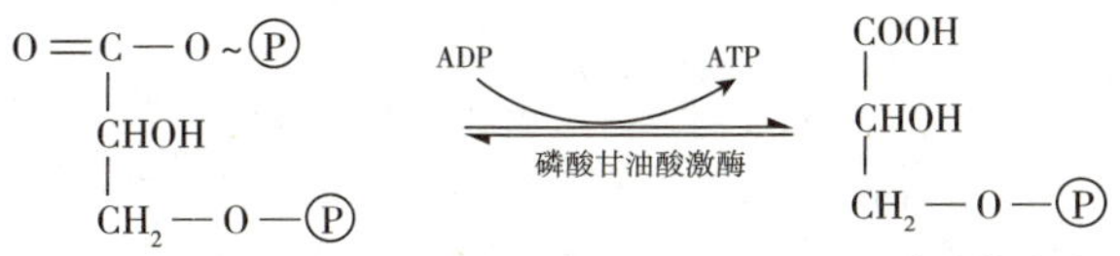

1,3–二磷酸甘油酸　　3–磷酸甘油酸

反应⑧：在磷酸甘油酸变位酶的催化下，3–磷酸甘油酸转化成 2–磷酸甘油酸。

3–磷酸甘油酸　　2–磷酸甘油酸

反应⑨：在烯醇化酶的催化下，2–磷酸甘油酸分子内部脱去 1 分子水，形成 1 个高能磷酸键，转化成磷酸烯醇式丙酮酸。

2–磷酸甘油酸　　磷酸烯醇式丙酮酸

反应⑩：在丙酮酸激酶的催化下，磷酸烯醇式丙酮酸转化成丙酮酸，并将高能磷酸基团转移给 ADP，生成一分子 ATP。此反应不可逆，丙酮酸激酶是糖酵解过程的第三个关键酶。

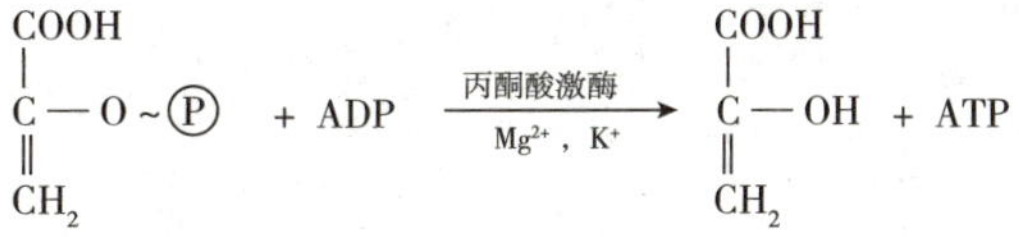

磷酸烯醇式丙酮酸　　烯醇式丙酮酸

烯醇式丙酮酸极不稳定，可自发转化成丙酮酸。

烯醇式丙酮酸　　丙酮酸

2. 乳酸或乙醇的生成　在无氧或缺氧的条件下，丙酮酸生成乳酸或乙醇，称为乳酸发酵或乙醇发酵。

（1）乳酸发酵　在乳酸发酵中，由于氧的供应短缺，乳酸菌通过糖酵解途径，利用牛乳中的糖类（乳糖等）生成丙酮酸。丙酮酸通过乳酸脱氢酶的催化作用产生乳酸。

丙酮酸　　乳酸

（2）乙醇发酵　也称酒精发酵。例如，在葡萄酒的酿制过程中，酵母菌通过糖酵解利用葡萄中的葡萄糖转化成丙酮酸；在厌氧条件下，丙酮酸在丙酮酸脱羧酶的催化作用下脱羧基，生成乙醛和 CO_2，之后乙醛在乙醇脱氢酶的作用下被还原成乙醇。

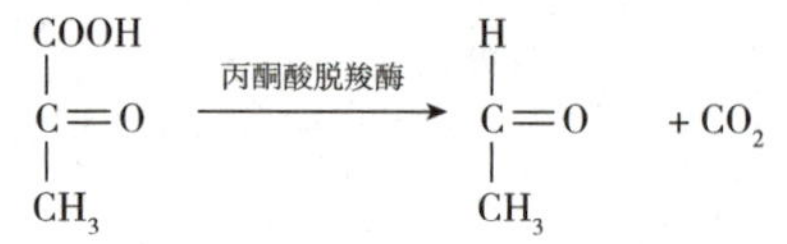

丙酮酸　　乙醛

乙醛　　乙醇

3. 糖酵解过程示意图

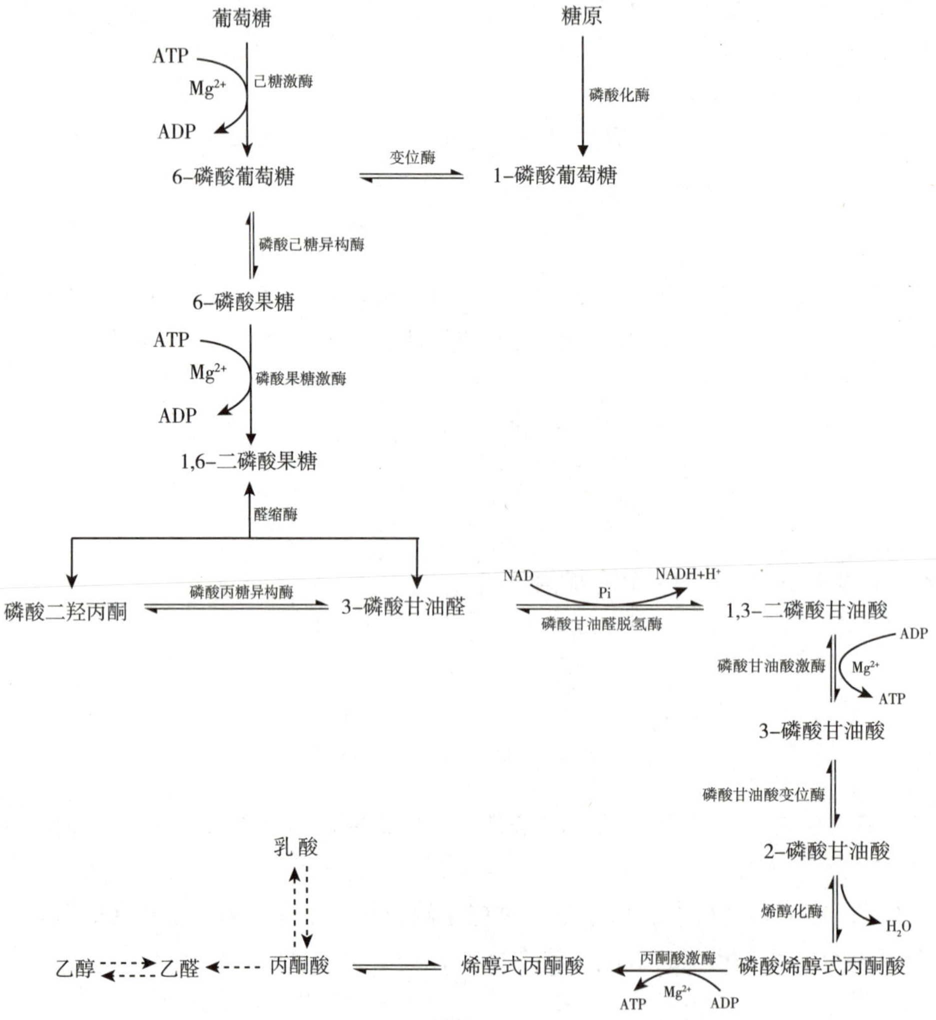

图 8-7　糖酵解过程

葡萄糖经过 EMP 途径降解为丙酮酸的总反应式为：

$$C_6H_{12}O_6 + 2ADP + 2H_3PO_4 + 2NAD^+ \xrightarrow{\text{EMP 途径}} 2CH_3COCOOH + 2NADH_2 + 2ATP + 2H_2O$$

4. 糖酵解的生物学意义　糖酵解在所有生物体中普遍存在，它在无氧及有氧条件下都能进行，是葡萄糖进行无氧或有氧代谢的共同途径。通过糖酵解，生物体获得生命活动所需的能量，它是厌氧生物获得能量的主要方式，是这类生物能在缺氧环境中生存的主要原因；而需氧生物可通过糖的有氧氧化，获得比糖酵解更多的能量，更利于进行生命活动。糖酵解途径中形成多种中间产物，其中某些中间产物可作为合成其他物质的原料离开糖酵解途径转移到其他代谢途径，生成别的化合物。如3-磷酸甘油醛或磷酸二羟丙酮可转变为甘油，6-磷酸葡萄糖可进入磷酸戊糖途径。这些中间产物的转移使糖酵解与其他代谢途径联系起来，实现了某些物质间的相互转化。

糖酵解途径有三个不可逆反应，主要关键酶是己糖激酶、磷酸果糖激酶-1 和丙酮酸激酶。胰岛素能诱导体内己糖激酶、磷酸果糖激酶和丙酮酸激酶的合成，促进这些酶的活性，从而促进糖的代谢。

（二）糖的有氧氧化 微课2

糖在有氧条件下彻底氧化分解，生成 CO_2 和 H_2O，并释放出大量能量的过程称为糖的有氧氧化。有氧氧化是大多数生物的主要代谢途径。糖的无氧分解仅产生少量的能量，而糖的有氧氧化是各种需氧生物获取能量的最有效的途径。

糖的有氧氧化（图8－8）包括三个阶段：葡萄糖到丙酮酸的糖酵解途径、丙酮酸氧化脱羧阶段、三羧酸循环。

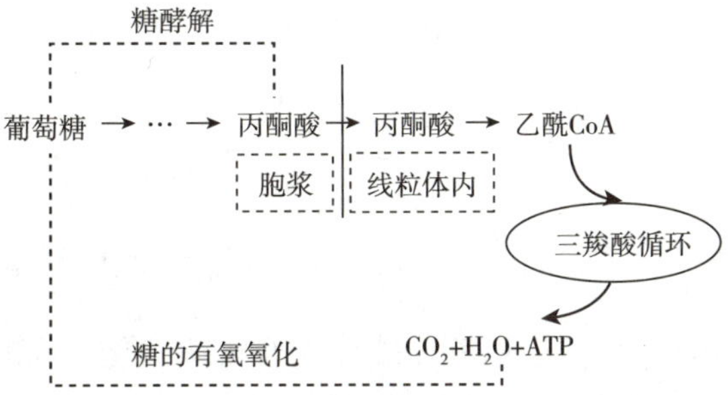

图8－8 糖的有氧氧化

1. 丙酮酸氧化脱羧 丙酮酸进入线粒体后，在丙酮酸脱氢酶系的催化下，丙酮酸发生氧化脱羧，并与辅酶A（CoA－SH）结合生成含高能硫酯键的乙酰辅酶A（乙酰CoA），这个反应不可逆。

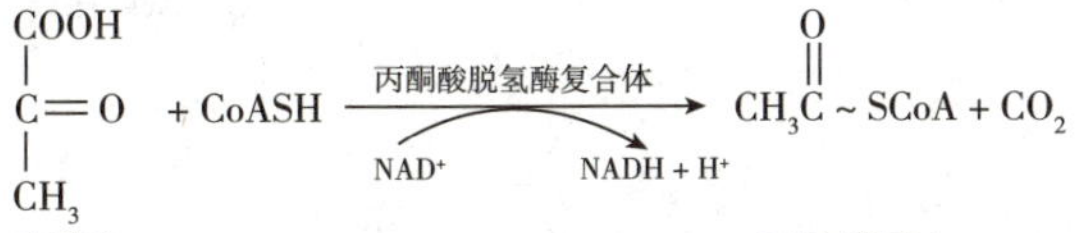

丙酮酸　　　　乙酰辅酶A

2. 三羧酸循环 简称TCA，是指乙酰CoA与草酰乙酸结合生成柠檬酸，进入循环代谢途径，又称柠檬酸循环。这个循环是德国生物化学家H. A. Krebs在1973年提出来的，所以也称为Krebs循环。三羧酸循环是需氧生物体内普遍存在的代谢途径，包括8个反应过程，在线粒体中进行。

（1）乙酰CoA与草酰乙酸缩合生成柠檬酸　此反应不可逆，由柠檬酸合成酶催化，是三羧酸循环中的第一个关键酶。

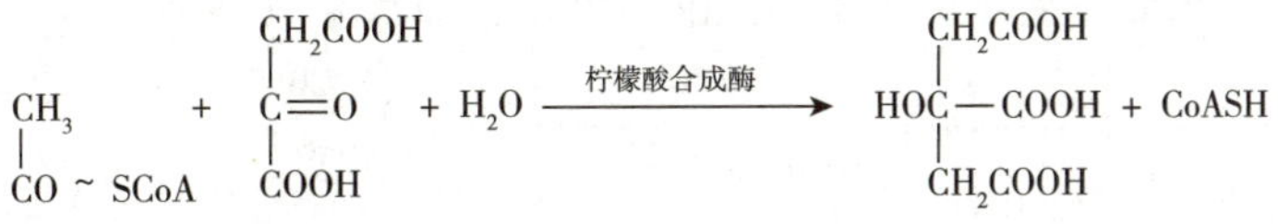

乙酰CoA　　草酰乙酸　　　　柠檬酸

（2）柠檬酸经顺乌头酸生成异柠檬酸　此反应由顺乌头酸酶催化，柠檬酸脱水、加水生成异柠檬酸。

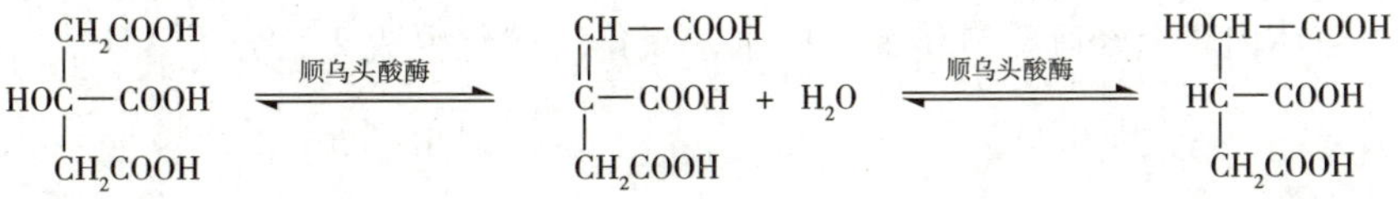

柠檬酸　　　　顺乌头酸　　　　异柠檬酸

（3）异柠檬酸β-氧化、脱羧生成α-酮戊二酸　此反应在异柠檬酸脱氢酶催化下进行脱氢、脱羧，这是三羧酸循环中第一次氧化脱羧。异柠檬酸脱氢酶是三羧酸循环的第二个关键酶，是最主要的调节点。辅酶是 NAD^+，脱氢生成的 $NADH+H^+$ 在线粒体内膜上经呼吸链传递生成水，氧化磷酸化生成2.5分子ATP。异柠檬酸先脱氢生成草酰琥珀酸，再脱羧生成α-酮戊二酸。

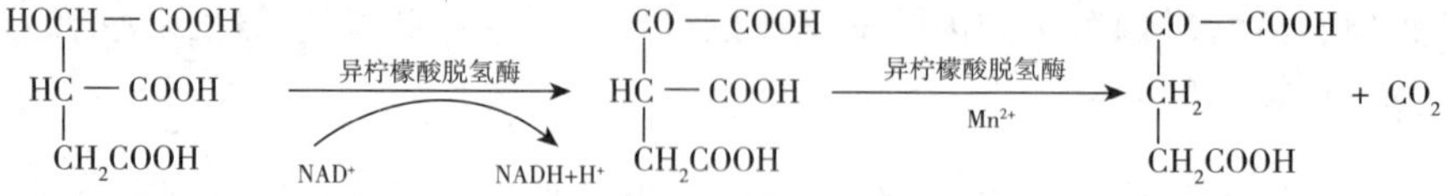

异柠檬酸　草酰琥珀酸　α-酮戊二酸

（4）α-酮戊二酸氧化、脱羧生成琥珀酰辅酶A　此反应在α-酮戊二酸脱氢酶系催化下脱氢、脱羧生成含有一个高能硫酯键琥珀酰CoA，这是三羧酸循环中第二次氧化脱羧。α-酮戊二酸脱氢酶系是三羧酸循环的第三关键酶。辅酶是 NAD^+，脱氢生成的 $NADH+H^+$ 在线粒体内膜上经呼吸链传递生成水，氧化磷酸化生成2.5分子ATP。

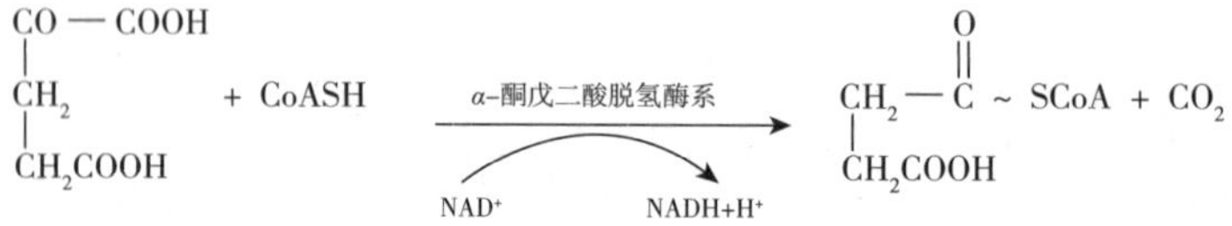

α-酮戊二酸　琥珀酰CoA

（5）琥珀酰CoA生成琥珀酸　此反应由琥珀酰CoA合成酶催化，琥珀酰CoA中的高能硫酯键释放能量，合成GTP。在哺乳动物中，GTP再生成ATP；在细菌和高等生物中可直接生成ATP。这是三羧酸循环中唯一的一次底物水平磷酸化，生成1分子ATP。

琥珀酰CoA　琥珀酸

（6）琥珀酸脱氢生成延胡索酸　此反应由琥珀酸脱氢酶催化，辅酶是FAD，脱氢生成的 $FADH_2$ 在线粒体内膜上经呼吸链传递生成水，氧化磷酸化生成1.5分子ATP。

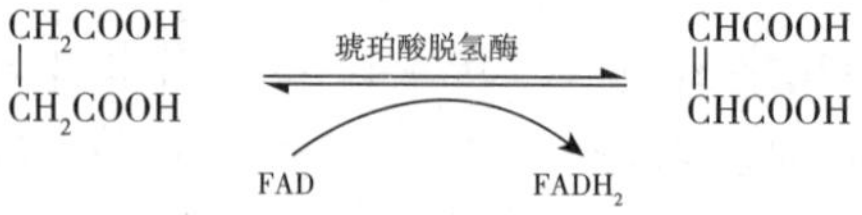

琥珀酸　延胡索酸

（7）延胡索酸生成苹果酸　此反应由延胡索酸酶催化，加水生成苹果酸。

延胡索酸　苹果酸

（8）苹果酸脱氢生成草酰乙酸　此反应由苹果酸脱氢酶催化，辅酶是 NAD^+，脱氢后还原生成 $NADH+H^+$，在线粒体内膜上经呼吸链传递生成水，氧化磷酸化生成2.5分子ATP。

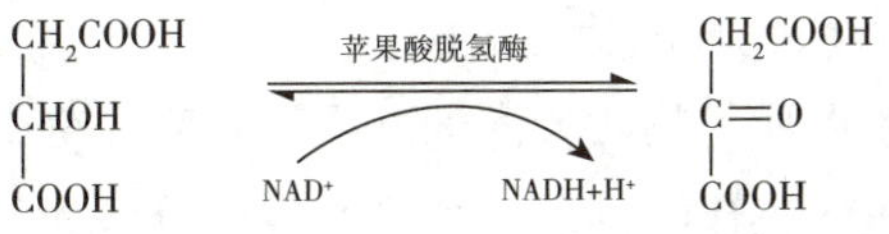

苹果酸　　　　草酰乙酸

至此草酰乙酸又重新形成，又可和另1分子乙酰CoA缩合成柠檬酸进入三羧酸循环。三羧酸循环全过程如图8－9所示。

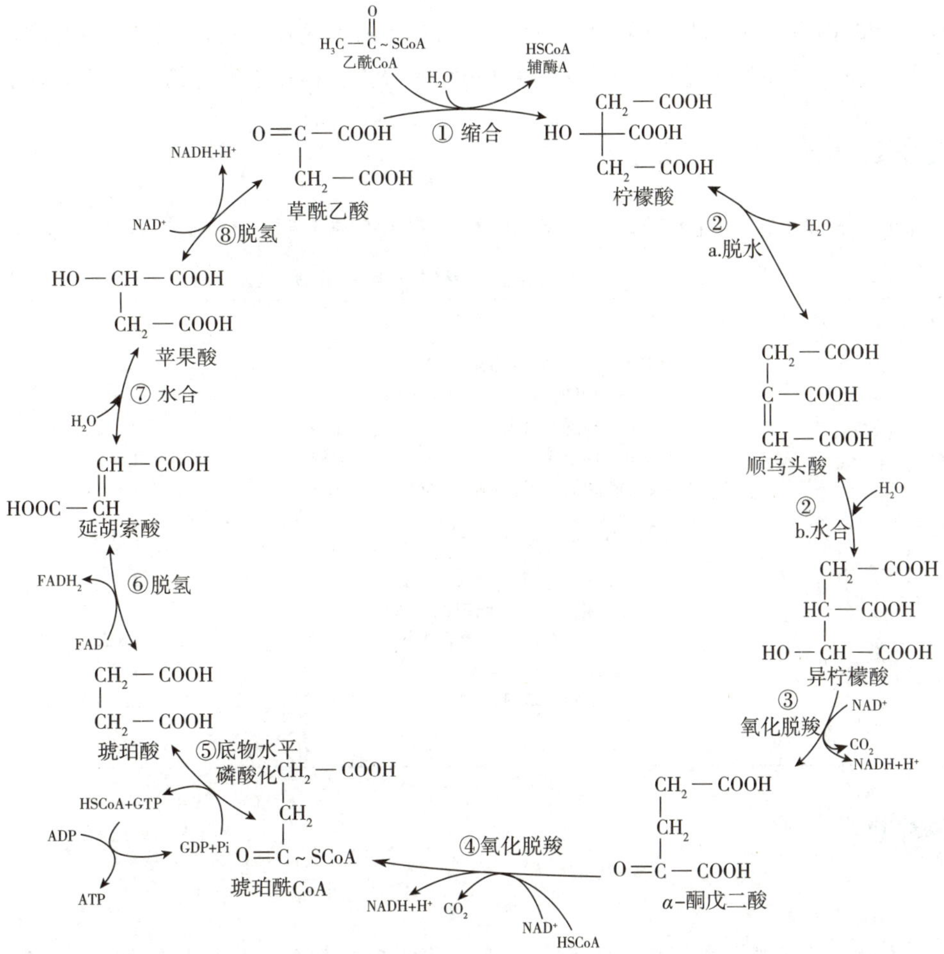

注：①柠檬酸合成酶；②顺乌头酸酶；③异柠檬酸脱氢酶；④α-酮戊二酸脱氢酶系；⑤琥珀酰CoA合成酶；⑥琥珀酸脱氢酶；⑦延胡索酸酶；⑧苹果酸脱氢酶

图8－9　三羧酸循环

从图8－9可看出，每循环一次，消耗了1个乙酰CoA；发生了2次脱羧反应，生成了2个CO_2；出现了4次脱氢反应，放出了4对氢原子，其中3对氢原子的受体是NAD，1对氢原子的受体FAD；有1次底物水平磷酸化，生成1分子GTP。在生物氧化中我们已经讨论了NAD和FAD氧化呼吸链生成水和ATP的情况。由此推知TCA每循环一次可生成4分子水，但要消耗3分子水，所以净剩1分子水，并且可获10个ATP。

葡萄糖进行有氧氧化的总反应式：

$$CH_3CO \sim SCoA + 3NAD^+ + FAD + GDP + Pi + 2H_2O \longrightarrow 2CO_2 + CoA-SH + 3NADH + 3H^+ + FADH_2 + GTP$$

由柠檬酸合成酶、异柠檬酸脱氢酶、α-酮戊二酸脱氢酶系催化的反应是不可逆的，因此整个循环是不可逆的。上述三种酶是三羧酸循环的关键酶，它们的活性与细胞内的能量水平（ADP/ATP比值）有关。当细胞内 ATP 水平高时，三羧酸循环的速度下降。

三羧酸循环是糖类、脂类、蛋白质等物质代谢的共同途径和互变枢纽。糖、脂肪、蛋白质在体内进行生物氧化，以各自不同的方式进入三羧酸循环，如脂肪可以分解为乙酰 CoA，蛋白质可以分解成碳架（草酰乙酸、丙酮酸、α-酮戊二酸等）进入。

由于三羧酸循环的中间产物经常因为参加其他物质的合成而被移去，因此，必须由别的途径加以补充才能保证循环的顺利进行。草酰乙酸是三羧酸循环的起始物质，又是循环的终产物，其浓度对三羧酸循环的进行非常重要。草酰乙酸浓度低时，乙酰 CoA 无法进入三羧酸循环。由其他途径补充草酰乙酸的反应称为草酰乙酸的回补反应。生物体中草酰乙酸的回补有两条途径：一条是丙酮酸的羧化，是动物体中最重要的回补反应；另一条途径是磷酸烯醇式丙酮酸的羧化，存在于高等植物、酵母及细菌中。

三、糖有氧氧化 ATP 的生成

1 分子葡萄糖有氧氧化，可生成 32 分子或 30 分子 ATP（表 8－1）。

表 8－1　葡萄糖有氧分解的产生 ATP 分子数

代谢阶段	反应步骤	产能反应	生成或消耗的 ATP 数
无氧分解阶段	①	葡萄糖→6-磷酸葡萄糖	－1
	③	6-磷酸果糖→1,6-二磷酸果糖	－1
	⑥	2（3-磷酸甘油醛→1,3-二磷酸甘油酸）	2.5×2 或 1.5×2
	⑦	2（1,3-二磷酸甘油酸→3-磷酸甘油酸）	1×2
	⑩	2（磷酸烯醇式丙酮酸→烯醇式丙酮酸）	1×2
丙酮酸氧化脱羧		2（丙酮酸→乙酰 CoA）	2.5×2
三羧酸循环	③	2（异柠檬酸→α-酮戊二酸）	2.5×2
	④	2（α-酮戊二酸→琥珀酰 CoA）	2.5×2
	⑤	2（琥珀酰 CoA→琥珀酸）	1×2
	⑥	2（琥珀酸→延胡索酸）	1.5×2
	⑧	2（苹果酸→草酰乙酸）	2.5×2
		合计	32 或 30

知识链接

糖尿病

糖尿病是由遗传因素、免疫功能紊乱、微生物感染及其毒素、自由基毒素、精神因素等各种致病因子作用于机体导致胰岛功能减退、胰岛素抵抗等而引发的糖、蛋白质、脂肪、水和电解质等一系列代谢紊乱综合征。临床上以高血糖为主要特点，典型病例可出现多尿、多饮、多食、消瘦等表现，即“三多一少”症状，糖尿病（血糖）一旦控制不好会引发并发症，导致肾、眼、足等部位的衰竭病变，且无法治愈。糖尿病是一种常见的慢性非传染性疾病，已成为严重的世界性公共卫生问题，我国是糖尿病患病率增长较快的国家之一。作为食品人应担当起“健康中国，你我同行”的光荣使命，致力于为糖尿病患者提供饮食、运动、治疗、预防等糖尿病科普知识，倡导健康文明生活方式，做健康中国的学习者、传播者和践行者。

任务 8.3 脂类分解代谢

情境导入

情境 小倩是食品专业学生，由于平时饮食不均衡或者营养过剩导致肥胖。健康管理师建议她少量饮食，营养均衡，经过一段时间后确实达到一定的减肥效果。

思考 1. 饮食过多、营养不均衡为什么会导致身体肥胖？

2. 经过一段时间的少量饮食后又为什么会达到减肥效果呢？

一、脂类的消化与吸收

食物中的脂类在成人口腔和胃中不能被消化，这是由于口腔中没有消化脂类的酶，虽然胃中有少量的脂肪酶，但在正常胃液中此酶几乎没有活性。脂类的消化及吸收主要是在小肠中进行，先由胆汁中的胆汁酸盐乳化食物，在形成的水油界面上，分泌入小肠的消化液中的胰脂肪酶、辅脂酶、胆固醇脂酶和磷脂酶对食物中的脂类进行消化。

食物中的脂类主要为脂肪，因此，本任务以脂肪为例进行脂类分解代谢的介绍。

脂肪在一系列脂肪酶的作用下，最终水解生成甘油和脂肪酸。

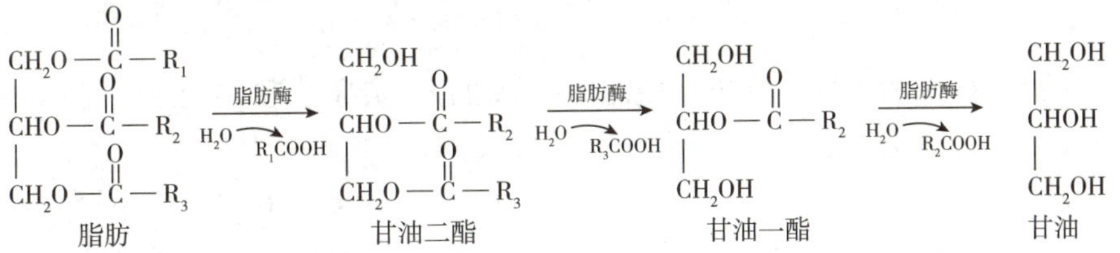

二、脂肪的分解代谢

（一）甘油的氧化分解

甘油是在肝、肾等组织中被利用。甘油在甘油激酶的催化下，磷酸化生成 α-磷酸甘油，然后在磷酸甘油脱氢酶的催化下，转化为磷酸二羟丙酮。生成的磷酸二羟丙酮可经糖酵解途径生成丙酮酸，进入三羧酸循环途径被彻底氧化分解。

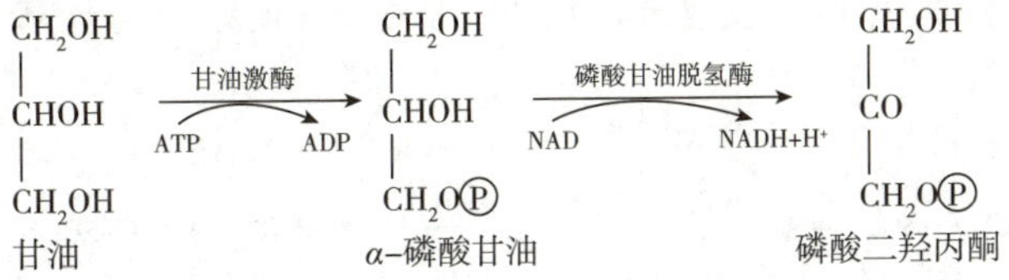

（二）脂肪酸的氧化分解

脂肪酸氧化分解的途径有 3 条：β-氧化、α-氧化和 ω-氧化。其中，最主要的途径是β-氧化。α-氧化和 ω-氧化只存在于生物的某些组织中，并不普遍。

所谓β-氧化，是指脂肪酸在一系列酶的作用下，羧基端的β-碳原子上发生氧化，碳链在 α-位和β-位碳原子之间断裂，生成 1 个乙酰 CoA 和少 2 个碳原子的脂酰 CoA，这个过程不断重复，直至全部生成乙酰 CoA。

细胞内脂肪酸彻底氧化分解可分为四个阶段：①脂肪酸在细胞液中被活化形成脂酰 CoA；②脂酰 CoA 被转运进线粒体；③脂酰 CoA 经β-氧化过程降解为乙酰 CoA；④乙酰 CoA 进入三羧酸循环彻底氧化分解。

1. 脂肪酸的活化 脂肪酸在进行β-氧化之前，需要在脂酰 CoA 合成酶催化下，与 CoA－SH 结合成活化态的脂酰 CoA。

$$\underset{\text{脂肪酸}}{\text{RCOOH}} + \text{ATP} + \text{HS}-\text{CoA} \xrightarrow[\text{Mg}^{2+}]{\text{脂酰 CoA 合成酶}} \underset{\text{脂酰 CoA}}{\text{RCO}\sim\text{SCoA}} + \text{AMP} + \underset{\text{焦磷酸}}{\text{PPi}}$$

2. 脂酰 CoA 进入线粒体 脂肪酸的活化是在细胞液中进行的，而β-氧化是在线粒体中进行。脂酰 CoA 不能自由通过线粒体膜，要进入线粒体基质需要载体转运，这一载体就是肉毒碱。

长链的脂酰 CoA 和肉毒碱在肉毒碱脂酰转移酶的催化下生成辅酶 A 和脂酰肉毒碱。

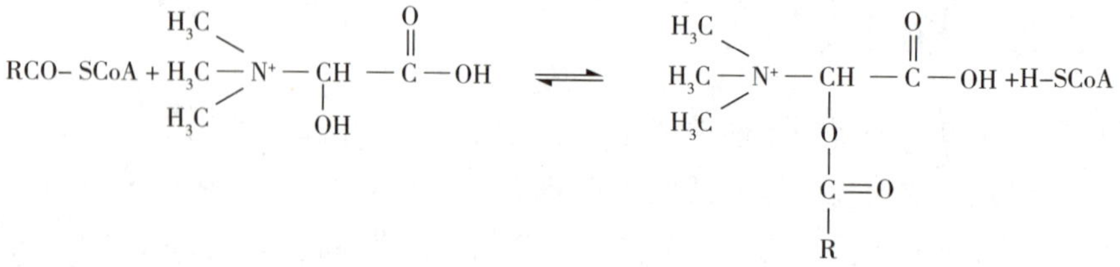

脂酰CoA　　肉毒碱　　脂酰肉毒碱

3. β-氧化的反应过程 进入线粒体的脂酰 CoA，需要经过β-氧化作用，即脱氢、加水、脱氢和硫解等四步反应，生成一分子乙酰 CoA 和一个少两个碳的新的脂酰 CoA（图 8－10）。脂肪酸的β-氧化过程如下：

（1）脱氢 在脂酰 CoA 脱氢酶催化下，使脂酰 CoA 的α-碳原子和β-碳原子脱去一对氢原子，生成α,β-反烯脂酰 CoA，辅酶为 FAD。

脂酰CoA　　α,β-反烯脂酰CoA

（2）水化 在烯脂酰 CoA 水化酶催化下，在双键上加水生成 L-β-羟脂酰 CoA。

α,β-反烯脂酰CoA　　β-羟脂酰CoA

（3）再脱氢 在 L-β-羟脂酰 CoA 脱氢酶催化下，脱去β-碳原子与羟基上的氢原子，生成β-酮脂酰 CoA，辅酶为 NAD^+。

β-羟脂酰CoA　　β-酮脂酰CoA

（4）硫解 在β-酮脂酰 CoA 硫解酶催化下，β-酮脂酰 CoA 与 CoA－SH 发生硫解，在α-位和β-位碳原子之间断裂生成乙酰 CoA 和较原来少 2 个碳原子的脂酰 CoA。

β-酮脂酰CoA　　脂酰CoA　　乙酰CoA

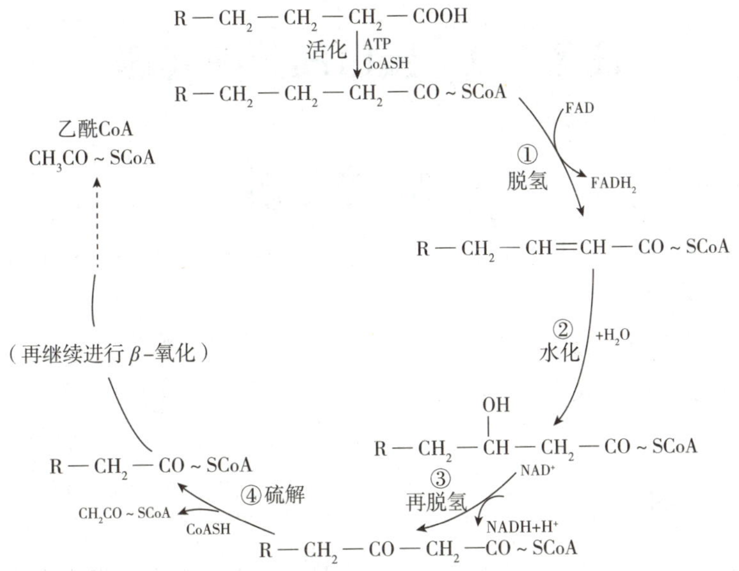

图 8－10　脂肪酸β-氧化过程

4. 乙酰 CoA 的氧化分解　经过β-氧化产生的乙酰 CoA 主要通过三羧酸循环彻底氧化成 CO_2 和 H_2O，并释放出能量。

三、脂肪酸β-氧化的生理意义

脂肪酸β-氧化是体内脂肪酸分解的主要途径，脂肪酸的完全氧化可为机体生命活动提供大量能量。以软脂酸为例，在参加β-氧化时需先进行活化，生成软脂酰 CoA，再经过 7 次β-氧化，才能完全硫解为乙酰 CoA。因此，软脂酰 CoA 的β-氧化可用下式反应表示：

$$\text{软脂酰 CoA} + 7FAD + 7NAD^+ + 7CoASH + 7H_2O \longrightarrow 8\text{ 乙酰 CoA} + 7FADH_2 + 7NADH + 7H^+$$

1 分子 $FADH_2$ 进入呼吸链产生 1.5 分子 ATP，1 分子 $NADH + H^+$ 进入呼吸链产生 2.5 分子 ATP，乙酰 CoA 进入 TCA 循环氧化产生 10 分子 ATP。软脂酸活化消耗 2 个高能磷酸键，按消化 2 个 ATP 计，因此，软脂酸完全氧化净产量为：

$$1.5 \times 7\ ATP + 2.5 \times 7\ ATP + 10 \times 8\ ATP - 2\ ATP = 106ATP$$

脂肪酸氧化时释放出来的能量约有 40% 为机体利用合成高能化合物，其余 60% 以热的形式释出，热效率为 40%，说明人体能很有效地利用脂肪酸氧化所提供的能量。

知识链接

脂肪酸β-氧化方式的发现

十九世纪初，科学家 Franz Knoop 用末端甲基上连有苯环的脂肪酸喂狗，结果发现，食用含偶数碳的脂肪酸的狗的尿中有苯乙酸的衍生物苯乙尿酸，而食用含奇数碳的脂肪酸的狗的尿中有苯甲酸的衍生物马尿酸。Knoop 由此推测无论脂肪酸链的长短，脂肪酸的降解总是每次水解下两个碳原子。正是由于 Knoop 的创新实验，才发现了脂肪酸的β-氧化方式。阿西莫夫曾说，“创新是科学房屋的生命力”，我们在学习和工作中，要打破固有思维模式，勇于创新，可能有更大的收获。

任务 8.4　蛋白质分解代谢

情境导入

情境　小倩喜爱运动，教练告诉她在运动训练中，特别是力量、耐力项目训练中，摄入足够的蛋白质食物对于身体的运动和康复是非常重要的。

思考　1. 运动后补充蛋白质的好处是什么？

2. 大量补充蛋白质对人体有哪些影响？

一、蛋白质的降解

当人和动物的食物中缺少蛋白质或其处于饥饿状态时，体内组织蛋白质的分解显著增加，这说明人和动物要不断地从食物中摄取蛋白质。食物中的蛋白质经过消化吸收后，以氨基酸的形式通过血液循环运输到全身的各组织，这种来源的氨基酸称为外源性氨基酸；此外，机体各组织的蛋白质在组织酶的作用下降解产生的氨基酸和体内合成的氨基酸称为内源性氨基酸。这两种来源的氨基酸混合在一起，共同组成体内“氨基酸代谢库”，氨基酸代谢在蛋白质代谢中处于枢纽位置（图 8－11）。

氨基酸在体内的代谢包括两个方面，一方面主要用以合成机体自身所特有的蛋白质、多肽及其他含氮物质；另一方面可通过脱氨基作用或脱羧基作用，分解成氨和 α-酮酸或胺类及二氧化碳。分解代谢过程中生成的氨，在不同动物体内可以以氨、尿素等形式排出体外，生成的 α-酮酸可以转变成糖、脂类或再合成某些非必需氨基酸，也可以经过三羧酸循环氧化成二氧化碳和水，并放出能量。各种氨基酸在结构上具有共同特点，故有共同的代谢途径，但不同的氨基酸由于结构的差异也有不同的代谢方式。

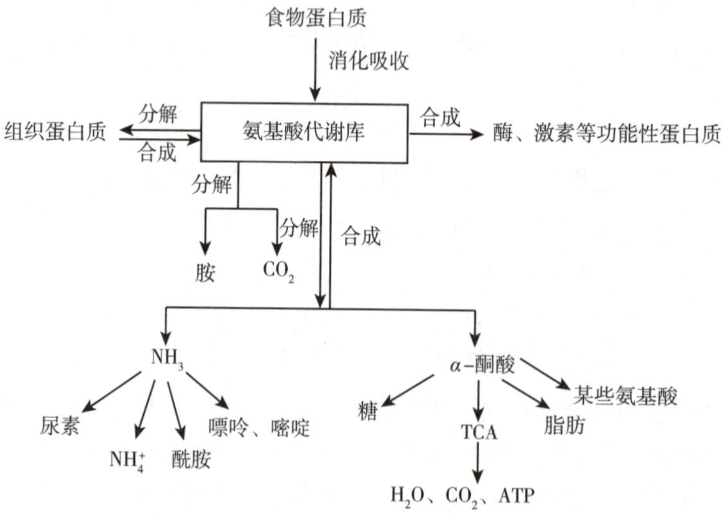

图 8－11　氨基酸在体内的转化

二、氨基酸的脱羧基作用

部分氨基酸可在氨基酸脱羧酶催化下进行脱羧基作用产生 CO_2，并生成相应的胺。

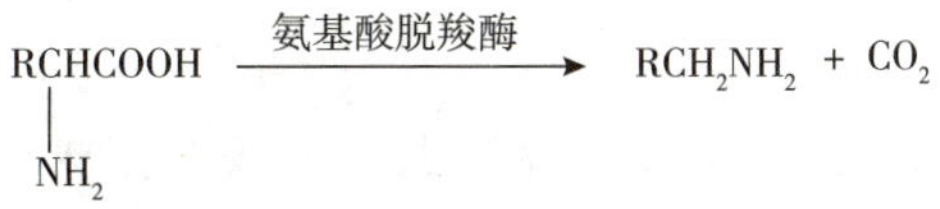

氨基酸　　　　胺

脱羧基作用不是体内氨基酸分解代谢的主要途径，但可生成有重要生理功能的胺。下面列举几种氨基酸脱羧产生重要胺类物质的过程。

1. γ－氨基丁酸　脑组织中L－谷氨酸脱羧酶的活性很高，可催化谷氨酸脱羧形成γ－氨基丁酸（GABA），所以脑中GABA含量较高。GABA是一种存在于中枢神经系统的神经递质，对中枢神经有普遍性抑制作用。

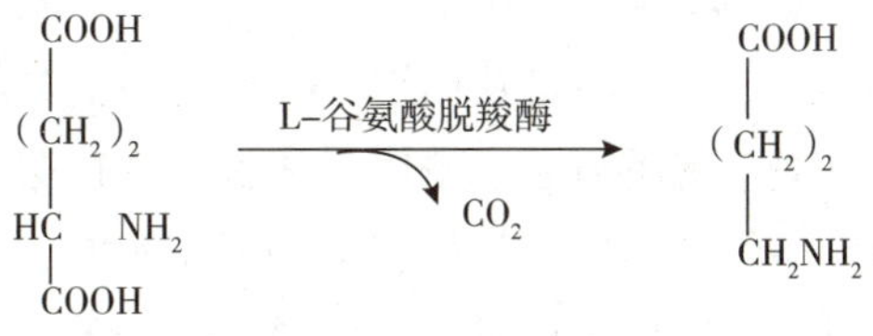

L-谷氨酸　　　　γ-氨基丁酸

2. 组胺　由组氨酸脱羧生成。组胺主要由肥大细胞产生并储存，在乳腺、肺、肝、肌肉及胃黏膜中含量较高。组胺是一种强烈的血管舒张剂，并能增加毛细血管的通透性，还可刺激胃蛋白酶和胃酸的分泌，常用它作胃分泌功能的研究。

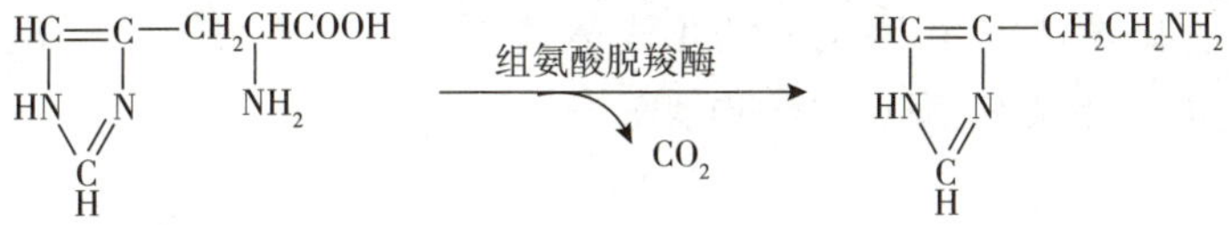

L-组氨酸　　　　组胺

3. 5－羟色胺　色氨酸在脑中首先由色氨酸羟化酶催化生成5－羟色氨酸，再经脱羧酶作用生成5－羟色胺。5－羟色胺在神经组织中有重要的功能。

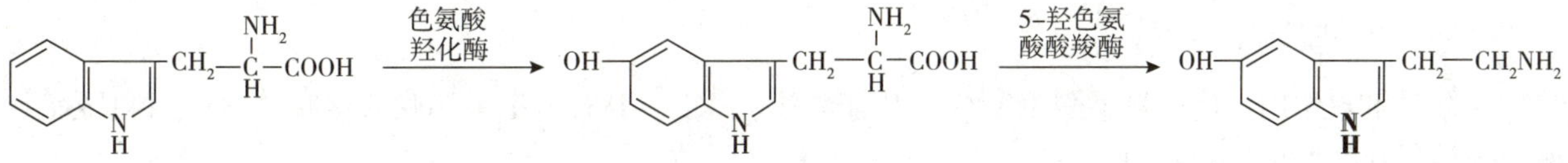

色氨酸　　　　5-羟色氨酸　　　　5-羟色胺

4. 牛磺酸　体内牛磺酸主要由半胱氨酸脱羧生成。半胱氨酸先氧化生成磺酸丙氨酸，再由磺酸丙氨酸脱羧酶催化脱去羧基，生成牛磺酸。牛磺酸是结合胆汁酸的重要组成成分。

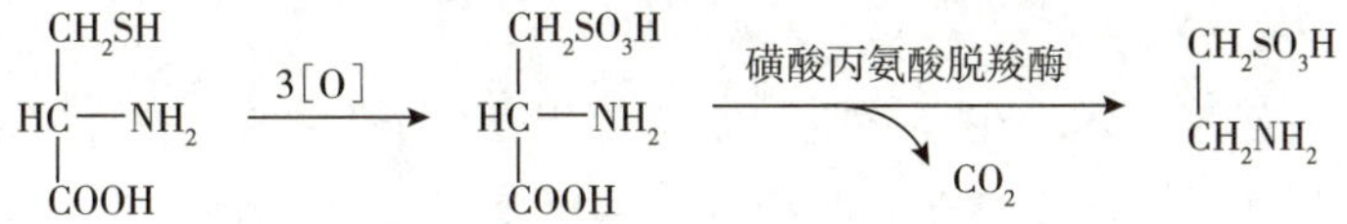

L-半胱氨酸　　　　磺酸丙氨酸　　　　牛磺酸

三、氨基酸的脱氨基作用

脱氨基作用是指氨基酸在酶的催化下脱去氨基生成α-酮酸的过程。这是氨基酸在体内分解的主要方式。脱氨基作用的方式有转氨基作用、氧化脱氨基作用及联合脱氨基作用，其中联合脱氨基作用最重要。

（一）转氨基作用

转氨基作用是指在转氨酶的催化下，某一氨基酸去掉α-氨基生成相应的α-酮酸，而另一种α-酮酸得到此氨基生成相应的氨基酸的过程。体内大多数氨基酸均能参加转氨基作用，转氨酶的种类很多，分布广泛，其辅酶是磷酸吡哆醛。

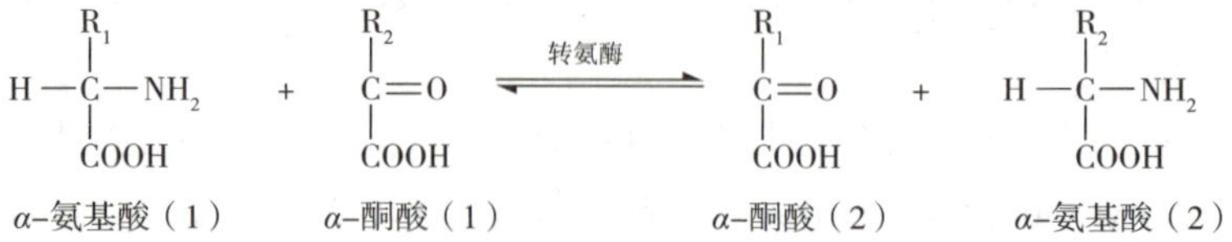

转氨基作用具有重要的生理意义。转氨基作用是一种可逆反应，氨基酸是氨基供体，α-酮酸是氨基受体，氨基酸和酮酸可以互相转化。因此，转氨基作用既是氨基酸的分解代谢过程，又是体内非必需氨基酸合成的重要途径。同时，转氨基作用还沟通了糖代谢和蛋白质代谢之间的联系，如糖代谢中产生的丙酮酸、草酰乙酸和α-酮戊二酸，可以通过转氨基作用形成丙氨酸、天冬氨酸和谷氨酸；同样，蛋白质分解产生的丙氨酸、天冬氨酸和谷氨酸也可以转变为丙酮酸、草酰乙酸和α-酮戊二酸，再进入三羧酸循环。

（二）氧化脱氨基作用

氧化脱氨基作用是指在酶的催化下，氨基酸在氧化脱氢的同时脱去氨基的过程。催化氧化脱氨基的酶有氨基酸氧化酶和L-谷氨酸脱氢酶。在体内氨基酸氧化酶种类很多，其中以L-谷氨酸脱氢酶的作用最重要，它是以 NAD^+（或 $NADP^+$）为辅酶的不需氧脱氢酶，活性较强，广泛存在于肝、肾及脑中，能催化L-谷氨酸氧化脱氨，生成α-酮戊二酸和 NH_3。

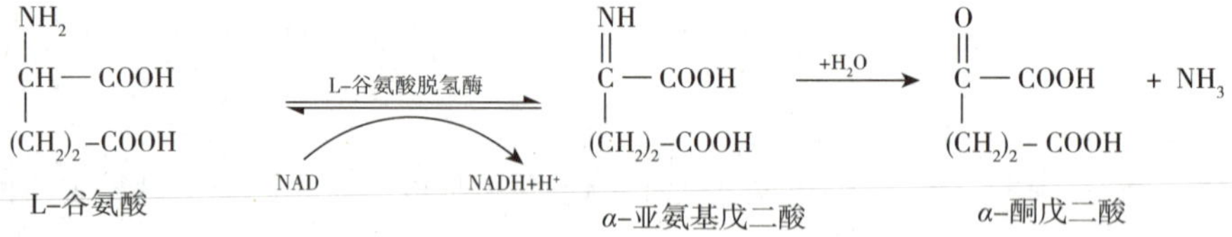

（三）联合脱氨基作用

联合脱氨基作用是体内氨基酸脱氨基作用的重要方式，主要有转氨基偶联氧化脱氨基作用和转氨基偶联嘌呤核苷酸循环两种类型。

1. 转氨基偶联氧化脱氨基作用 转氨基偶联氧化脱氨基作用既是氨基酸脱氨基的主要方式，也是体内合成非必需氨基酸的主要方式。即先在转氨酶催化下，α-氨基酸与α-酮戊二酸生成α-酮酸和谷氨酸；然后在L-谷氨酸脱氢酶催化下，L-谷氨酸氧化脱氨基生成α-酮戊二酸和氨，而α-酮戊二酸再继续参加转氨基作用（图8-12）。

2. 转氨基偶联嘌呤核苷酸循环 在骨骼肌和心肌等组织中，L-谷氨酸脱氢酶的活性很低，因而不能通过上述联合脱氨基作用。但骨骼肌和心肌中含丰富的腺苷酸脱氨酶，存在着另一种联合脱氨基作用，即嘌呤核苷酸循环联合脱氨基作用（图8-13）。

四、α-酮酸的代谢

氨基酸脱氨基后生成α-酮酸可进一步代谢，α-酮酸在体内也是一类重要的分子，不同α-酮酸的共同基本代谢去路有以下几方面：

1. 生成非必需氨基酸 α-酮酸在体内利用转氨酶和谷氨酸脱氢酶联合脱氨基作用的逆反应过程合

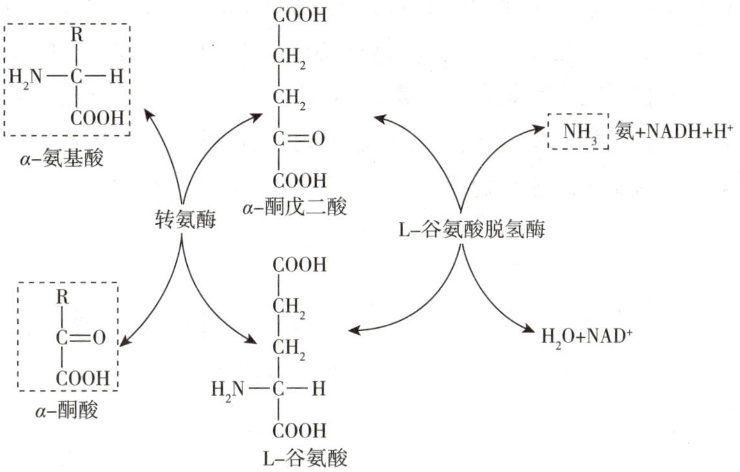

图8-12　联合脱氨基作用

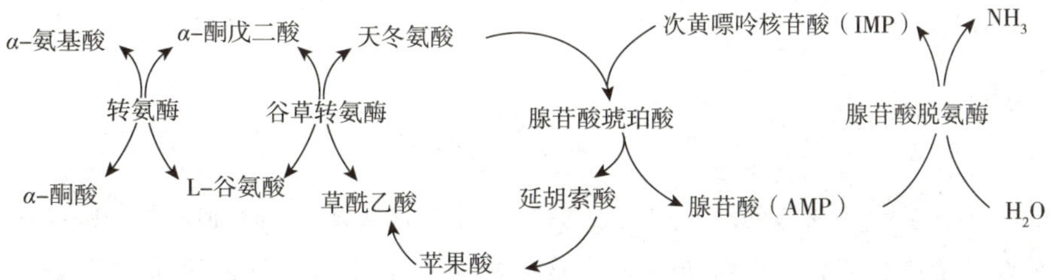

图8-13　嘌呤核苷酸循环联合脱氨基作用

成氨基酸。但不能合成8种必需氨基酸，原因是这8种必需氨基酸对应的α-酮酸不能合成，或不能稳定存在，导致这些氨基酸在人体内不能合成，必须依赖于食物供应。

2. 转变成糖或脂肪　当体内能量供应充足时，α-酮酸可以转化为糖或脂肪。就α-酮酸的氨基酸来源讲，多数氨基酸能生成丙酮酸或三羧酸循环的中间产物，再经糖异生途径生成葡萄糖，这些氨基酸称为生糖氨基酸；有些氨基酸在体内能生成乙酰辅酶A转变为酮体，称为生酮氨基酸；有些氨基酸既能生成丙酮酸或三羧酸循环的中间产物生成糖，也能生成乙酰辅酶A生成酮体，称为生糖兼生酮氨基酸（表8-2）。

表8-2　氨基酸生糖及生酮性质的分类

类别	氨基酸
生糖氨基酸	甘氨酸、丝氨酸、缬氨酸、组氨酸、精氨酸、半胱氨酸、脯氨酸、羟脯氨酸、丙氨酸、谷氨酸、谷氨酰胺、天冬氨酸、天冬酰胺、甲硫氨酸
生酮氨基酸	亮氨酸、赖氨酸
生糖兼生酮氨基酸	异亮氨酸、苯丙氨酸、酪氨酸、苏氨酸、色氨酸

3. 氧化生成二氧化碳和水并释放能量　α-酮酸转变成丙酮酸、乙酰CoA或三羧酸循环的中间产物，经过三羧酸循环彻底氧化分解，生成二氧化碳和水，并释放能量供生理活动的需要。

五、氨的代谢

氨是机体正常代谢产物，但氨对机体特别是神经系统有害，是有毒物质。正常人体内血液中氨的浓度很低，一般不超过0.60μmol/L，这说明在体内有一系列去除氨的代谢机制，使血氨的来源和去路保持一定的动态平衡。氨的主要来源是组织中的氨基酸经过脱氨基作用脱去的氨，其次是组织中的氨基酸经脱羧基作用生成胺，再经单胺氧化酶或二胺氧化酶作用生成的氨。膳食中蛋白质过多时，这一部分氨的生成量也增多。氨的主要去路是在肝脏合成尿素，然后随尿排出；一部分氨可以合成谷氨酰胺和天冬酰胺，也可合成其他非必需氨基酸；少量的氨可直接经尿排出体外，尿中排氨有利于排酸。体内氨的来源与去路保持动态平衡，使血氨浓度相对稳定（图8－14）。

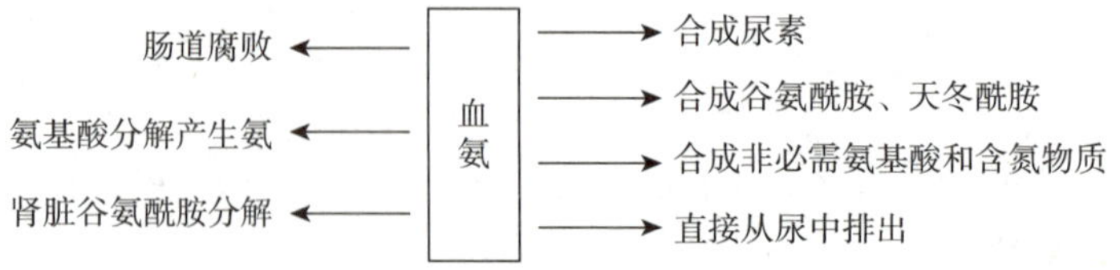

图8－14　氨的来源和去路

任务8.5　动植物食品原料的组织代谢

情境导入

情境　小倩发现在市面上销售的生鲜肉类主要有三种，分别是“热鲜肉”“冷冻肉“和“冷却肉”。热鲜肉指清晨宰杀，清早上市，还保持着一定温度的肉类；冷冻肉指将肉置于零下18℃的环境中冷冻保存的肉；冷却肉又叫排酸肉，经过排酸后的肉的口感相比鲜肉得到了极大改善，肉变得柔嫩多汁，有利于人体的吸收和消化。

思考　1. 排酸肉是如何排酸的呢？

2. 排酸肉为什么变得柔嫩多汁，有利于人体的吸收和消化？

一、屠宰后肌肉组织中的代谢活动

（一）屠宰后肌肉组织的生物化学特征

动物屠宰后，虽然生命已经停止，但由于动物体还存在各种酶，许多生物化学反应还没有停止，所以，从严格意义上讲，还没有成为可食用的肉，只有经过一系列的宰后变化，才能完成从肌肉到可食肉的转变。屠宰后的动物在物理特征方面出现尸僵现象。尸僵过程大致可分为三个阶段：尸僵前期、尸僵期、尸僵后期。

1. 尸僵前期　动物刚屠宰后，肉温还没有散失，肉质柔软，具有较小的弹性，处于这种生鲜状态的肉称为热鲜肉。在这个阶段中，生物化学特征是ATP及磷酸肌酸含量下降，无氧呼吸即酵解作用活跃，即尸僵前期。

2. 尸僵期　随着时间的延长，肌肉开始僵化，磷酸肌酸消失，ATP含量下降，肌肉中的肌动蛋白及肌球蛋白逐渐结合，形成没有延伸性的肌动球蛋白，结果形成僵硬强直的状态，即尸僵期。此期肉在加工时，肉质坚硬干燥，无肉香气味，且不易煮烂，食之无香味，也不易消化，因此不适于加工；但是这一个时期pH值低，蛋白质结合紧密，微生物活动受抑，肌肉内许多生化反应还没有进行，若能设法延长尸僵期则有利于肉的贮藏。一般而言，哺乳动物死亡后僵化开始于死亡后8～12小时，经15～20小时后终止；鱼类死后僵化开始于死后1～7小时，持续时间5～20小时不等。

3. 尸僵后期 由于组织蛋白酶作用而使肌肉蛋白质发生部分水解，水溶性肽及氨基酸等非蛋白氮增加，肌肉表现为尸僵缓解，再度软化，肉的持水力增加，即尸僵后期。这个时期的肉食用质量达到最佳适口度，通常称此为肉的成熟。烹调时能发出肉香，也容易煮烂和消化。

（二）屠宰后肌肉组织呼吸途径的转变

屠宰前，动物体内并存着有氧和无氧呼吸两种方式，以有氧呼吸为主。屠宰后，动物体内血液循环停止，同时供氧也停止，组织呼吸转变为无氧酵解途径，最终产物为乳酸。

（三）屠宰后肌肉组织中ATP含量的变化及其重要性

1. ATP在屠宰后肌肉组织中的变化及其对肉的风味的重要性 屠宰后肌肉组织中的ATP在ATP酶的作用下分解而不断减少。ATP降解后产生的IMP（肌苷酸）是构成动物肉香味及鲜味的重要成分，加之蛋白质的降解过程产生的具有鲜味的氨基酸，使尸僵后软化的成熟肉具有诱人的香气和鲜美的滋味。但当肌苷酸继续降解成肌苷，肌苷不具有任何鲜味，这也是鲜肉久贮不鲜的原因之一。ATP降解途径如下：

$$\text{ATP}\xrightarrow[\text{Pi}]{\text{ATP酶}}\text{ADP}\xrightarrow[\text{Pi}]{\text{肌激酶}}\text{AMP}\xrightarrow[\text{NH}_3]{\text{腺苷酸脱氨酶}}\text{IMP}\xrightarrow{\text{肌苷酸酶}}\text{肌苷}$$

2. ATP减少与尸僵的关系 动物死亡后，中枢神经冲动完全消失，肌肉立即出现松弛状态，所以肌肉柔软并具弹性，但随着ATP浓度的下降，肌动蛋白与肌球蛋白逐渐结合成没有弹性的肌动球蛋白，结果形成肌肉僵硬强直状态，即尸僵现象。

（四）屠宰后肌肉组织pH值的变化

由于刚屠宰后的肌肉组织的呼吸途径由有氧呼吸转变为无氧酵解，组织中乳酸逐渐积累，所以组织pH值下降。温血动物宰杀后24小时内肌肉组织的pH值由正常生活时的7.2～7.4降至5.3～5.5，但一般也很少低于5.3。鱼类死后，肌肉组织的pH值大多比温血动物高，在完全尸僵时甚至可达6.2～6.6。宰后动物肌肉保持较低的pH值，有利于抑制腐败细菌的生长和保持肌肉色泽。动物屠宰后的pH值受屠宰前其体内糖原贮藏量的影响，若屠宰前动物曾强烈挣扎或运动，则体内糖原含量减少，宰后pH值也因此较高，在畜肉中可达6.0～6.6，在鱼肉中可达7.0，被称为碱性尸僵。

（五）屠宰后肌肉组织中蛋白质的变化

蛋白质对于温度和pH值都很敏感，由于动物肌肉组织中的无氧呼吸作用，在短时间内，肌肉组织中的温度升高（牛胴体的温度可由生活时的37.6℃上升到39.4℃），pH值降低，肌肉蛋白质很容易因此而变性，对于一些肉糜制品（如午餐肉等）的品质将带来不良的影响。因此，大型屠宰场中要将肉胴体清洗干净后立即放在冷却室中冷却。蛋白质主要有以下变化。

1. 肌肉蛋白质的变性 肌动蛋白及肌球蛋白是动物肌肉中主要的两种蛋白质，随着ATP浓度的降低，肌动蛋白及肌球蛋白逐渐结合成没有弹性的肌动球蛋白，此时肉的口感特别粗糙。肌肉纤维里还存在一种液态基质，称为肌浆。肌浆中的蛋白质最不稳定，在屠宰后很容易变性，牢牢贴在肌原纤维上，因而肌肉上呈现一种浅淡的色泽。

2. 肌肉蛋白质持水力的变化 肌肉蛋白质在尸僵前具有高度的持水力，随着尸僵的发生，在肌肉组织pH值降到最低点（pH值为5.3～5.5）时，持水力也降至最低点。尸僵以后，肌肉的持水力又有所回升，其原因是肌肉中的钠、钾、钙、镁等阳离子的移动造成蛋白质分子电荷增加，从而有助于蛋白质水合作用。

3. 尸僵的缓解与肌肉蛋白质的自溶 尸僵缓解后，肉的持水力及pH值较尸僵期有所回升，肌肉组织中原处于非活化状态的蛋白酶被释放出来，对肌肉蛋白质起分解作用，组织蛋白酶的分解对象以肌浆蛋白质为主。在组织蛋白酶的作用下，肌浆蛋白质部分分解成肽和氨基酸游离出来，这些肽和氨基酸是构成肉浸出物的成分，与加工中肉的香味及鲜味有关，可使肉的风味得以改善。

二、采收后果蔬组织中的代谢活动

采收前的果蔬、粮食等，主要的生理过程为光合作用、吸收作用和呼吸作用，在强度上以前两者为主。采收后的新鲜水果、蔬菜，虽切断了养料供应来源，但仍然具有活跃的呼吸作用和蒸腾作用，组织细胞只能利用内部贮存的养料和水分来进行生物活动，所以，采收后的水果蔬菜主要表现为分解代谢。在贮藏过程中，组织结构和营养成分变化较大。

（一）果蔬组织的呼吸作用

呼吸作用是一切动植物维持生命的重要生理过程之一，是生命存在的重要条件和标志。从总过程来看，呼吸是一种气体交换形式，即吸进氧气而放出二氧化碳，但这只不过是整个呼吸代谢中无数过程的起点和终点。呼吸作用是在许多复杂酶系统参与下，经由许多中间反应环节进行的生物氧化过程，把复杂的有机物逐步分解成简单的物质，同时释放能量。

呼吸作用的强弱直接影响到果蔬的贮藏，通常用呼吸强度来衡量。呼吸强度是指一定温度下在单位时间内单位重量产品放出CO_2或吸收O_2的量，常用单位为CO_2mg/(kg·h)或O_2mg/(kg·h)。呼吸强度是衡量呼吸作用强弱的一个指标，呼吸强度越大，说明呼吸作用越旺盛，营养消耗越大，产品衰老加速，贮藏期亦缩短。果蔬采收后，呼吸强度总的趋势是逐渐下降的。但一些蔬菜，特别是叶菜类，在采收时由于机械损伤导致的伤呼吸会使总的呼吸强度在一段时间内出现增强现象，而后才开始下降。

不同种类植物的呼吸强度不同，同一植物不同器官的呼吸强度也不同。一般来说，叶片组织细胞间隙大、气孔多、表面积大，因而叶片组织呼吸强度大，营养损失快，内部组织间隙中的气体按其组成很近似于大气，在普通条件下保存期短；而肉质的植物组织，由于气体不易透过，其呼吸强度远比叶片组织低，组织间隙气体组成中CO_2比大气中多，而O_2则稀少得多，如果外界空气长期不畅或含氧量过低，有可能导致无氧呼吸的发生，造成乙醇的积累，使细胞中毒，最后引起果蔬的腐败。

（二）影响果蔬组织呼吸作用的因素

1. 温度 呼吸强度随温度升高而增大，环境温度愈高，组织呼吸愈旺盛。一般情况下，低温冷藏可以降低呼吸强度，减少果蔬的贮藏损失；但并非呼吸强度都随温度降低而降低，这是因为各种果蔬保持正常生理状态的最低适宜温度依种类、品种及采收时的生理状态不同而异。例如，马铃薯的最低呼吸率温度在3～5℃之间；香蕉不能贮藏于低于12℃的温度下，否则会使其发黑腐烂；柠檬在3～5℃贮藏为宜；苹果、梨、葡萄等只要细胞不结冰，则仍然能维持正常的生理活动。

除了温度的高低以外，温度的波动也影响呼吸强度。在平均温度相同的情况下，果蔬在变温时的平均呼吸强度显著高于恒温时的呼吸强度。因此，果蔬贮藏应尽量避免库温波动。

2. 湿度 采收后的果蔬已经离开了母株，水分蒸发后，组织干枯、凋萎，破坏了细胞原生质的正常状态，游离态的酶比例增大，细胞内分解过程加强，呼吸作用大大增强，少量失水可使呼吸底物的消耗几乎增加一倍。为了防止果蔬组织水分蒸发，果蔬保存环境的相对湿度在80%～90%为宜。湿度过大以致饱和时，水蒸气及呼吸产生的水分会凝结在果蔬的表面，形成“发汗”现象，为微生物的滋生准备了条件，易引起腐烂，因此必须避免。

3. 大气组成 改变环境大气的组成可以有效地控制植物组织的呼吸强度。空气中含氧过多会刺激呼吸作用，降低大气中的含氧量可降低呼吸强度，例如，苹果在3.3℃下贮存在含氧1.5%～3%的空气中，其呼吸强度仅为同温度下正常大气中的39%～63%。减少氧气与增加二氧化碳可降低呼吸强度，对植物组织呼吸的抑制效应是可叠加的，例如，在含氧1.5%～1.6%、含二氧化碳5%的空气中于3.3℃下贮存的苹果，其呼吸强度仅为对照组的50%～64%。根据这一原理制定的以控制大气中氧气和二氧化碳浓度为基础的贮藏方法称为气调贮藏法或调变大气贮藏法。每一种水果、蔬菜都有其特有的“临界需氧量”，低于临界量，组织就会因缺氧呼吸而受到损害。

除 CO_2、O_2之外，在封存食物的空气中掺入一些既能钝化酶又有杀菌作用的气体，如 SO_2、NO_2、CO、环氧乙烷等，在室温下也都能延长果蔬的新鲜期。

4. 机械损伤及微生物感染 植物组织受到机械损伤（压、碰、刺伤）或虫咬，以及受微生物感染等，都可使呼吸强度增大，即使一些并不明显的损伤也可引起很强的呼吸增强现象。受伤的果蔬呼吸强度明显增大，是因为机械损伤增加了氧的透性，以及损伤口周围的细胞需进行着旺盛的生长和分裂，形成愈合组织，以保护其他未受伤的部分免受损害，这些细胞分裂和生长需要大量原料和能源，受伤组织呼吸明显增强正是为了满足这种需要，因此称这种呼吸的加强为“伤呼吸”，例如，马铃薯受伤后2～3天，呼吸强度比没受伤时高5～6倍。此外，果蔬受伤后，从伤口流出大量营养物质，其中有丰富的糖、维生素和蛋白质等，提供了微生物生长的良好条件，此时在伤口处，微生物大量繁殖，呼吸大大提高，所以，受伤严重的果蔬易于发热，同时腐烂率增高。

（三）果蔬成熟过程中呼吸作用特征

一般情况下，果实的呼吸趋势是当果实幼小时呼吸强度高，随着果实成熟的过程而下降。但许多水果在成熟过程中其呼吸强度会出现急剧陡然上升的现象，称为呼吸跃变或呼吸高峰。呼吸高峰是果实完全成熟的标志，此时，果实的色、香、味都达到最佳状态，呼吸高峰后，果实进入衰老阶段。

根据呼吸跃变现象的有无，可将水果分为两类：一类是高峰型果实，该类果实一般可在呼吸跃变之前收获，在受控条件下贮存可有效延长贮藏寿命，如苹果、香蕉、桃、梨、柿、李、番茄、西瓜、芒果、杏、无花果、木瓜等；另一类是非高峰型果实，这类果实进入成熟期后，呼吸强度保持平稳或缓慢下降，没有呼吸跃变现象，如柑橘、樱桃、葡萄、菠萝、荔枝、黄瓜等，这类水果一般应在成熟后采摘。绿叶蔬菜没有明显的呼吸跃变现象，因此在成熟与衰老之间没有明显区别。

经研究发现，大多数水果在成熟期乙烯含量明显升高。因此，认为水果的成熟是由于产生乙烯的结果，乙烯被认为是一种植物激素。目前常用乙烯利催熟水果，催熟机制是由于它能提高果实组织原生质对氧的渗透性，促进果实的呼吸作用和有氧参与的其他生化过程。同时，乙烯能改变果实酶的活动方向，使水解酶类从吸附状态转变为游离状态，从而增强果实成熟过程的水解作用。乙烯利几乎对所有水果都有不同程度的催熟作用。乙烯利的化学名称是2-氯乙烯基膦酸，在中性或碱性溶液中易分解，产生乙烯。反应式如下：

$$Cl—CH_2—CH_2—H_2PO_3 + OH^- \rightarrow CH_2 = CH_2 + H_3PO_4 + Cl^-$$

商品乙烯利为其40%的溶液，通常配成0.05%～0.1%的溶液使用，3～5天即可使柿、西瓜、杏、苹果、柑桔、梨、桃等成熟。乙烯的同系物丙烯、乙炔以及一氧化碳也有催熟作用，但以乙烯效价最高。

知识拓展

糖的异生途径

由非糖物质合成葡萄糖的过程称为糖异生途径。主要部位在肝脏，其次是肾脏。长期饥饿或酸中毒时，肾脏的糖异生作用可大大加强。

1. 糖异生途径 糖异生途径基本上是糖酵解或糖有氧氧化的逆过程（图8－15）。

第一，由丙酮酸激酶催化的逆反应是由两步反应来完成的。首先由丙酮酸羧化酶催化，将丙酮酸转变为草酰乙酸，然后再由磷酸烯醇式丙酮酸羧激酶催化，由草酰乙酸生成磷酸烯醇式丙酮酸。

第二，由己糖激酶和磷酸果糖激酶催化的两个反应的逆行过程，由两个特异的磷酸酶水解己糖磷酸酯键完成，即葡萄糖-6-磷酸酶和果糖二磷酸酶。

第三，糖异生作用的三种主要原料有乳酸、甘油和氨基酸等。乳酸在乳酸脱氢酶作用下转变为丙酮酸，然后羧化成糖；甘油被磷酸化生成磷酸甘油后，氧化成磷酸二羟丙酮，再循糖酵解逆行过程合成糖；氨基酸则通过多种渠道成为糖酵解或糖有氧氧化过程中的中间产物，然后生成糖；三羧酸循环中的各种羧酸则可转变为草酰乙酸，然后生成糖。

2. 糖异生的生理意义

（1）维持血糖浓度　空腹或饥饿时，依赖氨基酸、甘油等的糖异生作用，以维持血糖水平恒定。正常成人的脑组织不能利用脂肪酸，主要依赖葡萄糖供给能量；红细胞没有线粒体，完全通过糖酵解获得能量；骨髓、神经等组织由于代谢活跃，经常进行糖酵解。这样，即使在非饥饿状况下，机体也需消耗一定量的糖，以维持生命活动。此时这些糖全部依赖糖异生途径生成。

（2）补充肝糖原　补充肝糖原是指进食后，大部分葡萄糖先在肝外细胞中分解为乳酸或丙酮酸等三碳化合物，再进入肝细胞异生为糖原的过程。

（3）调节酸碱平衡（乳酸异生为糖）　当肌肉在缺氧或剧烈运动时，肌糖原经酵解产生大量乳酸，通过血液循环运到肝脏，在肝内异生为葡萄糖，葡萄糖可再经血液返回肌肉而被利用，这个循环称为乳酸循环。通过乳酸循环，促进乳酸的再利用，有助于防止乳酸酸中毒的发生。

实训 8　血糖的测定实验

一、实训目的

1. 掌握　血糖测定的操作步骤。

2. 了解　葡萄糖氧化酶法测定血糖的原理。

二、原理

葡萄糖氧化酶（GOD）能将葡萄糖氧化为葡萄糖酸和过氧化氢，后者在过氧化物酶（POD）作用下分解为水和氧，同时将无色的4-氨基安替比林与酚氧化缩合生成红色的醌类化合物，即 Trinder 反应。其颜色的深浅在一定范围内与葡萄糖浓度成正比，在505nm 波长处测定吸光度，与标准管比较可计算出血糖的浓度。反应式如下：

$$\text{葡萄糖} + O_2 + 2H_2O \xrightarrow{GOD} \text{葡萄糖酸} + 2H_2O_2$$

$$2H_2O_2 + \text{4-氨基安替比林} + \text{酚} \xrightarrow{POD} \text{红色醌类化合物}$$

三、材料与设备

（一）设备及器皿

天平（感量 0.0001g 和 0.1g）、水浴锅（精度 ±1℃）、分光光度计。

（二）试剂及配制

1. 0.1mol/L 磷酸盐缓冲液（pH 7.0）　称取无水磷酸氢二钠 8.67g 及无水磷酸二氢钾 5.3g，溶于

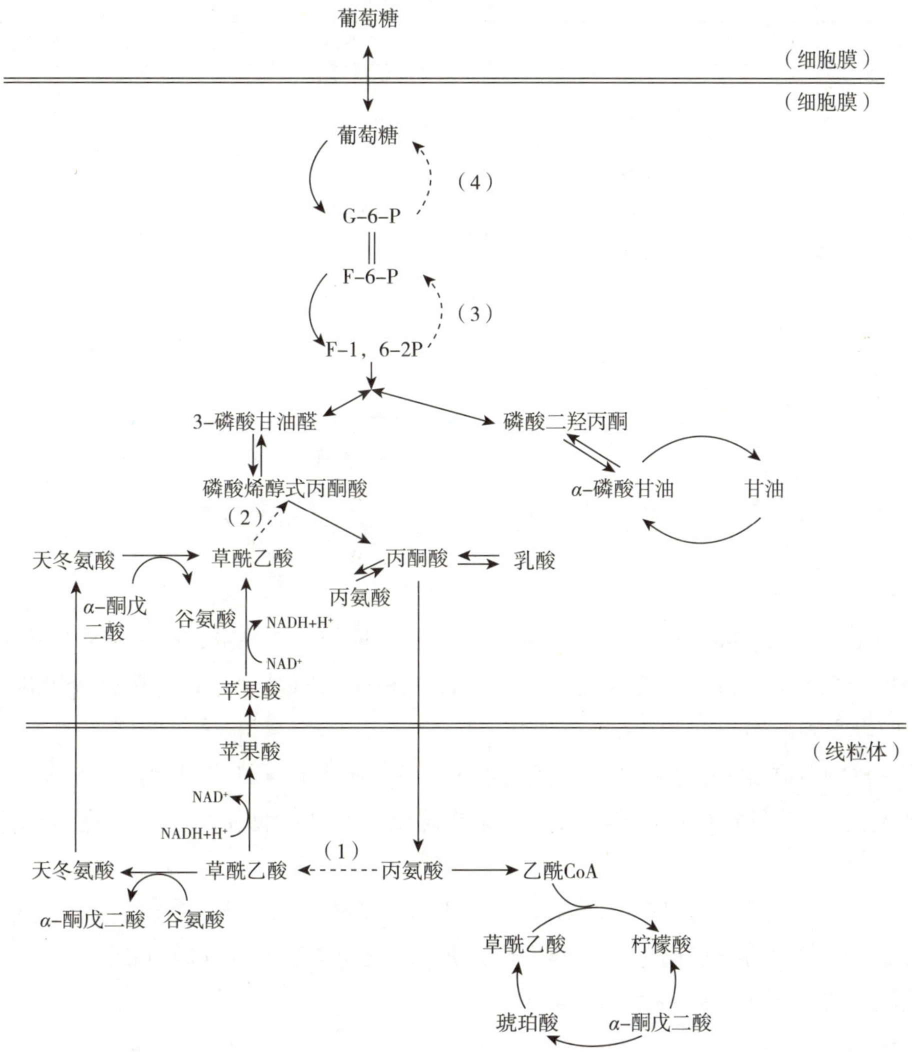

图 8－15 糖异生途径与糖氧化作用的关系

800ml 蒸馏水中，用 1mol/L 氢氧化钠（或 1mol/L 盐酸）调节 pH 至 7.0，然后用蒸馏水稀释至 1L。

2. 酶试剂 称取过氧化物酶 1200U、葡萄糖氧化酶 1200U、4-氨基安替比林 10mg、叠氮钠 100mg，溶于上述磷酸盐缓冲液 80ml 中，用 1mol/L NaOH 调 pH 至 7.0，加磷酸缓冲液至 100ml。置冰箱保存，4℃可稳定 3 个月。

3. 酚溶液 称取重蒸馏酚 100mg，溶于 100ml 蒸馏水中（酚在空气中易氧化成红色，可先配成 500g/L 的溶液，贮存于棕色瓶中，用时稀释），用棕色瓶贮存。

4. 酶酚混合试剂 取上述酶试剂与酚溶液等量混合，4℃可以存放一个月。

5. 12mmol/L 苯甲酸溶液 溶解苯甲酸 1.4g 于蒸馏水约 800ml 中，加热助溶，冷却后加蒸馏水至 1L。

6. 葡萄糖标准贮存液（100mmol/L） 称取已干燥恒重的无水葡萄糖 1.802g，溶于 12mmol/L 苯甲酸溶液约 70ml 中，并移入 100ml 容量瓶内，再以 12mmol/L 苯甲酸溶液加至 100ml。

7. 葡萄糖标准应用液（5mmol/L） 吸取葡萄糖标准贮存液 5.0ml 于 100ml 容量瓶中，加 12mmol/L 苯甲酸溶液至刻度。

四、操作步骤

（1）取 3 支试管，编号，按表 8－2 操作。

表 8-2 血糖测定操作步骤

加入物（ml）	空白管	标准管	测定管
血清	—	—	0.02
葡萄糖标准液	—	0.02	—
蒸馏水	0.02	—	—
酶酚混合液	3.0	3.0	3.0

（2）混匀，置 37℃水浴中保温 15 分钟，在波长 505nm 处比色，以空白管调零，读取标准管及测定管吸光度。

（3）结果计算

$$血糖（mmol/L）=\frac{测定吸光度}{标准管吸光度}\times 5$$

$$血清葡萄糖（mmol/L）=\frac{标准管吸光度}{测定管吸光度}\times 5$$

五、注意事项与说明

（1）测定结果如超过 20mmol/L，应将标本用生理盐水稀释后再测定，结果乘以稀释倍数。

（2）若酶酚混合试剂呈红色，应弃之重配。因标本和标准用量少，其加量是否准确对测定结果影响较大，故其加量必须准确。

（3）GOD-POD 法的第一步反应特异性高，而由 POD 催化的第二步指示反应是非特异性的，易受标本中尿酸、维生素 C、谷胱甘肽、胆红素等还原物的干扰，这些物质与色素原竞争 H_2O_2，使测定结果偏低。

（4）Trinder 反应经许多学者改进，采用 2,4-二氯酚、2-羟-3,5-二氯苯磺酸等代替苯酚，由于这些化合物氧化生成的色素的摩尔吸光系数均高于苯酚，使反应灵敏度得以提高。

（5）血糖正常参考范围：3.9～6.1mmol/L。

六、思考题

1. 血糖有哪些来源和去路，机体是如何调节血糖浓度恒定的？
2. 酶试剂为什么要用磷酸缓冲液配制，用蒸馏水是否可以，原因是为什么？

七、实训评价

实训评价表

专业：　　班级：　　组别：　　姓名：

序号	评价内容	评价标准	应得分	实得分
1	（1）试剂配制 （2）仪器准备	（1）正确称量配制 （2）仪器选择正确，摆放合理有序	20 分	
2	实训操作步骤	按测定步骤正确操作 （每操作错一步扣 5 分）	40 分	
3	结果计算	准确计算样品血糖浓度	20 分	
4	实训报告	完成实训报告	20 分	
		合计	100 分	

时间：　　考评教师：

答案解析

练习题

一、选择题

A型题（最佳选择题）

1. 三大物质（糖、脂肪、蛋白质）氧化的共同途径是（　）。
   A. 糖酵解　B. 三羧酸循环　C. 磷酸戊糖途径　D. 有氧氧化
2. 下列（　）是糖的分解代谢主要方式。
   A. 无氧酵解　B. 有氧氧化　C. 磷酸戊糖途径　D. 糖醛酸代谢
3. 糖酵解途径有（　）个限速反应。
   A. 1　B. 2　C. 3　D. 4
4. 体内代谢产生的氨的去路是（　）。
   A. 在肝脏合成尿素随尿排出
   B. 合成谷氨酰胺和天冬酰胺及其他非必需氨基酸
   C. 直接随尿排出
   D. 以上都是体内代谢产生的氨的去路
5. 动物肉的最佳适口度是在（　）。
   A. 尸僵前期　B. 尸僵期　C. 尸僵后期　D. 宰杀后立即烹调
6. 脂肪酸氧化分解最主要的途径是（　）。
   A. β-氧化　B. α-氧化　C. ω-氧化　D. 以上都是

B型题（配伍选择题）

A. 直接脱羧　B. NADH呼吸链　C. 底物水平磷酸化　D. 氧化脱羧
E. 呼吸链磷酸化　F. 琥珀酸（$FADH_2$）呼吸链

1. 上述生物氧化中CO_2生成的方式有（　）。
2. 上述生物氧化中H_2O生成的方式有（　）。
3. 上述生物氧化中ATP生成的方式有（　）。

二、综合问答题

1. 糖酵解过程分哪几个阶段？糖酵解的终产物是什么？
2. 采收后果蔬组织呼吸强度及其化学历程如何变化？影响呼吸强度的因素有哪些？

书网融合……

本章小结　微课1　微课2　题库

项目 9

食品的色香味化学

PPT　导引视频

学习目标

知识目标

1. **掌握**　食品加工储藏中褐变发生的机制及其应用。
2. **熟悉**　食品色香味物质的性质及其在食品中的应用。
3. **了解**　味感物质在食品加工过程中的相互作用及影响味觉的因素。

能力目标

1. 能运用食品褐变的发生机制指导食品加工。
2. 能运用观察、比较等方法认识食品的色香味。

素质目标

通过本项目的学习，培养学生用科学的方法体验和观察事物的能力，具备爱岗敬业、诚实守信的职业素养。

任务 9.1　食品的色素与食品加工

情境导入

情境　小美经常会发现，切开的土豆、藕片，或者咬开的苹果和香蕉放置在空气中，会出现粉色，如果时间较长会变成褐色。

思考　1. 为什么切开的土豆等放置在空气中会变成褐色呢?

2. 为什么有些水果如橘子、西瓜等切开后在空气中放置很长时间不会变色呢?

食品具有各种色彩，这是由于色素成分的存在所致。食品的颜色是影响食品感官质量的重要因素之一，人们可通过食品的颜色来判断食品的成熟度、新鲜程度、加工精度、品质特征和质量优劣；颜色也是人们评价和选购食品的重要因素。食品中的色素，可分为天然色素和人工合成色素两种。天然色素一般都对光、热、酸、碱等条件敏感，在加工、贮存过程中容易褪色或变色；合成色素一般稳定性较好，但带有程度不等的毒性，甚至有致癌性。因此，对天然无害食用色素的开发研究就成了食品科学研究中近年来引人瞩目的课题之一。

一、食品中天然色素

食品中的天然色素是指在新鲜原料中能被识别的有色物质，或者原来无色但经加工发生化学反应而呈现颜色的物质。

按来源可以分为动物色素、植物色素和微生物色素，如血红素、胭脂虫红、卵黄素等属于动物色素；如叶绿素、类胡萝卜素、花青素、叶黄素等属于植物色素；如红曲红色素等属于微生物色素。

按溶解性可以分为水溶性色素和脂溶性色素，花青素、黄酮类色素属于典型的水溶性色素，而叶绿素、类胡萝卜素、番茄红素属于典型的脂溶性色素。

按化学结构可以分为吡咯色素、多烯色素、酚类色素以及其他类别的色素等。

（一）吡咯色素

生物组织中的天然吡咯色素有两大类，一类是植物组织中的叶绿素，另一类是动物组织中的血红素。它们都与蛋白质结合，不同的是，叶绿素的卟啉环与镁原子结合，而血红素的卟啉环与铁原子结合。

1. 叶绿素 存在于植物体内的一种绿色色素，能够吸收大部分的红光和紫光但反射绿光，所以使蔬菜和未成熟的果实呈现绿色。叶绿素在植物细胞中与蛋白质结合形成叶绿体。叶绿素是由叶绿酸、叶绿醇和甲醇缩合而成的二酯，绿色来自叶绿酸残基部分。在高等植物中叶绿素主要有两种类型，即叶绿素 a 和叶绿素 b（图 9－1），通常它们的含量约为 3∶1，一般情况下，叶绿素 a 呈现蓝绿色，叶绿素 b 呈现为黄绿色。在结构上叶绿素 a 和叶绿素 b 的区别仅在于叶绿素 a 上的一个甲基（$—CH_3$）被醛基（—CHO）取代。

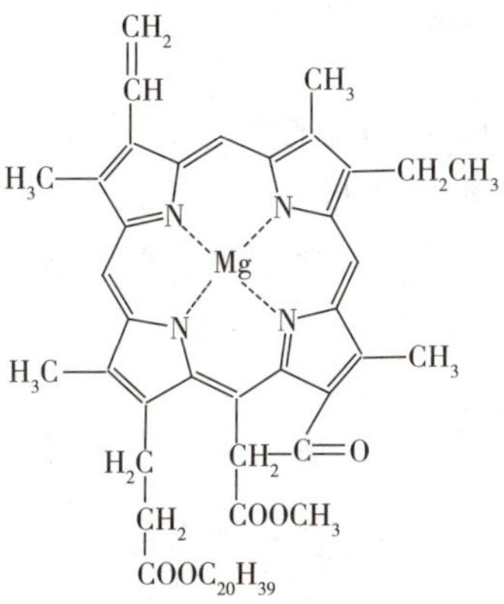

叶绿素a的结构

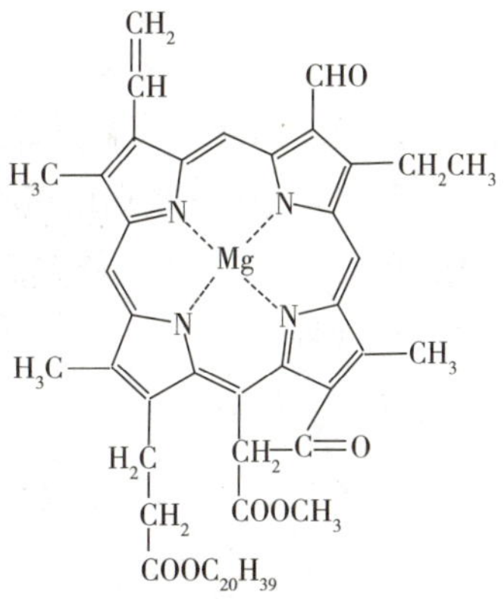

叶绿素b的结构

图 9－1 叶绿素的分子结构式

叶绿素是脂溶性色素，不溶于水，易溶于乙醇、乙醚、丙酮、三氯甲烷等有机溶剂。根据这一性质，通常采用乙醇、丙酮等有机溶剂从匀浆或者研磨后的绿色植物中提取叶绿素，所提取的为游离叶绿素。

叶绿素不稳定，对光、热敏感，室温下，在弱碱中比较稳定。叶绿素遇光容易分解，如果在太阳光下长时间照射，叶绿素会裂解为无色。在实际生产、生活中，采收后的绿色蔬菜和水果应该避免阳光直射，以免叶绿素分解，造成果蔬黄化，影响商品价值。

叶绿素在弱酸条件下，其分子上的卟啉环中的镁离子容易被氢原子取代，产生暗绿色或者褐绿色的脱镁叶绿素，加热会使反应加速，这就是果蔬经过加工（如热烫、高温杀菌、干燥等）后经常出现黄褐色的原因。

在室温下，叶绿素在弱碱条件下比较稳定。如果在弱碱条件下加热，叶绿素发生皂化反应，被水解为叶绿酸盐、叶绿醇、甲醇，而叶绿酸盐（如叶绿酸钠盐）仍为鲜绿色。因此，绿色蔬菜加工前可以用石灰水或者小苏打等碱性物质处理，对果蔬进行护绿，但是要符合国家相关法律法规的要求。

在适当条件下，叶绿素中 Mg^{2+} 被 H^+ 所置换，形成褐色的脱镁叶绿素，而脱镁叶绿素中的 H^+ 再被

Cu^{2+}取代（需要加热），生成绿色更加稳定的叶绿素铜钠，该反应称为铜代叶绿素反应。食品工业中，叶绿素铜钠是一种着色剂，在实际生产使用时要符合国家标准《食品添加剂使用标准》（GB 2760）的要求。

2. 血红素 动物血液和肌肉中的主要色素（图9－2）。在动物体中与蛋白质结合，血红素在肌肉中主要以肌红蛋白的形式存在，在血液中主要以血红蛋白的形式存在。肌红蛋白由一分子血红素和一分子一条肽链组成的球蛋白结合而成；血红蛋白由四分子血红素和一分子四条肽链组成的球蛋白结合而成，所以肌红蛋白的分子量是血红蛋白的四分之一。

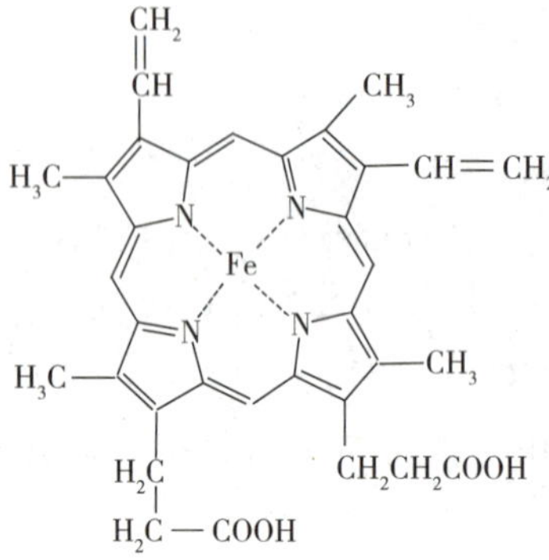

图9－2 血红素的分子结构式

动物在被屠宰放血后，由于组织供氧停止，新鲜肉中的肌红蛋白失去氧气而呈现原来的暗红色（或紫红色）。当胴体被分割后，脱氧肌红蛋白向两个方向转变，一部分肌红蛋白与氧气发生氧合反应，生成氧合肌红蛋白，呈鲜红色，这是一种人们熟悉的鲜肉的颜色；另一部分肌红蛋白与氧气发生氧化反应，生成高铁肌红蛋白，呈现棕褐色，这时的肉看起来不新鲜（图9－3）。

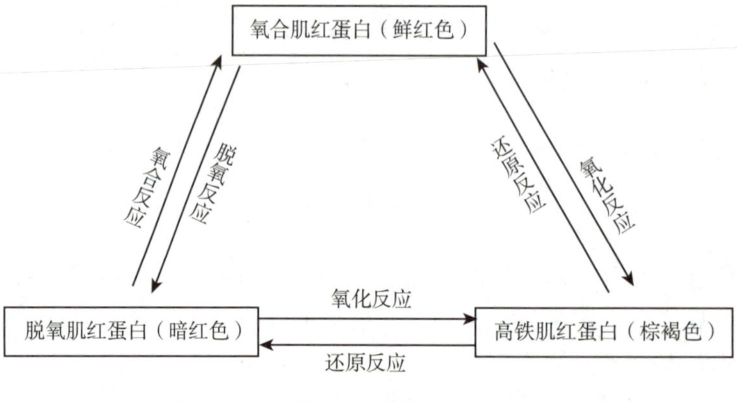

图9－3 肌红蛋白的变化

肌肉和血液颜色的深浅是由于血红素含量不同所致的。鱼肉中毛细血管分布较少，血红素少，故鱼肉的颜色较浅。血红素分子中的铁原子上有结合水，它与分子氧相遇时，水分子被氧分子置换形成氧合血红素而呈鲜红色。在有氧时血红素被加热，蛋白质发生热变性，血红素中的Fe^{2+}被氧化为Fe^{3+}，生成棕褐色的高铁血红素蛋白（或称肌色质）。但在缺氧条件下贮存，高铁血红素蛋白中Fe^{3+}又被还原成Fe^{2+}而变成粉红色的血红素蛋白。这种现象在煮肉时或在肉类贮存过程中均可见到。

在一定的pH值和温度条件下，向肌肉中加入还原剂——抗坏血酸，可使高铁血红素蛋白重新生成血红素蛋白，这是保持肉制品色泽的重要手段。血红素与亚硝基－NO作用，生成红色亚硝基血红素蛋白，加热则生成稳定的鲜红色亚硝基血红素蛋白，故用硝酸盐、亚硝酸盐可使肉发色。但过量的亚硝酸盐能与食物中的胺类化合物反应，生成亚硝胺类物质，此类物质具有致癌作用，所以肉制品的发色不得使用过多的硝酸盐和亚硝酸盐。

（二）多烯色素

多烯色素是由异戊二烯残基为单元组成的共轭双键长链为基础的一类色素，习惯上又称为类胡萝卜素。类胡萝卜素是自然界中最丰富的天然色素，呈现红、橙、黄、紫等美丽的颜色。类胡萝卜素可分为胡萝卜素类和叶黄素两大类。胡萝卜素类为共轭多烯烃，叶黄素类为共轭多烯烃的衍生物。

在高等植物组织中最常见的类胡萝卜素是β-胡萝卜素，它既是天然的食品色素，又是人体营养物质维生素A的前体物质，俗称维生素A原，在胡萝卜、甘薯、南瓜、橙子、蛋黄等食品中较丰富；叶黄素存在于柑橘、蛋黄、南瓜和绿色植物中；玉米黄素存在于玉米、肝脏、蛋黄和柑橘中；辣椒红素存在于辣椒中；番茄红素存在于番茄、西瓜、桃子、杏等水果中；虾青素主要存在于蟹和虾中（蟹和虾中含有较多的虾青素，与蛋白结合时呈现青灰色，煮熟后虾青素与蛋白质分离后显红色）。

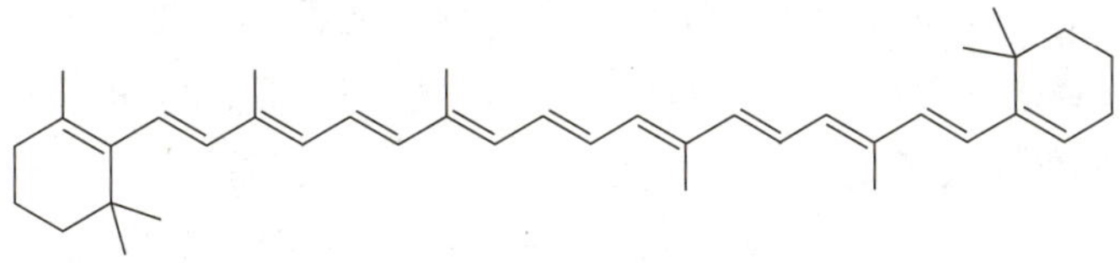

β-胡萝卜素

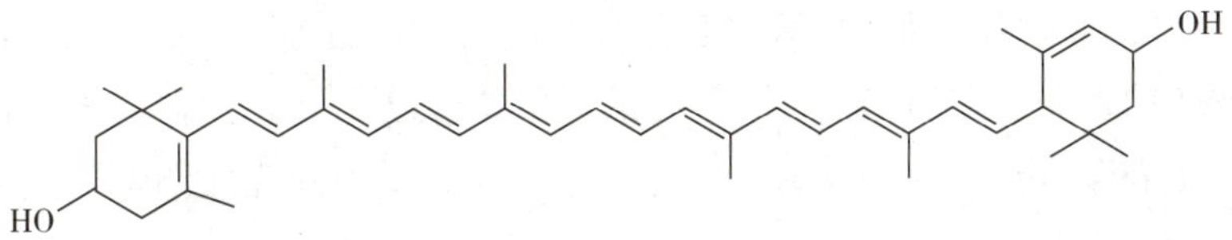

叶黄素

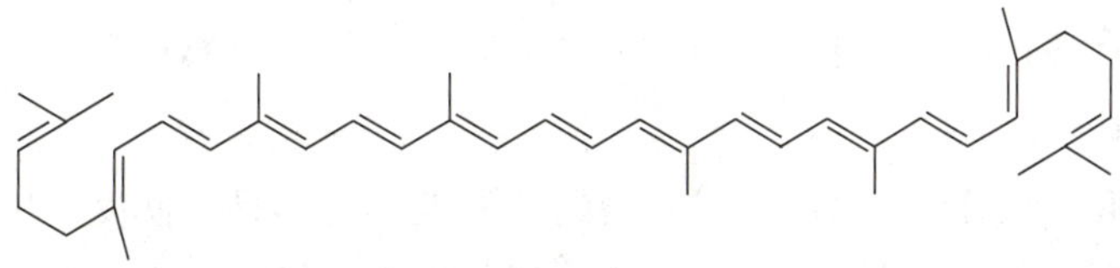

番茄红素

类胡萝卜素是脂溶性色素，易溶于三氯甲烷、丙酮等有机溶剂，几乎不溶于水。热稳定性较好，在一定条件下的适度热处理只会导致类胡萝卜素发生顺反异构化而导致颜色的轻微变动，如加热胡萝卜会使金黄色变为黄色，加热番茄会使红色变为橘黄色，但油炸、烤制和其他过度热处理会导致类胡萝卜素的高温热解。pH值对类胡萝卜素影响不大，但在酸性条件下热处理可能会导致其降解。类胡萝卜素对光和氧气敏感，易被酶分解褪色。在食品加工过程中，类胡萝卜素在干燥后期容易发生氧化变色或失色，因此，在加工或贮藏中常采用真空干燥、充氮包装、避光保存防止氧化褪色。

（三）酚类色素

酚类色素是多元酚的衍生物，它是一类水溶性色素，可分为花青素、花黄素和鞣质三大类。

1. 花青素类 能够赋予植物的花、茎、叶、果实等美丽的颜色，包括蓝色、紫色、红色及橙色等。常见的花青素有天竺葵色素、矢车菊色素、飞燕草色素、芍药色素、牵牛花色素和锦葵色素等。在自然状态下，游离花青素很少，主要以糖苷形式存在，称为花青苷。花青素的基本结构为2-苯基苯并吡喃，即花色基元（图9-4）。

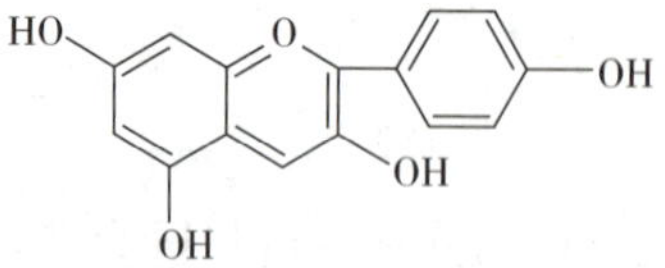

图 9-4 花青素的基本结构

花青素的颜色会随 pH 值的变化而异，这是因为花青素分子中的氧原子是四价的，使它具有伪碱基性质，能与酸形成盐；又由于花青素是花色基元的羟基取代物，使它具有酸的性质，能与碱生成盐，从而使这类色素在不同 pH 值下发生结构上的变化，因而使颜色发生变化。

花青素遇光、热不稳定，富含花青素的食品在光照或者较高温度下容易变成褐色，例如，红酒需要避免光照，通常采用棕色玻璃瓶。花青素能与金属（如钙、镁、锰、锡、铁和铝等）发生络合反应，形成灰紫色、青色等，且不再受 pH 值的影响，这种反应称为色淀。因此，含花青素较多的果蔬在贮藏、加工和包装时不能选用铁质或者镀有金属层的材料，应该使用有特殊涂料的金属罐或者玻璃罐包装。

2. 花黄素类 指黄酮类及其衍生物，称为黄酮类色素物质，是广泛分布于植物的花、果实、茎、叶中的一类水溶性色素。这类色素颜色大多呈浅黄色至无色，分子中羟基多者颜色深。

花黄素在食品加工中经常会因为金属离子的存在和 pH 值不同而呈现消费者不期望的颜色，严重影响食品的感官质量，如与 Fe^{2+} 络合而呈现蓝色、蓝黑、棕色、紫色等不同的颜色，因此，果蔬类食品，尤其是富含黄酮类物质的食品，在加工时要用不锈钢容器及管道，用塑料罐或玻璃瓶包装贮存。在加工含有黄酮类的果蔬（如花菜、芦笋、马铃薯、荸荠和洋葱等）时用柠檬酸调整预煮水 pH 值的目的之一就是控制黄酮类色素的变化。

3. 鞣质 果蔬中一切有涩味，能与金属离子反应或因氧化产生黑色的酚类物质统称为鞣质，又称单宁。在某些植物如柿子、茶叶、咖啡、石榴等中含量较多，在未成熟果实中含量尤为多，如未成熟的柿子、香蕉、番茄、黄瓜等。

鞣质具有潮解性，能与金属离子反应生成不溶性的盐类，尤其是与铁反应生成蓝黑色物质，所以加工这类食物时不能使用铁质器皿。鞣质在空气中容易氧化生成暗黑色物质，在碱性溶液中氧化更快。果汁中的鞣质能与明胶作用生成沉淀，因此可用明胶除去果蔬汁中的鞣质。未成熟的果实或果实中有涩味的鞣质存在时，可采用温水浸泡、乙醇浸泡、二氧化碳气调、乙烯催熟等方法除涩。

二、人工合成色素

天然色素一般稳定性较差，容易受原料的产量和质量影响，同时成本较高。相对而言，合成色素具有色彩鲜艳、性质稳定、着色力强而牢固、成本较低等优点。但是合成色素本身无营养价值，而且有些物质对人体有危害，所以在实际生产过程中，必须遵守我国食品安全标准《食品添加剂使用标准》（GB 2760）的规定，必须限范围、限量使用，用量不得超过允许的最大使用量。

根据我国食品安全标准《食品添加剂使用标准》（GB 2760）的规定，我国允许使用的食品用合成色素（或着色剂）包括：苋菜红、胭脂红、柠檬黄、日落黄、靛蓝、亮蓝、赤藓红、诱惑红、新红及铝色淀等。

三、食品加工和贮藏过程中的褐变现象

食品在储藏和加工过程中经常会发生变色现象，其中最常见的是褐变。有些食品加工中，褐变是有

利的，如面包、糕点、咖啡、红茶等，而对有些食品，特别是水果和蔬菜，褐变是不利的，如苹果、梨、藕片等去皮或切片后，暴露在空气中发生褐变会大大影响商品的价值。因此，了解食品褐变的原理，在实际生活和生产过程中，能够促进有利的褐变，控制不利的褐变，对提高食品质量具有重要的意义。

根据是否有酶的参与，食品褐变分为酶促褐变和非酶褐变。

（一）酶促褐变 微课1

1. 酶促褐变的机制 酶促褐变发生在水果、蔬菜等新鲜植物性的食品中。水果和蔬菜在采收后，尤其是一些颜色较浅的果蔬，如苹果、香蕉、土豆、藕片等，当他们受到机械损伤（如削皮、切分、压伤、虫咬或打浆）及处于异常的环境变化（如受冻、受热等）时，果蔬的细胞结构被破坏，并暴露在空气中，使果蔬组织中的酚类物质和酚酶与氧气相互接触，在酚酶的催化下，酚类物质被氧化成醌类物质，再进一步氧化聚合而生成褐色色素（颜色由浅黄、橘黄、深黄、微红、深红、褐色，黑褐色逐渐加深），引起褐变。

2. 酶促褐变的条件 食品发生酶促褐变必须同时满足三个条件：酚类物质、酚氧化酶和氧。

新鲜果蔬中含有的常见酚类物质有一元酚、邻二酚、单宁类和黄酮类化合物。催化产生褐变的酶类主要是酚氧化酶，其次是抗坏血酸氧化酶和过氧化物酶类等氧化酶（橘子、柠檬、西瓜等因缺乏酚氧化酶而不会发生酶促褐变）。当酚类物质、酚氧化酶同时存在时，与氧气接触，迅速反应，形成醌类物质，醌再进一步氧化聚合，形成黑色素。

3. 酶促褐变的控制 为防止食品的酶促褐变，需消除酚类物质、酚氧化酶和氧三者中任何一个因素。因此，要想控制酶促褐变，应针对酶促褐变的3个条件采取综合手段。

（1）原料选择 在控制酶促褐变的实践中，除去食品中的酚类物质的可能性非常小，但是在食品加工中，可以选择酚类物质或者酚酶较少的品种，即不易褐变的品种。例如，科学家已经通过转基因技术培育出了一种不会褐变的苹果，采用RNA沉默技术将多酚氧化酶的基因进行沉默，得到的苹果中就没有多酚氧化酶，也就大大降低了酶促褐变的发生率。

（2）隔氧驱氧 最简单的方法是将果蔬浸泡在清水中，以隔绝氧气。还可以将果蔬浸泡在糖水或盐水中，因为氧气在糖水溶液或者盐水溶液中的溶解量要比在清水中低很多。也可以采用真空渗透法，将糖水或者盐水溶液渗入去皮果实的组织内部，驱除细胞间隙的氧气，则可达到较好的抑制酶促褐变的效果。另外，采用抽真空、充氮包装也可以防止或减缓酶促褐变。

（3）热处理 参与酶促褐变的酚酶是蛋白质，加热可以使酚酶和其他酶类变性而失去活性，但是要注意的是，加热处理时间必须严格控制，要求在最短时间内，既能达到钝化酶的要求，又不影响食品原有的风味，否则容易产生蒸煮味。相反，如果热处理不彻底，破坏了细胞的结构但未钝化酶类，反而会增加酶和底物接触的机会，加重酶促褐变。

（4）调节pH值 多数酚酶的最适pH值范围是6～7，在pH3.0以下，酚酶几乎完全失去活性。采用降低pH值的方法抑制果蔬褐变是果蔬加工中最常用的方法。常用的酸有柠檬酸、苹果酸、磷酸、抗坏血酸及其混合液。柠檬酸不仅可以降低溶液的pH值，还可以与酚酶的Cu辅基螯合，但单独使用效果不大，通常要与抗坏血酸或亚硫酸盐搭配使用。

（5）使用酚酶抑制剂 二氧化硫（SO_2）、亚硫酸钠（Na_2SO_3）、亚硫酸氢钠（$NaHSO_3$）、焦亚硫酸钠（$Na_2S_2O_5$）等都是酚酶的抑制剂，被广泛应用于食品加工中。其中，SO_2及亚硫酸盐是酚酶的强抑制剂，能够抑制酚酶的活性，亚硫酸盐是较强的还原剂，能将醌还原成原来的酚，减少醌的积累和聚合，从而抑制酶促褐变。目前，在蘑菇、马铃薯、桃子、苹果等加工中常使用酚酶抑制剂作为护色剂。

（6）添加竞争性抑制剂（底物类似物） 在食品加工过程中，可用酚酶底物类似物，如肉桂酸、香豆酸、阿魏酸等酚酸，竞争性地抑制酚酶活性，从而控制酶促褐变。

（7）其他方法　臭氧、紫外线、超声波、净水高压、高强度脉冲电场等都可以抑制酶活，抑制酶促褐变。

（二）非酶褐变 微课2

食品加工和储藏过程中常发生另一类褐变，这种褐变与酶无关，在有氧与无氧条件下均可进行，称为非酶褐变，包括美拉德反应、焦糖化反应和抗坏血酸褐变。本书主要介绍美拉德反应。

1. 美拉德反应　又称羰氨反应，是指在加热条件下，食品体系中氨基化合物和羰基化合物共存时产生“类黑色素”物质的反应。该反应最初是由法国科学家 L. C. Maillard 于 1912 年将甘氨酸与葡萄糖混合加热时发现的，故称为美拉德反应。

反应物中的氨基化合物包括胺、氨基酸、肽和蛋白质；羰基化合物包括糖类、醛类和酮类（醛类和酮类来源广泛，如油脂氧化酸败产物、焦糖化中间产物、抗坏血酸氧化降解产物）。几乎所有食品都含有以上成分，所以都有可能发生美拉德反应。美拉德反应是食品在加热和长期存放后发生褐变的主要原因。

2. 美拉德反应的影响因素

（1）食品原料　食品原料中的还原糖和氨基酸是美拉德反应的主要成分，种类不同，发生褐变的速度也不同。糖对美拉德反应速度的影响：还原糖 > 非还原糖；五碳糖 > 六碳糖 > 二糖（如麦芽糖、乳糖）。糖醇类物质，如木糖醇、麦芽糖醇等，不会与氨基酸发生美拉德反应。氨基化合物对美拉德反应的影响：胺 > 氨基酸 > 多肽 > 蛋白质。氨基酸中，高褐变活性的氨基酸包括赖氨酸、甘氨酸、色氨酸和酪氨酸；低褐变活性的氨基酸有天冬氨酸、谷氨酸和半胱氨酸。因此，在食品加工过程中，可以根据加工要求来选用相应的原料，以达到想要的褐变效果。

（2）反应温度　一般情况下，美拉德反应速度随着加工温度的上升而加快。例如，酿造酱油时，提高发酵温度，酱油色素也加深。温度每提高 5℃，着色度提高 35.6%。一般 30℃以上发生较快，10℃以下贮存则能防止褐变。但过高的温度不仅使食品中营养成分氨基酸和糖类遭到破坏，而且有可能产生致癌物质。因此，在食品生产过程中，要控制好加热温度和时间，使美拉德反应程度适当，获得较满意的色泽和风味。

（3）pH 值　羰氨缩合作用是可逆的，一般随着 pH 值升高（3 ~ 10），美拉德反应速率呈加快趋势。在弱酸条件下，羰氨缩合产物很易水解，碱性条件有利于羰氨反应，而降低 pH 值则是控制褐变的有效方法之一。例如，抗坏血酸在 pH3.0 左右时较为稳定，接近碱性时，则不稳定，易褐变。

（4）含水量　美拉德反应需要有一定的水分才能发生。一般水分含量高于 10% 时才能发生，当含水量很少时，反应成分无法运动接触，反应很难进行；水分含量在 10% ~25% 范围内时，美拉德反应速率随水分含量的增加而升高。含水量很高的情况下，反应成分浓度很低，美拉德反应也相应较慢。

（5）金属离子　如铁、铜等能促进美拉德反应，因此，食品生产加工中应尽量避免使用铜、铁等器皿，以降低美拉德反应的发生率。

（6）褐变抑制剂　亚硫酸盐是使用最广泛的且有效的美拉德反应褐变抑制剂。主要有亚硫酸钠、亚硫酸氢钠、焦亚硫酸钠等。亚硫酸盐抑制美拉德反应的主要原因包括：①亚硫酸盐可以与羰基结合，然后再与氨基化合物缩合，缩合物不能形成正常的美拉德中间产物，从而阻遏了美拉德反应的进行；②亚硫酸盐有还原作用，通过阻止或减轻某些中间反应，避免或减少色素的合成；③亚硫酸盐可以消耗氧气，降低 pH，间接地阻止美拉德反应的发生。

知识链接

焦糖色素

焦糖色素，又名酱色、焦糖色，是糖类物质（如饴糖、蔗糖、糖蜜、转化糖、乳糖、麦芽糖浆和淀粉的水解产物等）在高温下脱水、分解和聚合而成的复杂红褐色或黑褐色混合物，其中某些为胶质聚集体，是应用较广泛的半天然食品着色剂。焦糖色素通常为棕黑色至黑色的液体或固体，有一种烧焦的糖的气味，并有某种苦味，在饮料、罐头、饼干等食品中有着广泛的应用，尤其是可乐饮料用焦糖色素调成红褐色，一度成为色调悦目、广受欢迎、最畅销的饮品。焦糖色素是利用非酶褐变中的焦糖化反应制成的，与酶促褐变虽均属于褐变现象，但却蕴含着不同的反应机制，因此我们要学会透过现象发掘本质，科学研究需要有求索、钻研的精神。

任务9.2 食品的呈味物质与食品加工

情境导入

情境 小美发现生活中有许多食品是甜的，例如蜂蜜、甘蔗、葡萄等；也有许多食品是酸的，例如柠檬、食醋、酸奶等；还有许多食品是苦的，例如咖啡、啤酒花等。

思考 1. 为什么食品有甜、有苦、有酸呢？

2. 同种味道的食品中呈味物质相同吗？

一、味觉生理

味觉，也称味感，是指食品在人的口腔内对味觉器官化学系统的刺激而产生的一种感觉。这种刺激有时是单一性的，多数情况下是复合性的。从生理学角度看，只有甜、酸、苦、咸四种基本味觉。目前世界各国对味觉的分类不一致，我国习惯上将味觉分为甜、苦、酸、咸、辣、鲜、涩等七味。

味是由主要分布在舌上的味蕾感觉的，味蕾接触到食物以后，产生的神经冲动传递到大脑的味觉中枢就产生了味感反应。味蕾在舌上的分布是不均匀的，因而舌的不同部位对味觉的分辨敏感性也就有一定的差异。一般来讲，舌尖对甜味最敏感，舌尖和边缘对咸味比较敏感，舌根对苦味最敏感，舌两侧中部对酸味最敏感。味感中，咸味感觉最快，苦味感觉最慢。

二、影响味觉的主要因素

1. 呈味物质的结构 呈味物质的结构是影响味觉的内因。一般来说，糖类（如葡萄糖、蔗糖等）多呈甜味；羧酸（如醋酸、柠檬酸等）多呈酸味；盐类（如氯化钠、氯化钾等）多呈咸味；生物碱、重金属盐类多呈苦味。但也有许多例外，如糖精、乙酸铅等非糖有机盐也有甜味；草酸无酸味而有涩味；碘化钾呈苦味而不显咸味等。总之，物质结构与其味觉间的关系非常复杂，有时分子结构上的微小改变也会使其味觉发生非常大的变化。

2. 呈味物质的溶解性和浓度 呈味物质只有溶解后才能刺激味蕾，产生味觉，其溶解性会使味觉产生的时间有快有慢，维持时间有长有短。例如蔗糖易溶解，故产生甜味快，消失也快；而糖精较难溶，则味觉产生较慢，维持时间也较长。

呈味物质在适当浓度时通常会使人有愉快感，而不适当的浓度则会使人产生不愉快的感觉。一般说来，甜味在任何被感觉到的浓度下都会给人带来愉快的感受；单纯的苦味一般总是令人不快的；而酸味和咸味在低浓度时使人有愉快感，在高浓度时则会使人感到不悦。

3. 温度 味觉与温度的关系很大。最能刺激味觉的温度在10～40℃，其中30℃左右味觉最敏感，即接近舌温对味的敏感性最大，高于或低于此温度，味觉都稍有减弱，如甜味在50℃以上时，感觉明显迟钝。不同味道的最适感觉温度有明显差别，甜味和酸味的最适感觉温度为35～50℃，咸味的最适感觉温度为18～35℃，苦味的最适感觉温度是10℃。

4. 呈味物质间的相互作用 几种不同味觉相互作用、相互融合而形成一种新的味觉，这种新的味觉绝非几种味觉的简单叠加，而是有机地融合，自成一体，在相互作用中会出现味的适应、对比、协同、拮抗、变调、掩蔽等现象。呈味物质之间或呈味物质与味觉之间的相互影响十分微妙和复杂，既有物理和化学的作用，也有心理因素，机制十分复杂，至今尚未研究清楚。

5. 人体生理状态 人体的生理状态如疾病、年龄、性别、饥饿状态和睡眠状况等会影响味觉的感受。很多患者的味觉敏感性会发生明显变化，例如，肾上腺功能不全的患者味觉的敏感性会增强；随着年龄的增长，味觉逐渐衰退，味觉的敏感性会降低；性别不同对味觉的敏感性有差别，如男性对酸味比女性敏感；饥饿状态下味觉敏感性会明显提高；睡眠不足会明显提高酸味阈值。

三、呈味物质

（一）甜味物质

食品中的甜味物质很多，分为天然甜味剂和合成甜味剂两大类。天然甜味剂是从植物中提取或以天然物质为原料加工而成，合成甜味剂是以化学方法合成的。

1. 天然的甜味剂 可分为三类：①糖类甜味剂，常见的有葡萄糖、果糖、木糖、蔗糖、麦芽糖等；②糖醇类甜味剂，使用较多的有木糖醇、山梨醇、赤藓糖醇、麦芽糖醇和甘露醇等；③非糖天然甜味剂，部分植物的叶、根、果实等含有非糖的甜味物质，常见的有甘草苷、甜叶菊苷、甘茶素等。

2. 合成甜味剂 是一类用量大、用途广的食品甜味添加剂，常用的有甜蜜素、安赛蜜等。但不少合成甜味剂对哺乳动物有致癌作用。

（二）酸味物质

酸味是动物进化过程中最早认知的一种味觉。酸味是由H^+产生的，当溶液H^+浓度太低，pH值在5.0～6.5时，我们几乎感觉不到酸味，当溶液H^+浓度过大，pH值小于3.0时，酸味感又让人难以忍受。许多动物都对酸味刺激比较敏感，人类由于早已适应酸性食物，适当的酸味能够给人以爽快的感觉。由于酸味具有促进消化、防止腐败、增进食欲、改良风味的作用，因此，在食品工业中有着广泛的应用，经常被用作酸度调节剂。

1. 柠檬酸 是一种重要的有机酸，又名枸橼酸，在柠檬、枸橼、柑橘中含量较高。柠檬酸有温和爽快的酸味，普遍用于各种饮料、汽水、葡萄酒、糖果、点心、饼干、罐头果汁、乳制品等食品中。

2. 苹果酸 又名2-羟基丁二酸，自然界中以三种形式存在，即D-苹果酸、L-苹果酸和其混合物DL-苹果酸，天然存在的苹果酸都是L型，几乎存在于一切水果中。L-苹果酸是人体必需的一种有机酸，也是一种低热量的理想的食品添加剂。当50% L-苹果酸与20%柠檬酸共用时，可呈现强烈的天然果实风味，因此，被经常应用于各种清凉饮料中。

3. 醋酸 即乙酸，是有刺激性气味的无色液体。浓度为98%的醋酸能冻成冰状固体，故通常称无水醋酸为冰醋酸，可以用来调配食醋。日常生活中的食醋含有4%～5%的醋酸，还含有其他的有机酸、氨基酸、糖、醇、酯等。

4. 酒石酸 即2,3-二羟基丁二酸，因从葡萄酒酿造过程中的沉淀物酒石中提取而得名。酒石酸存在于多种植物中，如葡萄和酸角。酒石酸的酸味比柠檬酸、苹果酸都强，稍有涩味，一般与其他酸共同使用，作为饮料、冰激凌和糕点的酸味剂。

5. 乳酸 即2-羟基丙酸。溶于水和乙醇，酸味稍强于柠檬酸，可用作清凉饮料、合成酒、合成醋、酱菜等食品酸味剂。

（三）苦味物质

苦味是分布广泛的味觉，单纯的苦味会让人感到不愉快，但当它和甜、酸或其他味感调配得当时，能起着某种丰富和改进食品风味的特殊作用。如苦瓜、莲子、白果等都有一定苦味，但均被视为美味食品。

存在于食物和药物中的苦味物质基本上都是天然的，主要包括生物碱、萜类、糖苷类和苦味肽类，另外，胆汁、某些氨基酸、一些含氮有机物及某些无机盐类也有苦味。苦味的基准物质是奎宁。

1. 生物碱类和萜类 咖啡碱、可可碱、茶碱等都是生物碱类苦味物质，存在于茶叶、咖啡、可可等植物中，具有兴奋中枢神经的作用，所以，茶叶、咖啡是人类重要的提神饮料。

生物碱类在结构上都属于嘌呤类衍生物，多具有显著的生理活性，几乎全部具有苦味，且在一般情况下，生物碱的碱性越强苦味越重，且成盐后仍苦。

啤酒中的苦味物质主要来自啤酒酒花中一些异戊二烯衍生物，一般为葎草酮和蛇麻酮的衍生物，分别称为α-酸和β-酸，它们构成啤酒独特的苦味，并具有防腐作用。

2. 糖苷类 存在于柑橘、桃子、李子、柚子、杏等水果中的苦味物质主要是黄酮类、鼠李糖等构成的糖苷类苦味物质，主要成分为柚皮苷、橙皮苷、柠檬苦素、杏仁苷等。

3. 胆汁 是由动物肝脏分泌并贮存于胆囊中的一种液体，味道极苦，主要成分是胆酸、鹅胆酸和脱氧胆酸。在畜禽、鱼类加工中稍有不注意，破坏胆囊就会导致无法去除的苦味。

（四）咸味物质

咸味是一些中性盐类化合物所显示的味觉，其程度是由离解后的盐离子所决定。氯化钠是咸味的典型代表，咸味的主体是氯离子，其他一些具有咸味的化合物没有氯化钠咸味纯正，伴有杂味，如苦味、酸味等。食盐在体内的主要作用是调节渗透压和维持电解质平衡。人对食盐的摄取过少会引起乏力乃至虚脱，但饮食中盐分长期过量常可引起高血压。在味感性质上，食盐主要起增强风味或调味作用。

（五）鲜味物质

鲜味是食物的一种复杂美味感，能增强食物的风味，增加人的食欲，呈味成分有氨基酸、核苷酸、酰胺、有机酸等物质。下面介绍几种常用的鲜味剂。

1. 谷氨酸及其钠盐 具有酸味和鲜味，变成谷氨酸钠之后酸味消失，鲜味增加。日常生活中使用的味精就是谷氨酸钠。味精与食盐共存时，鲜味显著增强，因此，食盐是味精的助味剂。市售商品中的味精，80%左右是谷氨酸钠，其余为精盐。

2. 核苷酸 呈鲜味的主要有5′-肌苷酸（5′-IMP）和5′-鸟苷酸（5′-GMP）。其中，5′-IMP主要存在于多种畜禽和鱼肉中，大部分由ATP降解转化而来。肌苷酸和鸟苷酸等量混合，有协同效应，能增强鲜味。核苷酸是一种很好的助鲜剂，当在味精中加入少量核苷酸时，鲜味倍增，所以市场上经常把核苷酸和味精配合成不同比例，制作成具有特殊风味的强力味精，特鲜味精。

3. 新型鲜味剂 主要包括酵母提取物，蛋白水解物和其他复合的牛肉、鸡肉、猪肉浸膏和粉剂。

这些新型鲜味剂不仅风味多样，而且复合蛋白质、肽类、氨基酸、矿物质等营养成分，因此具有广泛的应用前景。

（六）辣味物质

辣味是辛香料中的一些成分所引起的味感，是一种尖利的刺痛感和特殊的烧灼感的总和。它不但刺激舌头和口腔的味觉神经，而且会机械地刺激鼻腔，甚至对皮肤产生烧灼感。适当的辣味有增进食欲、促进消化腺的分泌功能，并有杀菌作用。辣味按其刺激性的不同大致可以分为以下三大类：热辣物质、辛辣（芳香辣）物质和刺激性辣味物质。

（七）涩味物质

涩味是口腔黏膜受到化学物质作用，使黏膜和唾液中的蛋白质产生沉淀或聚合物而形成的一种味感。涩味的主要成分单宁等多酚类化合物，如葡萄酒中因含有较多的单宁物质而产生涩味。其次是铁盐、明矾、醛类物质，一些水果和蔬菜中存在的草酸、香豆酸、奎宁酸等也会引起涩味。

知识链接

镇江恒顺香醋

据《中国医药大典》所说："醋产浙江杭绍为最佳，实则以江苏镇江为最"。享誉中外的镇江恒顺香醋，出产于江南历史文化名城镇江。1840 年清道光年，镇江丹徒人朱兆怀创建"朱恒顺糟淋坊"，在生产色酒的过程中逐步摸索出独特的恒顺香醋的酿造技艺。2006 年镇江恒顺香醋酿制技艺列入首批国家级非物质文化遗产名录。恒顺香醋历史悠久，匠心营造，以优质糯米作为主要原料，选用优良醋酸菌种发酵，经过制酒、制醅、淋醋三大过程，40 多道工序，历时 60 多天精酿，至少 180 天储存晒制，独具"酸而不涩，香而微甜，色浓味鲜，愈存愈香"之味。恒顺香醋，历经百余年传承，靠的就是一颗不变的匠心。

任务 9.3　食品的气味物质与食品加工

情境导入

情境　小美发现生活中的食品充满了各种气味，有的令人心情愉悦，有的腥臭难闻，而且食品加工前后气味也发生较大的变化，如面包，白酒、酱油、红茶等。

思考　1. 各种食品的气味物质主要是什么成分呢？

2. 食品加工前后气味物质发生了什么变化？

一、嗅觉

嗅觉，也称嗅感，是挥发性物质气流刺激鼻腔内嗅觉神经所发生的刺激感，令人喜爱的称为香气，令人生厌的称为臭气。嗅觉比味觉更灵敏，更复杂。嗅觉是一种远感，即它是通过长距离感受化学刺激的感觉。相比之下，味觉是一种近感。

一般来说，无机化合物中除 SO_2、NO_2、NH_3、H_2S 等气体有强烈的刺激性气味外，大部分无机物都没有气味。而大部分有机化合物均有气味，它们的气味与物质的化学结构有密切关系，含有羟基、羧基、酮基、醛基的挥发性物质以及三氯甲烷等挥发性取代烃等都有气味。

二、植物性食物的香气

（一）水果的香气

主体香气成分是以有机酸酯和萜类为主，其次是醛类、醇类、酮类和挥发酸，它们是植物代谢过程中产生的，一般水果的香气随果实成熟而增强。人工催熟的果实不及树上成熟的果实香气含量高，是因为果实采摘后离开母体，代谢能力下降所致。水果中的呈香物质依种类、品种、成熟度等因素不同而异。如苹果的主香成分是异戊酸乙酯和乙醛，其他成分有挥发性酸、乙醇、乙醛等；香蕉的主香成分为乙酸戊酯、异戊酸异戊酯、丁香酚、丁香酚甲醚、榄香素和黄樟脑等；柑橘类的主香成分为萜类、醛、酯、醇等。

（二）蔬菜的香气

蔬菜类的香气不如水果类香气浓郁，但气味多样，蔬菜香气成分主要是一些含硫化合物。如洋葱的主香成分为二丙烯基二硫醚；大蒜的主香成分为二烯丙基二硫醚；萝卜、芥菜、花椰菜的主香成分为异硫氰酸酯。

三、动物性食物的香气

（一）畜禽肉制品的香气

生肉一般带有畜禽原有的生臭气味和血样的腥膻气味。肉类只有在加热煮熟或者烤熟后才具有本身特有的香气，肉香一般指的就是肉类加热后的香气。熟肉香气的生成途径主要是加热分解，因加热温度不同，香气成分也不同，这些香气物质主要是由氨基酸、多肽、核酸、糖类、脂类等相互反应或者降解而成。肉制品产生的香气取决于脂肪含量，也与加工的方式和加热的温度有关，因此，肉汤、烤肉和油煎炒的肉香味不同。

（二）水产品的香气

水产品的种类很多，有鱼类、贝类和甲壳类等。新鲜鱼的淡淡的清鲜气味是内源酶作用于多不饱和酸生成中等碳链不饱和羟基化合物所致；熟鱼肉中的香气成分是由高度不饱和脂肪酸转化的；当鱼的新鲜度稍差时，鱼腥味增强，主要是由存在于鱼皮黏液内的δ-氨基戊酸、δ-氨基戊醛和六氢吡啶类化合物共同形成的；当鱼的新鲜度继续降低时，会产生令人厌恶的腐败臭气，这是由于鱼表皮黏液和体内含有的各种蛋白质、脂质等在微生物的繁殖作用下，生成了硫化氢、氨、甲硫醇、腐胺、尸胺等化合物所致。

（三）乳制品的香气

新鲜优质的牛乳具有鲜美可口的香味，主香成分很复杂，主要由丙酮、乙醛、二甲基硫和低级脂肪酸等组成，其中二甲硫醚是牛乳的主体芳香成分。牛乳及乳制品放置时间较长或加工不及时会产生异味的原因是牛乳中的脂肪酸吸收外界异味的能力较强，当温度为35℃时吸收能力最强。牛乳中存在脂酶可水解乳脂生成低级脂肪酸，其中丁酸具有强烈的酸败臭味。牛乳及其制品长时间暴露于空气中，脂肪会自动氧化产生辛二烯醛和壬二烯醛，产生氧化臭气。

四、发酵食品的香气

发酵食品的香气主要是由微生物作用于蛋白质、糖、脂肪及其他物质产生的，香气主要成分是醇、醛、酮、酸、酯类物质。由于微生物种类繁多，各种成分比例各异，从而使发酵食品的风味各有特色。

（一）酒类的香气

白酒中的香气成分主要有醇类、酯类、醛类、酚类、酸类等，其中以羧酸的酯类最多，其次是羰基化合物。酒类的芳香成分与酿酒的原料和生产工艺有密切的关系，如茅台酒的主要呈香物质是乙酸乙酯及乳酸乙酯，泸州大曲的主要呈香物质为己酸乙酯及乳酸乙酯；啤酒的香气中测出有300多种戊酯，但总的含量很低，对啤酒香气的贡献率，酯类占26%，醇类占21%，羰基化合物占21%，酸类占18%，硫化物占7%，啤酒的香气是各种物质综合作用的结果。

（二）酱及酱油的香气

酱及酱油多是以大豆、小麦等为原料，经霉菌、酵母等的综合作用所形成的调味料。酱及酱油的香气物质是很复杂的，其主要成分是酯类，这些酯类大部分是乳酸、丙二酸、乙酰丙酸的乙酯，同时也是酱油香气的重要成分，其中甲基硫是构成酱油特征香气的主要成分。

五、焙烤食品的香气

焙烤食品的香气主要是食品在加热焙烤过程中产生的，究其原因有：食品原料中的香气成分受热后被挥发出来，如芝麻、花生、瓜子等；糖类热解、油脂分解和含硫化合物（硫胺素、含硫氨基酸）分解的产物是香气物质；原料中的糖与氨基酸受热时发生羰氨反应，不仅生成棕黑色的色素，同时伴随着形成多种香气物质，例如面包的香气是在焙烤过程中发生糖的降解和羰氨反应，产生许多羰基化合物，已鉴定的有70多种，这些物质构成了面包的香气。

知识拓展

合成色素

食品色素按来源可分成天然色素和合成色素。在19世纪中叶以前，主要是应用比较粗制的天然色素作为食用色素；19世纪中叶以后，由于合成色素相继问世，并以其具有色泽鲜艳、稳定性好、着色力强、适于调色、易于溶解、品质均一、无臭无味、价格便宜等优点，很快取代了食用天然色素在食品中的应用。但随着食用合成色素毒理学研究的进展，合成色素作为食品添加剂的安全性问题受到广泛关注，很多国家部分甚至全部禁用食用合成色素。

合成色素是用人工化学合成方法所得到的有机色素。食用合成色素按化学结构可分为偶氮类色素（如苋菜红、柠檬黄等）和非偶氮类色素（如亮蓝等）两类，而偶氮类色素按溶解性又可分为油溶性色素和水溶性色素。油溶性色素不溶于水，进入人体内不易排出体外，毒性较大，现在世界各国基本上不再使用这类色素对食品着色；水溶性偶氮色素类较容易排出体外，毒性低。我国目前允许使用的合成色素有9种，即：苋菜红、胭脂红、诱惑红、新红、柠檬黄、日落黄、靛蓝、亮蓝、赤藓红。其中，前5种都属于偶氮型化合物，据有关研究认为，这类化合物在人体内代谢生成物是具有致癌作用的，所以，我国对这些食用合成色素的使用都有严格的范围和用量的限制。

世界各国使用的合成色素有相当一部分是水溶性偶氮色素，此外还包括它们各自的色淀。色淀是指水溶性着色剂沉淀在允许使用的不溶性基质上所制备的一种水不溶性着色剂，其着色剂部分是允许使用的合成着色剂，基质部分多为氧化铝，称为铝淀。色淀一般具有较好的光、电、化学和热稳定性，但较贵。色淀能在干燥状态下加入食品。使用的基质有二氧化铝、二氧化钛、氧化钾和碳酸钙等。铝色淀可增强水溶性酸性色素在油脂中的分散性，并能提高其耐光、盐等性能，主要用于油脂制品、糕饼类的涂层、糖果的糖衣，如泡泡糖、口香糖、太妃糖，由于它们比色素易流动，因此可用于制造岩石形状条纹形糖果。色淀还用于食品包装材料的印刷油墨及玩具、食具、化妆品等染色。

知识链接

茶香

明朝刘源长《茶史》曰“茶之妙有三：一曰色，二曰香，三曰味。”茶叶香气，是干茶叶或茶叶冲泡时散发出来的芳香气味。茶香使人神清气爽，心旷神怡，属于一种沁人心脾的嗅觉之美，品茶、评茶的一道重要程序就是闻香、辨香。茶的香气是由性质不同、含量差异不同的芳香物质组成的混合物。迄今为止，茶学界已经辨别出大约 650 种茶叶的香气物质。中国是茶的故乡，茶是中国的韵味。“茶之为饮，发乎于神农氏，闻于鲁周公，兴于唐，盛于宋，发展于明清”。与中华文化一脉相承的茶文化，糅合了儒、道、佛诸派思想，独成一体，尤其倡导清和、俭约、廉洁、求真、求美。中国茶文化海纳百川，以茶和天下，却又和而不同，既诠释了人类文明的兼容，也充满了东方智慧的人生哲学和世界观。

实训 9　叶绿素的提取、性质及定量测定实验

一、实训目的

1. **掌握**　叶绿素提取、分离方法及其含量的测定方法。
2. **了解**　叶绿素的理化性质。

二、原理

1. 叶绿素的提取　叶绿素是由叶绿酸、叶绿醇和甲醇缩合而成的二酯，因此，叶绿素是脂溶性色素，不溶于水，易溶于乙醇、乙醚、丙酮、氯仿等有机溶剂。根据这一性质，通常采用 95% 的乙醇或 80% 的丙酮提取。

2. 光破坏　叶绿素不稳定，对光、热敏感，室温下，在弱碱中比较稳定。叶绿素遇光容易分解，如果在太阳光下照射 30 分钟，叶绿素会裂解。

3. 铜代反应　在稀酸条件下，叶绿素中 Mg^{2+} 被 H^+ 所置换，形成褐色的脱镁叶绿素，加热会使反应加速，而脱镁叶绿素中的 H^+ 再被 Cu^{2+} 取代（需要加热），生成绿色更加稳定的叶绿素铜钠，该反应称为铜代叶绿素反应。

4. 叶绿素总含量测定　根据郎伯－比尔（Lambert－Beer）定律，有色溶液在某一特定波长下的光密度（D）与其浓度（C）及液层厚度（L）成正比，即 $D=KCL$。K 为比吸收系数。叶绿素 a、叶绿素 b 在 652nm 处有相同的比吸收系数（34.5），在此波长下测定吸光度，求出叶绿素 a、叶绿素 b 的总量。

$$C_T\ (\text{mg/L}) = A_{652} \times 1000/34.5$$

三、材料与设备

（一）设备及器皿

分光光度计、水浴锅、电子天平、25ml 刻度试管、研钵、漏斗、无刻度试管。

（二）试剂及配制

1. 80%丙酮 量取 80ml 丙酮，用水定容到 100ml，混匀，备用。

2. 30%KOH－甲醇溶液 称取 30g KOH，然后加入 70ml 甲醇，放入超声波中，溶解，取上清液使用。

3. 其他 碳酸钙、石英砂、乙酸、醋酸铜。

（三）实验材料

绿叶蔬菜。

四、操作步骤

（1）叶绿素的提取 称取新鲜蔬菜叶片 3g，剪碎放入研钵中，加少量石英砂和碳酸钙及 5ml 80%丙酮，研成均浆，过滤入 25ml 刻度试管，分别用 5ml 80% 丙酮冲洗研钵 3 次，冲洗液同样过滤，收集滤液，倒入 25ml 刻度试管中，最后用 80% 丙酮定容至 25ml，放入暗处备用。

（2）光破坏实验 取两支试管，各加入叶绿体色素提取液 2ml，将一管放在直射光下（阳光下），另一管放在黑暗处（或用黑纸套包裹），经过 2～3 小时后，观察两支试管中溶液的颜色有何不同。

（3）铜代反应 取上述色素提取液 2ml 于试管中，逐滴加 36% 乙酸，直至溶液颜色出现褐绿色，此时叶绿素分子已遭破坏，形成脱镁叶绿素。然后加醋酸铜晶体少许，慢慢加热溶液，则又产生鲜亮的绿色，形成了铜代叶绿素。

（4）叶绿素的含量测定 取 3 支 25ml 刻度试管，分别吸取叶绿体色素提取液 5ml，用 80% 丙酮定容至 25ml。以 80% 丙酮为空白对照，在波长 652nm 下测定吸光度，计算总叶绿素的浓度 C_T（mg/ml）。

$$C_T\ (\mathrm{mg/ml}) = A_{652}/34.5$$

根据下式可进一步求出蔬菜叶中叶绿素的含量：

叶绿素的含量（mg/g）＝［叶绿素的浓度×提取液体积×稀释倍数］/样品鲜重

五、注意事项与说明

（1）为了避免叶绿素的光分解，操作时应在弱光下进行，研磨操作应尽量快一些，以不超过 2 分钟为宜。

（2）沿着内壁用力研磨，要迅速、充分。这是因为：①丙酮容易挥发；②使叶绿体完全破裂，从而能提取较多的色素；③叶绿素极不稳定，能被活细胞中的叶绿素酶水解而破坏。

（3）为了避免叶绿素的光分解，操作时应在弱光下进行，比色操作应尽量快一些，应该在 3 分钟内完成。如果样品较多，要将未测的样品放在暗光处，或者用黑色塑料袋遮盖避光。

六、思考题

1. 研磨提取叶绿素时加入 $CaCO_3$ 的作用是什么？

2. 请分析铜代反应中加入醋酸铜的作用是什么？

七、实训评价

实训评价表

专业：　　班级：　　组别：　　姓名：

序号	评价内容	评价标准	应得分	实得分
1	（1）试剂配制 （2）仪器准备	（1）正确称量配制 （2）仪器选择正确，摆放合理有序	10分	
2	实训操作步骤	按测定步骤正确操作 （每操作错一步扣5分）	50分	
3	结果计算	准确计算样品叶绿素含量	20分	
4	实训报告	完成实训报告	20分	
		合计	100分	

时间：　　考评教师：

答案解析

练习题

一、选择题

A型题（最佳选择题）

1. 食品中的天然色素不是按其化学结构分类的是（　）。

A. 吡咯色素　　B. 植物色素

C. 多烯色素　　D. 酚类色素

2. 动物血液和肌肉中的色素是（　）。

A. 血红素　　B. 叶绿素

C. 胡萝卜素　　D. 肌红蛋白

3. 下列不属于天然甜味剂的是（　）。

A. 蔗糖　　B. 葡萄糖

C. 安赛蜜　　D. 蜂蜜

4. 对甜味最敏感的部位是（　）。

A. 舌尖　　B. 舌根

C. 舌前侧　　D. 舌后侧

5. 酒类的香气成分以（　）的酯类最多。

A. 碱　　B. 酮

C. 醛　　D. 羧酸

B型题（配伍选择题）

A. 花青素类　B. 叶绿素　C. 叶黄素类　D. 花黄素类　E. 胡萝卜素类　F. 血红素

1. 上述属于吡咯色素的是（　）。
2. 上述属于酚类色素的是（　）。
3. 上述属于多烯色素的是（　）。

二、综合问答题

1. 如何控制食品加工过程中发生的酶促褐变现象？

2. 食品在加工和贮藏过程中，其叶绿素会发生哪些变化？如何保护叶绿素？
3. 食品加热形成的香气有哪几类？其各自的典型物质是什么？

书网融合……

本章小结　　微课1　　微课2　　题库

参考文献

[1] 田华．生物化学[M]．北京：科学出版社，2015.
[2] 王淼，吕晓玲．食品生物化学[M]．北京：中国轻工业出版社，2014.
[3] 陈芬，徐固华．生物化学与技术[M]．武汉：华中科技大学出版社，2013.
[4] 彭志宏，杨霞．食品生物化学[M]．北京：机械工业出版社，2011.
[5] 汪东风．高级食品化学[M]．北京：化学工业出版社，2009.
[6] 郭振楚．糖类化学[M]．北京：化学工业出版社，2005.
[7] 魏强华，姚勇芳．食品生物化学与应用[M]．重庆：重庆大学出版社，2015.
[8] 潘宁，杜克生．食品生物化学[M]．北京：化学工业出版社，2011.
[9] 张晓鸣．食品风味化学[M]．北京：中国轻工业出版社，2013.
[10] 邵颖．食品生物化学[M]．北京：中国轻工业出版社，2017.
[11] 李丽娅．食品生物化学[M]．北京：高等教育出版社，2005.
[12] 贡汉坤．食品生物化学[M]．北京：科学出版社，2010.
[13] 张峰．食品生物化学[M]．北京：中国轻工业出版社，2014.
[14] 郝涤非．食品生物化学[M]．大连：大连理工大学出版社，2014.
[15] 于国萍，邵美丽．食品生物化学[M]．北京：科学出版社，2018.
[16] 胡耀辉．食品生物化学[M]．2 版．北京：化学工业出版社，2014.
[17] 杜克生．食品生物化学[M]．2 版．北京：中国轻工业出版社，2017.
[18] 潘丽，张守文，谷克仁．酶在食品工业中应用的研究进展[J]．粮食与油脂，2016，(5)：1－4.
[19] 于立颖．酵技术在有机食品贮藏和加工中的应用[J]．中国食品，2018，(8)：147－148.
[20] 林伟峰，周艳，鲍志宁，等．蛋白酶和脂肪酶对稀奶油－乳清体系发酵特性及风味的影响[J]．食品化学，2018，(16)：140－146.
[21] 路福平，刘逸寒．食品酶工程关键技术及其安全性评价[J]．中国食品学报，2011，(9)：188－193.
[22] 吴德明．食品变色问题与保色技术研究进展[J]．四川粮油科技，2002，(4)：34－38.
[23] 蒋滢，徐颖，朱庚伯．人类味觉与氨基酸味道[J]．氨基酸和生物资源，2002，24 (4)：1－3.
[24] 蔡妙彦．美拉德反应与食品工业[J]．食品工业科技，2003，(7)：90－93.
[25] 胡燕，陈忠杰，李斌．美拉德反应产物的功能特性和安全性进展[J]．食品工业，2016，37 (10)：258－262.
[26] 陈凌．食品生物化学[M]．北京：化学工业出版社，2020.
[27] 武爱群，谢建华．食品化学[M]．北京：化学工业出版社，2019.